·地学文库丛书

不忘初心 勇毅前行

——马克思主义学院学术成果汇编

BUWANG CHUXIN YONGYI QIANXING
—— MAKESI ZHUYI XUEYUAN XUESHU CHENGGUO HUIBIAN

主　编：阮一帆　汪再奇
副主编：李海金　陈　军
　　　　孙文沛　徐　胜

中国地质大学出版社
ZHONGGUO DIZHI DAXUE CHUBANSHE

图书在版编目(CIP)数据

不忘初心 勇毅前行:马克思主义学院学术成果汇编/阮一帆,汪再奇主编. —武汉:中国地质大学出版社,2022.11
 ISBN 978-7-5625-5411-0

Ⅰ.①不… Ⅱ.①阮…②汪 Ⅲ.①中国地质大学-马克思主义-学院-校史 Ⅳ.①P5-40

中国版本图书馆 CIP 数据核字(2022)第 185979 号

不忘初心 勇毅前行	阮一帆 汪再奇 **主 编**
——马克思主义学院学术成果汇编	李海金 陈军 孙文沛 徐胜 **副主编**

责任编辑:郑济飞	选题策划:毕克成 江广长 张旭 段勇	责任校对:徐蕾蕾

出版发行:中国地质大学出版社(武汉市洪山区鲁磨路388号)	邮编:430074
电　　话:(027)67883511　　传　　真:(027)67883580	E-mail:cbb@cug.edu.cn
经　　销:全国新华书店	http://cugp.cug.edu.cn

开本:787 毫米×1092 毫米　1/16	字数:441 千字	印张:17.25
版次:2022 年 11 月第 1 版	印次:2022 年 11 月第 1 次印刷	
印刷:武汉精一佳印刷有限公司		
ISBN 978-7-5625-5411-0		定价:206.00 元

如有印装质量问题请与印刷厂联系调换

不忘初心 勇毅前行
——马克思主义学院学术成果汇编

编委会

主 编 单 位：中国地质大学（武汉）马克思主义学院

主　　　编：阮一帆　汪再奇

副 主 编：李海金　陈　军　孙文沛　徐　胜

编委会委员（排名不分先后）：

　　　　　　胡雪黎　钱　源　徐　康　任　重　姚　晟

　　　　　　曹　阳　王晓南　罗丽娅　李胜蓝　刘　珊

　　　　　　戴　丹　常路育　连雨薇

序

七十年斗转星移,地大人筚路蓝缕、薪火相传,把论文写在祖国的大地上,科技报国、教育报国之心,山河可鉴。

早在建校之初的20世纪50年代,学校一大批专家学者就以地质科教之力投身国家重大项目建设当中。袁复礼教授担任了中苏联合长江三峡工程地质考察和鉴定组中方组长,还首次组织了服务国家重要工程——三门峡水库建设项目的多学科第四纪野外地质考察;马杏垣教授带领师生完成了我国第一幅较为正规的1:20万"五台山区区域地质图",出版了我国第一部区域地质构造专著——《五台山区地质构造基本特征》;冯景兰教授被聘为黄河规划委员会地质组组长,参与编写《黄河综合利用规划技术调查报告》;袁见齐教授主持完成了全国盐类矿床分布规律和矿床远景预测研究,编制完成了全面盐类矿床图;潘钟祥教授发表《中国西北部的陆相生油问题》,系统提出了"陆相地层生油"的观点……地大人科技报国、教育报国的情怀不仅与生俱来,更像矿物结晶体一般熔铸于一代代地大人的学脉传承之中。

新时代浪激潮涌,地大人踔厉奋斗、勇毅前行,追求卓越的脚步从未停歇,科技报国之路踏石留印。

党的十八大以来,地大围绕科技高水平自立自强的国家目标,针对自然资源和生态环境两大行业领域的"卡脖子"问题,以《美丽中国·宜居地球:迈向2030》战略规划为牵引,先后实施了"学术卓越计划""地学长江计划"等一系列重大专项,产出了一大批原创性、突破性科技成果。十年来,我们坚持突出学院的办学主体地位,以高水平人才引进和培育实现高水平科研"基本盘"更加巩固,成为"地学文库"系列丛书的源头活水。十年来,我们坚持"绿水青山就是金山银山",以地球系统科学学术创新服务美丽中国建设,形成以《中国战略性矿产资源安全的经济学分析》和《应急救援队伍优化调配与合作救援仿真》等为代表的"地大智库"系列成果。十年来,我们坚持"人与自然生命共同体"理念,让地球科学的研究发现走出"象牙塔",让"道法自然"的生态文明思想飞入寻常百姓家,从而形成"地学科普"系列作品。

七秩荣光,闪耀环宇。地大人重整行装、接续奋斗,正在建设地球科学领域国际知名研究型大学的新征程上昂首阔步。

逐梦未来,高歌猛进。地大人不忘初心、牢记使命,实现"建成地球科学领域世界一流大学"地大梦的号角已然嘹亮。

值此建校70周年之际,"地学文库""地大智库""地学科普"系列作品正式出版。丛书当中积淀的是地大学者智慧,展现的是地大学科特色,揭示的则是扎根中国大地、创建世界一流大学的基本路径——只有与国同行才能自立图强,唯有与时俱进方可历久弥新。

是为序。

中国地质大学(武汉)校长
中国科学院院士

目录 CONTENTS

第一章 学院简介

第二章 重点教师介绍

傅安洲 ………………………………………………… (5)
吴东华 ………………………………………………… (7)
高翔莲 ………………………………………………… (10)
黄 娟 ………………………………………………… (13)
常荆莎 ………………………………………………… (16)
阮一帆 ………………………………………………… (20)
刘 郦 ………………………………………………… (22)
陈 军 ………………………………………………… (25)
黄少成 ………………………………………………… (28)
黄少成 ………………………………………………… (28)
汪宗田 ………………………………………………… (31)
岳 奎 ………………………………………………… (34)
李海金 ………………………………………………… (37)
孙文沛 ………………………………………………… (41)

第三章 学术论文

马克思主义基本原理 ………………………………………………… (45)
    共享发展：科学社会主义的必然逻辑和价值引领 ……… (45)

  论社会主义平等价值观的本质特征及践行原则 …………………………（48）
  习近平对马克思主义斗争思想的守正与创新 ……………………………（51）
  习近平新时代青年幸福观的内在辩证逻辑 ………………………………（54）
  认识经济体制改革性质与目标必须厘清的几个问题 ……………………（57）
  论坚持马克思主义政治经济学的主导地位——兼论高校社会主义市场经济理
  论基础教育问题 ……………………………………………………………（60）
  人类命运共同体:历史、实践与未来趋势 ………………………………（63）
  技术与权力——对马克思技术观的两种解读 …………………………（66）
  马克思主义制度经济理论的创新与发展 …………………………………（69）
  毛泽东政治和谐思想及其时代价值 ………………………………………（72）
  试论毛泽东政治思想和谐观 ………………………………………………（75）
  马克思之前人类社会发展动力的哲学追问 ………………………………（78）
  劳动的异化与技术的异化——马克思与海德格尔异化理论 …………（81）
  国外海德格尔环境哲学研究综述 …………………………………………（84）
  物质构成:心理因果性理论研究的新范畴——基于金在权的"因果排除论证"
  的再思考 ……………………………………………………………………（87）
  劝导技术道德化实践探索 …………………………………………………（90）
  新经济政策终结的多重原因及其当代启示 ………………………………（93）

思想政治教育 …………………………………………………………………（96）

  论当代德国政治教育理论的基本属性 ……………………………………（96）
  论德国政治修养观的思想内涵 ……………………………………………（99）
  战后德国政治教育价值取向的转换及其启示 …………………………（102）
  德国"二战"史观教育:20世纪60年代的变革与启示 ………………（105）
  美国公民教育的历史变迁与启示(1776—1976) ……………………（108）
  高校科研育人探析 ………………………………………………………（111）
  论思想政治教育学一般范畴体系逻辑结构的优化组合 ………………（114）
  新时代加强学校思想政治理论课建设的三重维度 ……………………（117）
  高中生价值观的新特征及对策分析——基于9省(区)6887名高中生价值观发
  展现状的调研 ……………………………………………………………（120）
  高校拔尖创新人才信息素养培养现状调研与分析 ……………………（123）
  服务学习视角下新时代我国大学生志愿服务机制优化研究 …………（127）
  学舍协同:美国高校居学社区实践与启示分析——以威斯康星大学麦迪逊分
  校为例 ……………………………………………………………………（130）

马克思主义中国化 ……………………………………………………………（133）

  科技创新与绿色发展的关系——兼论中国特色绿色科技创之路 ……（133）
  "五大发展"理念下生态文明建设的思考 ………………………………（136）
  社会主义核心价值观的生态维度——生态文明新时代的核心价值观 …（139）

"我国发展仍然处于重要战略机遇期":判断依据和应对理路 …………… (142)
共享发展:中国特色社会主义的本质要求 …………………………… (145)
以人为本:构建和谐社会的发展观 …………………………………… (148)
全面建成小康社会与解决相对贫困的扶志扶智长效机制 ……………… (151)
改革开放以来中国扶贫脱贫的历史进展与发展趋向 ………………… (154)
中国现代地学家群体特征分析 ………………………………………… (157)
关于欧盟科技政策若干问题的思考 …………………………………… (160)
论生态文明建设的普遍性与特殊性及其统一 ………………………… (163)
文化再生产抑或文化流动:中国中学生学业成就的阶层差异研究 …… (166)
乡村振兴视域下政党组织社会的机制与运行空间——基于S省J镇党建创新
实践的考察 …………………………………………………………… (169)
村干部流动性任职的生成机制及其困境超越 ………………………… (172)
典型"福利国家"老年长期照护服务的国际比较与价值启示 ………… (175)

中国近现代史基本问题研究(党史党建) …………………………………… (178)
论道路自信的社会心理认同 …………………………………………… (178)
"不忘初心"与自觉抵制西方非意识形态化错误思潮 ………………… (181)
论中国共产党发展观的历史演进——从阶级斗争到以人为本 ……… (183)
马克思主义大历史观下的新时代:历史、理论及实践 ………………… (186)
论抗日战争时期中国共产党对国家认同重构的影响 ………………… (189)
论抗日战争时期毛泽东对中华民族命运共同体现代建构的贡献 ……… (192)

第四章 学术著作

马克思主义基本原理 …………………………………………………………… (196)
《社会主义市场经济概论》 ……………………………………………… (196)
《走向唯物辩证法的地质科学——赵鹏大科学思想探析》 …………… (199)
《马克思主义制度经济理论研究》 ……………………………………… (202)
《海德格尔存在论科学技术哲学思想研究》 …………………………… (205)
《心身同一论》 …………………………………………………………… (208)
《社会主义与市场经济结合史研究》 …………………………………… (211)

思想政治教育 …………………………………………………………………… (214)
《德国政治教育》 ………………………………………………………… (214)
《大学生理论宣讲与实践创新案例精编》 ……………………………… (217)
《德国联邦政治教育中心发展历史研究》 ……………………………… (220)
《政治教育学范畴研究》 ………………………………………………… (223)

马克思主义中国化 (227)

- 《中国特色社会主义建设若干热点问题调查研究(第一辑)》 (227)
- 《中国特色社会主义建设若干热点问题调查研究(第二辑)》 (231)
- 《中国特色社会主义建设若干热点问题调查研究(第三辑)》 (234)
- 《生态文明与中国特色社会主义现代化》 (237)
- 《新时代中国特色社会主义生态文明理论与实践研究》 (240)
- 《湖北省生态文明建设公众参与现状调查》 (244)
- 《我国生态文明区域协同发展的动力机制研究》 (247)
- 《我国社会保障城乡一体化制度创新研究》 (250)
- 《黔江:内生型脱贫模式》 (253)
- 《脱贫攻坚与乡村振兴衔接:人才》 (256)
- 《"微自治"的多元实践形态及其优化路径——中国特色农村基层治理的实践创新》 (259)

中国近现代史基本问题研究(党史党建) (262)

- 《交流与展示之间:中共八大期间的政党外交研究》 (262)
- 《新时期我国中小学生爱国主义教育创新研究》 (264)

第一章 学院简介

学院简介

中国地质大学（武汉）马克思主义学院前身是20世纪50年代成立的政治教研室。2008年12月，与德育课部合并组建成立马克思主义学院。2018年，入选湖北省首批重点马克思主义学院。现设有马克思主义基本原理、毛泽东思想和中国特色社会主义理论体系概论、中国近现代史纲要、思想道德与法治、形势与政策、研究生思想政治理论课等六个教研部（室）和思想政治教育系等教学机构，设有湖北省中国特色社会主义理论体系研究中心地大分中心、党的建设与社会治理研究中心、新时代思想政治教育创新发展研究中心等科研平台。

学院现有教职员工57人，其中教授13名，副教授16名，博士生导师11名，教师中85%以上拥有博士学位，20余人拥有海外留学经历，涌现了以"全国模范教师""全国教育系统巾帼建功标兵""全国高校优秀思想政治理论课教师"为代表的优秀教师群体。1名教师入选国家级人才计划，2名教师入选全国思想政治理论课年度影响力人物，1名教师入选湖北省宣传文化人才"七个一百"工程，14名教师入选"湖北省中青年马克思主义理论家培育计划"，1名教师入选"湖北省优秀青年社科人才"，2名教师入选我校"地大学者"，1名教师获评我校教学名师，形成了一支学术思想活跃、学术水平高，年龄结构、学缘结构、学历结构、职称结构合理的学术团队。学院还有100多名由专职辅导员、学校党务部门相关人员组成的兼职教师队伍。通过加强专兼职教师沟通与合作，发挥各专业专家学者、以及长期从事大学生思想政治教育党务干部的优势，形成工作合力。

学院现有1个一级学科博士点（马克思主义理论），1个一级学科硕士点（马克思主义理论），1个本科专业（思想政治教育）。其中，马克思主义理论一级学科、思想政治教育二级学科为湖北省重点学科。学院坚持以习近平新时代中国特色社会主义思想研究为主体，以马克思主义基本原理和思想政治教育原理研究为支撑，注重凝练学科方向，整合学科队伍，构建学科团队。学院在入主流的基础上，结合学校特色，找准自身优势，经过多年的教学实践和学术积累，在马克思主义中国化时代化大众化、红色文化与中共党史党建、生态文明理论与实践、思想政治教育国别研究与国际比较研究、脱贫攻坚与乡村振兴等领域形成了鲜明特色。

近年来，学院先后承担国家社会科学基金、国家自然科学基金、教育部人文社会科学研究基金、湖北省社会科学基金以及国家乡村振兴局等资助课题100多项，获得省部级科研奖项20余项。在《中国社会科学》《马克思主义研究》《马克思主义与现实》《中共党史研究》《人民日报·理论版》《光明日报·理论版》《思想理论教育导刊》《自然辩证法研究》《中国高等教育》等期刊上发表论文 600 余篇,出版各类学术著作 40 余部。

学院高度重视思政课教学改革,持续完善"一线二红三实"思政课立体教学模式,以"高等学校本科教学质量与教学改革工程"和教育部"思想政治理论课精彩系列"建设为抓手,提升思想政治理论课教学质量。获全国思政课教学展示活动二等奖 2 项、湖北省高校思政课教学展示活动暨优秀课程观摩活动特等奖 1 项、校青年教师教学竞赛特等奖 1 项,获批 5 个"湖北省高校思政课名师示范课堂",1 门省一流本科课程,"一线二红三实"的思政课立体教学模式被教育部择优推广。

学院积极开展学术交流,加强与学术界的联系,通过发挥理论优势,为学校、地方政府理论建设、文化建设提供智力支撑和社会服务。"理论热点面对面"示范点连续六年被中共湖北省委宣传部评定为"优秀"。举办全国高校"理论热点与高校思想政治教育论坛",全国高校思想政治理论课教师队伍建设研讨会,"践行'八个统一'打造新时代思政'金课'"研讨会,"唯物史观与新中国 70 年发展历程"研讨会,全国比较思想政治教育学科建设武汉论坛,"建党百年中国反贫困历程与经验"研讨会及"学习贯彻党的十九届六中全会精神 湖北省重点马克思主义学院院长论坛"等学术会议。邀请中共中央党校(国家行政学院)、中国社会科学院、《马克思主义研究》杂志及国内知名高校的专家来校讲学,支持多名教师到美国、加拿大、德国等国家访学,支持多位教师参加国内国际学术会议。

学院现有在校本科生 148 人、硕士研究生 119 人、博士研究生 93 人。学院围绕"立德树人"的根本任务,以"品行高尚、基础扎实、眼界宽广、吃苦耐劳"为人才培养目标,全面贯彻党的教育方针,不断优化人才培养机制,在湖北省红安县、英山县,山西省临猗县、河南省油田有限公司等地建有实践教学和实习实训基地,持续提升人才培养质量,"挑战杯"全国大学生课外学术科技作品竞赛等国家级、省部级竞赛获奖 40 余项,培育国家级、省级优秀社会实践团队 6 支,校级优秀毕业论文 10 余篇,学院本科生年均读研率达 66% 以上。已累计为国家培养本科生、硕士、博士研究生 1000 余人。

近年来,学院两次被评为学校文明教学科研单位,学院党委(教工党支部)四次被学校评为"先进基层党组织",多个学生党支部被评为"十佳支部"等荣誉称号,2 名教职工被评为"湖北省优秀党员"。

第二章　重点教师介绍

傅安洲

一、基本情况

傅安洲，男，中共党员，马克思主义学院教授，博士生导师，马克思主义理论一级学科（博士学位授权点）学术带头人。1983年7月于武汉地质学院区域地质调查与矿产普查专业毕业留校，长期从事学生思想政治教育与管理，马克思主义理论、思想政治教育教学与研究。先后任武汉地质学院地质系辅导员、党总支部副书记，中国地质大学（武汉）德育课部主任，学工处副处长、处长，中共中国地质大学（武汉）委员会党委常委、副书记，副校长。曾任教育部首届高等学校马克思主义理论类专业教学指导委员会委员（2013—2017）、中宣部中国思想政治工作研究会特约研究员（2005—2010）、湖北省高校思想政治教育研究会学生工作专业委员会理事长（2005—2017）、湖北省高等学校辅导员岗前培训基地主任（2007年至今）。1997—1998年，赴德国法兰克福大学学习访问，后多次赴美国、澳大利亚、日本、俄罗斯、奥地利等国访问交流。

二、教学科研情况

承担本科生思想政治理论课教学，指导博士研究生24名，硕士研究生30多名。曾获中国地质大学（武汉）"三育人标兵"荣誉称号。为博士研究生讲授"思想政治教育前沿问题研究""中外思想政治教育比较研究"等课程。指导的博士学位论文《政治教育学范畴研究》，被全国高校思想政治教育研究会评为全国思想政教育专业优秀博士学位论文（2014年）。指导的2篇硕士学位论文获评湖北省优秀硕士学位论文。

主要研究领域包括思想政治教育、德国政治教育、美国公民教育、欧洲公民教育及其比较研究等。在《人民日报·理论版》《光明日报·理论版》《高等教育研究》《比较教育研究》《清华大学教育研究》等报刊发表论文《战后德国政治教育价值取向的转换及其启示》《论当代德国政治教育理论的基本属性》《德国文化教育学的哲学倾向对二战后政治教育的影响》《从学术团体到国家智库：美国公民教育中心的历史考察》《政治教育与"二战"后德国政治文化的转型》等100余篇。其中，《德国政治教育国家资源体系及其对我国思想政治工作的启示》被人大报刊复印资料《思想政治教育》2007年12月全文转载，《德国学校政治教育理论及其借鉴意义》被人大报刊复印资料《思想政治教育》2008年4月全文转载。被人大报刊复印资料全文转载共计19篇。编著出版《德国政治教育研究》（人民出版社）、《德美两国政治与公民教育研究》（人民出版社）、《心理咨询方法论》等多部专著和教材。《专家谈美智库对外输出意识形态途径与影响》等多篇咨询报告被《新华社·内参》《光明日报·内参》和其他省部级单位采用。

主持并完成多项国家社会科学基金项目和省部级相关课题研究。其中2006年获批国家社会科学基金一般项目"德国政治教育及其对当代中国思想政治工作的借鉴"，2010年获批国家社会科学基金一般项目"当代德国政治教育理论及其批判借鉴研究"。

三、学术贡献与社会影响

先后获得全国教育科学研究优秀成果奖二等奖（1998年，排名第二）、湖北省第六届教育科学研究优秀成果奖一等奖（排名第一）、湖北省第七届社会科学优秀成果奖三等奖（排名第一）、湖北省高等学校教学成果奖一等奖（2009年，排名第二）、湖北省高等学校教学成果奖二等奖（2013年，排名第一）、武汉市第十一次社会科学优秀成果奖三等奖（排名第二）、武汉市第十四次社会科学优秀成果奖三等奖（排名第一）等多项奖励。

自1999年以来，带领学术团队对德国政治教育、美国公民教育、欧洲公民教育和西方政治价值观教育高端智库开展研究，取得系列成果，研究成果多次在全国学术会议上宣讲，应邀在多所大学做学术讲座，是我国思想政治教育国别与国际比较研究领域的知名学者。主要业绩和贡献有：①长期从事高校思想政治教育科研与教育实践（计37年），是学校马克思主义理论一级学科（博士学位授权点）学术带头人，在该领域发表论文98篇，著作5部，主持国家社会科学基金项目2项。②熟悉青少年思想品德成长发展规律和思想政治教育规律，对高校思政课教学有专门研究。获省部级科研与教学奖励6项。③从国别和国际比较视角，对德国、美国等发达国家的政治教育、公民教育及其高端智库作了长期深入研究，形成学术优势，在国内有较大影响。④作为湖北省高校辅导员岗前培训基地主任和主讲专家，组织高校辅导员培训班40多期，参训人员近8000人。

吴东华

一、基本情况

吴东华，女，汉族，1955年生，山东郓城人，法学博士。中国地质大学（武汉）马克思主义学院教授，博士生导师。主要研究方向：马克思主义中国化、中国特色社会主义理论、思想政治教育。1982年、1995年、2004年，分别于武汉大学历史系、华中理工大学哲学系、武汉大学政治与行政学院获历史学学士、哲学硕士、法学博士学位。1975—1978年，在武汉客车制配厂当工人。1982—2020年，在中国地质大学（武汉）马克思主义学院工作，历任助教、讲师、副教授、教授。2008—2014年担任马克思主义学院首任院长，在学院的制度建设、学科建设、教学和科研工作、学术交流、人才培养等方面做了大量基础性工作。2019年被武汉科技大学"湖北意识形态建设研究院"聘为副院长，2011年被聘为湖北省人文社科重点研究基地"大学生发展与创新教育研究中心"学术委员会成员。曾任湖北省科学社会主义学会常务理事，湖北省高校马克思主义理论教育研究会常务理事，中国高等教育学会马克思主义研究分会常务理事，全国高校马克思主义理论学科研究会理事，湖北省党的建设研究会理事，中共湖北省委党建工作领导小组特邀研究员，武汉大学当代中国与社会主义研究中心特聘研究员。

2007年获中华人民共和国人事部和教育部颁发的"全国模范教师"称号，获教育部颁发的"全国高校优秀思想政治理论课教师"称号，获得教育部和中华全国妇女联合会颁发的"全国教育系统巾帼建功标兵"称号。2006年、2012年两次被评为湖北省高校思想政治教育"先进工作者"、2006年被评为湖北省高校"优秀共产党员"。曾获中国地质大学（武汉）"三育人标兵"（1998年）、"优秀共产党员"（1994年、2005年、2014年）、"思想政治教育先进个人"（2005年）、"优秀研究生指导教师"（2006年）、首届"研究生的良师益友"（2009年）、"'三下乡'优秀指导老师"（2008年）、"最受学生欢迎老师"（2015年）等荣誉称号。

二、教学科研情况

曾为本科生讲授"中国古代史""世界近代史""中国共产党党史""中国革命史""邓小平理论概论""邓小平理论和'三个代表'重要思想概论""邓小平理论和'三个代表'重要思想专题研究""毛泽东思想和中国特色社会主义理论体系概论""思想政治教育导论"等课程，为硕士研究生讲授"马克思主义经典原著选读""科学社会主义理论与实践""中国化马克思主义理论前沿问题"等课程，为博士研究生讲授"马克思主义经典著作与基本原理专题研究""科学方法论""中国马克思主义与当代"等课程。在教学工作中严守师德和学术道德，做到以德立身、以德立学、以德施教、以德育德。

在《马克思主义研究》《思想理论教育导刊》《红旗文稿》《毛泽东邓小平理论研究》《科学社会主义》《社会主义研究》等期刊发表论文70多篇。其中，论文《中国不论怎么改革都必须坚持社会主义方向》在《红旗文稿》2014年第16期发表，被求是网、中国社会科学网、人民网、光明网、新华网、中华网、理论网等各大知名网站全文转载。出版《刘少奇与中国社会主义》《马克思主义党的纲领中国化研究》《传承与创新——马克思主义中国化新进展研究》《新世纪、新实践、新探索——中国社会主义建设道路基本问题研究》《党的最高纲领与最低纲领的统一论》《社会主义核心价值观根本性质研究》等专著，其中独著7部，合著2部。主编、参编教材《邓小平理论教学指导书》《科学社会主义理论与实践》《邓小平理论与"三个代表"重要思想概论》等5部。《武汉市国企职工思想现状调研报告》被湖北省社科联主办的《领导参阅》2014年10月14日第24期录用。

承担国家社会科学基金重大项目"用社会主义核心价值体系引领多样化社会思潮研究"、国家哲学社会科学"九五"规划项目"马克思列宁主义、毛泽东思想、邓小平理论一脉相承"、国家社会科学基金项目"研究阐释习近平新时代中国特色社会主义思想"、重大研究专项项目"习近平生态文明思想研究"、全国教育科学"九五"规划部委重点课题"对大学生进行马克思主义理论教育的途径、方法研究"等共计5项。主持湖北省人文社会科学基金项目、教育部高等院校社会科学发展研究中心等省部级项目共计11项，如"马克思主义中国化的新进展研究""当代中国马克思主义大众化若干理论问题及对策研究""武汉市国企职工思想现状调研报告""社会主义核心价值观根本性质研究""当代大学生价值观取向及影响因素研究""大学生社会主义核心价值观认同现状及培育途径研究"，以及"发展中的邓小平理论研究论丛"的子课题"党的最高纲领与最低纲领的统一"等。

三、学术贡献与社会影响

曾在学术上对新中国60年马克思主义理论教育的历程和经验教训作了系统总结。梳理并总结了新中国60年马克思主义理论教育的历史、特点、经验和问题。认为马克思主义理论教师队伍素质参差不齐,整体科研水平较低,是影响高校马克思主义理论教育实效性的重要原因之一,由此提出的应对策略,对提高思想政治理论教育教学实效性具有重要的参考价值,所发表的论文被多次引用。

对马克思主义理论大众化问题作了较深入地系统研究,从理论与方法两个方面提出了一些重要观点。①党的第一代领导集体在马克思主义中国化、大众化中取得的重要经验,为中国共产党领导中国特色社会主义提供了重要的启示和借鉴;②深刻辨析科学社会主义理论与各种错误思潮的本质区别是实现马克思主义大众化的重要前提;③正确理解列宁提出的"灌输"内涵,采取多种形式进行理论"灌输"是马克思主义大众化的长期任务。这些观点具有重要的理论价值和现实意义。

在学术上为填补社会主义核心价值观"根本性质"问题的研究空白做出了应有的贡献。自社会主义核心价值观提出以来,学术界对从社会主义核心价值观"根本性质"的视角对相应的十二个概念进行深入系统研究的成果还较为少见。《社会主义核心价值观根本性质研究》一书从哲学基础、历史传承、民族特性、时代特征、实践导向等维度,对社会主义核心价值观根本性质作了系统研究,特别是深入辨析了社会主义核心价值观中的"民主、自由、平等、法治"等概念与资本主义价值观的根本区别,澄清了人们的一些模糊认识,对于帮助人们深入理解社会主义核心价值观的根本性质具有重要的理论和现实意义,该书在学习强国上被推荐。

曾获中国地质大学(武汉)校级优秀教学成果奖二等奖(1995年)、教学研究优秀成果奖二等奖(2004年)。2019年在教育部开展全国高校优秀思想政治理论课示范课巡讲活动中,被选为"全国高校优秀思想政治理论课示范课百人巡讲团"成员。2019年受湖北省社会科学界联合会邀请录制2019"新思想"系列公开课讲座视频《新中国70年中国优秀传统文化的创新与发展》,在强国论坛、湖北社科网发布,受到观众好评。专著《刘少奇与中国社会主义》2001年获湖北省社会科学优秀成果奖三等奖。论文《六十年来高校马克思主义理论教育的回顾与思考》2011年获武汉市第十二次社会科学优秀成果奖二等奖,2013年获第八届湖北省社会科学优秀成果奖三等奖。论文《理论与方法:社会主义核心价值体系大众化的探索》2015年获武汉市第十四届社会科学优秀成果奖优秀奖。专著《马克思主义党的纲领中国化研究》(独著)2006年获湖北省教育厅思政与社科处、湖北省高校马克思主义理论教育研究会颁发的第七届优秀论文奖一等奖,论文《论邓小平建党思想》获原地矿部院校党建思想政治工作研究会第三届优秀成果奖二等奖。合著《马克思主义中国化的第二座丰碑》(主编梅荣政,参编第二章)2004年获河南省委宣传部颁发的第六届精神文明建设"五个一工程""入选作品奖"。

高翔莲

一、基本情况

高翔莲，女，1963年1月出生，湖北大悟县人，教授、博士生导师。2002年在华中师范大学获中国近现代史专业硕士学位，2012年在中国地质大学（武汉）获思想政治教育专业博士学位。中国地质大学教学名师，中共湖北省委讲师团成员，湖北省中国特色社会主义理论体系研究中心研究员，湖北省思想政治理论课教学指导委员会委员，湖北省哲学学会常务理事。曾荣获教育部全国"高校思想政治理论课教师2015年度影响力提名人物"称号，先后被评为湖北省高校思想政治教育"先进工作者"，中国地质大学"三育人标兵""教学名师""研究生的良师益友"。

二、教学科研情况

在高校思想政治理论课教学一线执教近40年，先后主讲"中国马克思主义与当代""马克思主义理论前沿问题研究""中国特色社会主义理论与实践研究""中国化马克思主义发展概论""毛泽东思想概论""毛泽东思想和中国特色社会主义理论体系概论""思想政治教育专业导论"等博士生、硕士生和本科生的7门课程。在教学过程中，始终践行"享受教学"理念，坚持以坚定的自信、端正的仪表、良好的教态、饱满的热情、生动的讲授，给学生以良好的视觉和听觉享受，使大学生切实感受到思想政治理论课是一门"有用—可听—可学"并真心喜爱的课程。同时，为了让思想政治理论课达到以理服人的效果,倡导"理＋情"的对话式教学模式,以理服人、以情感人。经常在课堂上以"对话式"进行专题讨论、问题辩论、课后访问。理论讲授做到旁征博引,专题讨论与问题辩论力求思想交锋,个别访问力争至真至情。在担任学院院长期间,带领全院老师进行思想政治理论课改革探索,充实教学内容,创新教学方法形成了"一线二红三实"立体教学模式,获教学成果奖一等奖。2016—2021年,连续5年在学校本科教学质量评价中排名前10%。近40年来始终如一地恪守师道,做学生的良师益友。

指导"挑战杯"全国大学生课外学术科技作品竞赛的参赛项目(论文)《习近平新时代中国特色社会主义思想农村大众化研究》获湖北省第十二届大学生"挑战杯"一等奖、全国第十六届大学生"挑战杯"三等奖,《大学生党史教育入脑入心教育状况研究——基于武汉市七所部委院校的调研》获湖北省第十三届大学生"挑战杯"一等奖、全国第十七届大学生"挑战杯"三等奖;指导《新时代农村基层党组织思想引领状况研究——基于湖北英山的调查》《全面乡村振兴背景下农民工返乡创业现状调研——基于湖北省英山县的调研》等调研报告成功入选大学生国家级创业创新项目;指导学生团队在湖北省暑期"三下乡"社会实践活动评选中获省级一等奖2项、优秀团队5项,并获省级先进个人荣誉称号;指导学位论文《论陈云社会主义经济和谐思想》《习近平学习观及其生成动因研究》获省级优秀学士论文称号,《新时代乡村基层党组织振兴的现状、困境与推进策略——基于湖北英山县红山镇的调查》评为校级优秀硕士论文等。曾多次获得学校科技论文报告会"优秀指导老师"、暑期社会实践"优秀指导老师"、中国地质大学"优秀共产党员"等荣誉称号。

长期从事马克思主义理论的教学与研究,主要研究领域为习近平新时代中国特色社会主义思想研究、毛泽东思想研究、马克思主义执政党建设理论与实践、大学生思想政治教育等。近年来,在《思想理论教育导刊》《江汉论坛》《中国高等教育》《社会主义研究》等期刊发表《习近平对马克思主义斗争思想的守正与创新》《习近平新时代青年幸福观的内在辩证关系》《论习近平新时代文化创新思想的四重意蕴》《享受教学过程提高思政课的实效性》《建设符合新时代要求的思政课教师队伍》等学术论文50余篇,其中,《高校思政课"一线二红三实"立体教学模式探索》等论文被人大报刊复印资料全文转载。出版《中国共产党执政理念教育研究》《大学生理论宣讲与实践创新案例精编》《中国特色社会主义若干热点问题调查研究》(1－3辑)等专著10部,其中,《大学生理论宣讲与实践创新案例精编》2018年入选教育部思想政治教育文库。

近年来,主持省部级及以上科研项目30余项。如主持国家社会科学基金重大项目"习近平总书记关于'四个自信'重要论述研究"子课题"习近平总书记关于'四个自信'重要论述的原创性贡献与时代价值研究"、教育部思政课教学方法改革项目择优推广计划"思政课'一线二红三实'立体教学模式研究";主持湖北省高等学校哲学社会科学研究重大项目"有效治理视域下湖北农村党支部振兴策略研究";主持湖北省社会科学基金一般项目"习近平新时代中国特色社会主义思想农村大众化研究——基于湖北英山的调查""新时代乡村基层党组织振兴的现状、困境与策略——基于英山县红山镇的调查""新时代乡村人才振兴的现状、困境与策略——基于英山县红山镇的调查";主持湖北省高等学校人文与社会科学重点研究基地——大学生发展与创新教育中心开放基金重点项目"新时代习近平文化创新思想研究""思政课全面从严治党教育教学研究""习近平新时代总体国家安全观研究""大学生中国梦教育研究""习近平治国理政思想生成机制研究"等;主持湖北高校省级教学研究项目"新时代行业特色高校思政课程建设水平提升研究"、湖北省纪委监察厅重大招标调研课题"农村基层党组织纪律建设问题与对策研究"、湖北省委宣传部项目"理论热点面对面示范点建设实施方案(2018—2020)";主持武汉市社会科学基金项目"基于文本的习近平执政理念研究"等。

三、学术贡献与社会影响

科学研究主要聚焦在:①对习近平新时代中国特色社会主义思想的研究,包括其产生的历史条件、核心要义和对马克思主义理论的原创性贡献;②研究大学生思想政治教育的基本原理和方法,探索新时代大学生思想政治教育的规律。

黄 娟

一、基本情况

黄娟,女,1963年出生,上海市崇明人,中国地质大学(武汉)马克思主义学院教授,博士生导师。1980—1984年,武汉地质学院(现中国地质大学)政治师资班本科学习,1984年7月毕业留校从事马克思主义理论教学与科研工作。1996—1999年,华中师范大学政法学院学习,获硕士学位;2001—2004年,中国地质大学经济管理学院学习,获博士学位;2015—2018年,中南财经政法大学人口资源环境方向的博士后流动站学习;2009—2010年,中国社会科学院马克思主义研究院高级访问学者。先后担任中国生态经济教育委员会副会长、全国地学哲学委员会理事、湖北省生态文明研究中心(智库)研究员、中国特色社会主义理论体系研究中心地大分中心研究员、华中科技大学国家治理研究院客座研究员、山西省运城市临猗县决策咨询顾问等社会职务。

二、教学科研情况

主要承担的课程有:全校本科生公共课"马克思主义哲学概论""马克思主义基本原理概论""邓小平理论概论""邓小平理论和'三个代表'重要思想概论""毛泽东思想和中国特色社会主义理论体系概论";思想政治教育专业课"中国化马克思主

义概论""中国特色社会主义理论体系概论";硕士生公共课"科学社会主义理论与实践""中国特色社会主义理论与实践研究""马克思主义理论专业课马克思主义理论前沿研究";博士生公共课"现代科技革命与马克思主义""马克思主义与当代";等等。迄今为止,已培养硕士研究生30余人;博士研究生6人,现已毕业3人。先后获得中国地质大学(武汉)"最受学生欢迎老师","三育人标兵",学生科技报告会"优秀指导教师""优秀硕士生毕业论文指导教师",以及"弘扬高尚师德"演讲比赛"优秀奖"等荣誉。

进入21世纪以来,主要从事马克思主义生态文明理论与实践研究。进入新时代以来,主要从事中国特色社会主义生态文明理论与实践,尤其是习近平生态文明思想研究。围绕生态文明、绿色发展、美丽中国等主题,在《马克思主义研究》《高等教育研究》《中国社会科学报》等重要报刊上,发表《生态文明概念体系及其内在逻辑》《生态幸福及其实现途径》《生态财富与物质财富的关系思考》《美丽中国梦及其实现》《中美生态博弈的政治经济学分析》《"五大发展"理念下生态文明建设的思考》《社会主义核心价值观的生态维度》《科技创新与绿色发展的关系》《新时代社会主要矛盾下我国绿色发展的思考》等论文100余篇。部分文章被《新华文摘》《中国社会科学文摘》和人大报刊复印资料等转载,如《社会主义核心价值观的生态维度》被人大报刊复印资料《中国特色社会主义》全文转载。《把生态文明纳入社会主义核心价值体系》《生态优先、绿色发展的丰富内涵》《推动互联网与生态文明建设深度融合》等文章被人民网、中国网、求是网、光明网、新华网、中国社会科学网等多个网站转载。其中,两篇围绕国家社会科学基金项目研究成果的文章被全国哲学社会科学工作办公室网站转载。大多数文章被学界同行所引用,如《科技创新与绿色发展的关系》发表于《新疆师范大学学报》(哲学社会科学版)2017年第2期,被引70次;《高校思想政治教育课程开发利用生态文明教育资源的思考》发表于《高等教育研究》2010年第12期,被引60次;《五大发展理念:美丽乡村建设的根本指导思想》发表于《求实》2016年第12期,被引41次;《"五大发展"理念下生态文明建设的思考》发表于《中国特色社会主义研究》2016年第5期,被引41次;《新时代社会主要矛盾下我国绿色发展的思考》发表于《湖湘论坛》2018年第2期,被引34次;等等。

出版专著《资源型企业可持续发展战略研究》《生态经济协调发展思想研究》《生态文明与中国特色社会主义现代化》《新时代中国特色社会主义生态文明理论与实践研究》《大学生科学素质教育研究》等多部。

作为首席专家承担2022年度教育部哲学社会科学研究重大专项项目"健康中国视野下习近平生态文明思想研究"(2022JZDZ010),先后主持并完成国家社会科学基金一般项目"幸福观视角下我国生态文明建设道路的反思与前瞻研究"(13BSK048,结题评价为良好);参与完成中宣部马工程、国家社会科学基金重大项目"湖北坚持生态优先推动绿色发展"(2016年);主持完成湖北省社会科学基金项目"马克思主义'两型社会'思想研究";主持完成武汉市城建委项目"武汉市生态特色小镇运营机制研究",以及湖北省重点人文社会科学研究基地项目等纵、横向课题多项。主持并完成湖北省教育厅高校思想政治教育科学五年规划项目"大学生科学素质教育内容、方式与途径研究"(2001—2005年)、湖北省高等学校教学研究项目"邓小平理论和'三个代表'重要思想概论教学内容与方式研究"(20040156)、湖北省教育厅高等学校省级教学研究项目"思想政治理论课生态文明教育资源开发利用理论与实践研究"(2011133)等。

三、学术贡献与社会影响

在生态文明领域的多年耕耘与研究过程中,提出并探讨了社会主义生态文明是中国特色社会主义现代化建设的主线与灵魂,中国特色社会主义现代化必须走生态优先绿色发展道路,生态优先绿色发展道路是生态美丽、生产美化、生活美好的生态文明发展道路,树立生态幸福、生产幸福、生活幸福的社会主义生态文明幸福观,贯彻落实绿色创新发展、绿色协调发展、绿色低碳发展、绿色开放发展和绿色共享发展理念,以及生态文明的中国梦、生态文明的现代化、生态经济化与经济生态化、生态政治化与政治生态化、生态文化化与文化生态化、生态民生化与民生生态化、生态外交化与外交生态化、健康生态化与生态健康化、统筹推进美丽中国建设与健康中国建设等学术观点与问题,较为系统、全面地研究了习近平生态文明思想、中国特色社会主义生态文明理论与实践,以及生态文明和中国特色社会主义现代化的关系等。

科研获奖主要有:专著《生态经济协调发展思想研究》获湖北省高校马克思主义理论研究会第十届优秀科研成果奖一等奖;论文《新一代领导集体科技自主创新思想研究》获湖北省高校马克思主义理论研究会第九届优秀科研成果奖一等奖;论文《长江经济带"生态优先"绿色发展的思考》被环境保护杂志社评为年度优秀论文一等奖;参与完成的《郑州矿区煤气层资源评价与产业化发展战略研究》获中国煤炭工业科学技术奖三等奖;等等。此外,多次被所在学院评为科研先进个人。

多次受邀参加国内外生态文明、绿色发展、美丽中国等学术会议,并作为主要嘉宾做主题发言,如参加2012年美国召开的国际生态文明论坛,2018年参加贵阳召开的生态文明贵阳国际论坛2018年年会,受湖北省委宣传部、监利县委、英山县乌云山村等部门与地方邀请,多次做生态文明、绿色发展、美丽中国、美丽乡村等主题宣讲,生态文明领域的多年耕耘与学术积累,使她在生态文明、绿色发展等研究领域产生了一定的学术影响与社会影响。

常荆莎

一、基本情况

常荆莎，女，1963年出生，湖南长沙人，1985年6月加入中国共产党，现为中国地质大学（武汉）马克思主义学院教授，硕士生导师。中国《资本论》研究会会员，全国高等财经院校《资本论》研究会第37、38届常务理事，湖北省哲学学会常务理事。1981年9月考入河北地质学院经济管理系地质财务与会计专业，1985年7月大学本科毕业并获得经济学学士学位。1985年10月至1986年6月赴北京师范大学经济系政治经济学专业进修一年。1992年考入天津大学管理学院系统工程研究所，在职攻读工商管理与管理工程专业硕士学位研究生，1997年获得工学硕士学位。2007年9月考入中国地质大学（武汉）马克思主义学院，在职攻读思想政治教育专业博士学位研究生，2014年6月获得法学博士学位。2006年、2016年两次赴国家教育行政学院参加中宣部、教育部主办的全国高校骨干教师高级研修班学习，曾短暂赴新加坡国立大学、香港中文大学、澳门大学、台湾"清华大学"等参观访问。1985年7月至2000年8月，先后在河北地质学院经济管理系政治经济学教研室当助教，在石家庄经济学院（由河北地质学院更名）财会系、经济系当讲师，1996年晋升为副教授。主要教授政治经济学、西方经济学等财经类本科专业课程。担任过教研室主任、系工会主席等。2000年8月调入中国地质大学（武汉）至今，先后在人文与经济学院、政法学院理论经济教研室、马克思主义学院政治理论课教研部、马克思主义学院思想政治教育系任教,担任过党支部书记、院工会主席等。

在37年的高校教师岗位上教书育人,爱岗敬业,无私奉献,教学质量和效果深受多层次学生、同行、教学督导、主管领导的肯定,收获芬芳在全国各地的代代桃李。多次获得过校级"十佳教师""优秀教师""最受学生欢迎的教师""研究生的良师益友""教师教学质量优秀奖""学生社会实践优秀指导老师"等荣誉,曾被评为校级"优秀共产党员"、湖北省教育系统"先进女教职工"。

二、教学科研情况

长期从事马克思主义政治经济学和西方经济学、中国化马克思主义理论等领域的教育教学及相关研究工作。主讲过"马克思主义政治经济学基本原理""马克思主义原著导读""西方经济学""经济学原理""人口经济学专题""城市可持续发展专题""毛泽东思想与中国特色社会主义理论体系概论"等本科生课程,"中国社会主义市场经济理论与实践专题""社会主义市场经济理论""中国特色社会主义理论专题""当代资本主义前沿问题专题""马克思主义原著选读"等硕士研究生课程,"马克思主义经典著作研读""中国马克思主义与当代"等博士研究生课程。

在《经济纵横》《当代经济研究》《毛泽东思想研究》《中国物价》《理论月刊》等期刊上发表学术论文20余篇。主要有《诚信演进的政治经济学分析——兼论社会主义诚信的特质及其实现》《认识经济体制改革性质与目标必须厘清的几个问题》《论坚持马克思主义政治经济学的主导地位——兼论高校社会主义市场经济理论基础教育问题》《社会主义市场经济理论基本问题研究述评》《市场经济与社会主义核心价值体系的离合探析》《社会主义市场经济大众化问题与出路》《论社会科学的国家形态——中国特色社会科学的逻辑前提》《中国化马克思主义是中国形态哲学社会科学成就的典范》《对马克思主义基本原理的三个常见误读及解析》《厂商打折的利弊分析》等。2022年4月在社会科学文献出版社出版专著《社会主义市场经济概论》,同年5月出版专著《社会主义核心价值观根本性质研究》。先后出版的专著还有2002年在中国地质大学出版社出版《人口资源环境经济学》、1996年在中国商业出版社出版《财政学概论》,其中,《财政学概论》获评河北省教育委员会颁布优秀专著三等奖。主译2001年中信出版社出版的《城市经济学》(第四版)。2007年担任副主编在中国社会科学出版社出版《新世纪、新实践、新探索——中国社会主义建设道路基本问题研究》。参编的有中国地质大学出版社2006年出版的《西方经济学》、河北大学出版社1995年出版的《政治经济学新编》等多部著作。

参加教育部人文社会科学研究重大项目"习近平生态文明思想研究"。湖北省社会科学基金项目"当代中国马克思主义大众化若干理论问题及对策研究"等课题研究。主持政治经济学、西方经济学等校级一类课程、网络课程、精品课程的建设。在经济学专业、思想政治教育专业人才培养,"毛泽东思想与中国特色社会主义理论体系"课程建设、慕课建设等方面,做过大量基础性工作。主持"经济学专业基础课教学实践与改革研究""提高高校马列主义理论课课堂教学质量的途径研究"等教研课题,主持"高校社会主义市场经济理论教育内容研究",湖北高校社会主义市场经济理论大众化基本问题研究,社会主义市场经济理论内容体系研究等省、市、校级科研课题。

三、学术贡献与社会影响

在学术思想及其社会影响方面提出了一些有价值的观点。

其一,从科学学层面,提出社会科学具有国家形态,即一个国家运用社会科学的普遍原理,回应、解释、解决一个国家的社会现象和问题,从而可能形成一个国家处理社会问题模式的知识体系。中国化马克思主义是中国形态哲学社会科学成就的典范。社会科学国家形态保持科学性,必须以基本的科学原理和科学精神为出发点和归宿,反映客观规律与本国社会环境相结合的实际,必须以科学方法论指导、分析、解释、解决一国的问题。社会科学国家形态具有世界意义,其揭示的社会运行规律可为人类社会共用,其所新增的科学成就可以推广运用到类似环境下的各国,它在国家间双向交互可以裂变和生成新知识。社会科学具有国家形态是中国特色社会科学存在的逻辑前提,这一思想对中国特色、中国风格、中国气派社会科学的逻辑前提给予了基础性探究,在学界具有"补白"价值,有利于明确中国社会科学的根本责任是建构和发展中国形态的社会科学。

其二,对社会主义市场经济基本问题的研究提出了一系列学术观点。逻辑还原"社会主义市场经济"的初衷、使命,对学界鲜有交代的社会主义市场经济理论基本学理问题(研究对象、任务、根本方法、主体理论等)给出了基本结论,这对目前还明显缺乏的相关研究具有"补白"性,有助于推进社会主义市场经济理论学术化进程;通过解析中国共产党遵循唯物史观,处理好生产力与经济制度、经济制度与经济体制关系的内在机理,呈现出新中国决择两种不同的经济体制的内在逻辑一致性,证明新中国在改革开放前后两个时期对经济体制的选择不可否定也无法否定,有利于澄清国内外对中国社会主义市场经济的诸多诘难和曲解;论证社会主义市场经济理论的核心或基石在于我国经济体制改革的性质与目标理论,从而有利于我们在理论上深刻理解和在实践中坚定把握社会主义市场经济"以什么为出发点""要到哪里去""以人民为中心"的根本;论证社会主义市场经济应以科学性和阶级性辩证统一的马克思主义政治经济学为理论基础,以有益于社会主义市场经济性质与目标为原则来借鉴、吸收西方经济学,摆脱了现有研究仅将市场运行本身作为焦点从而不同程度地陷入被所谓西方主流经济学笼罩的阴影;所作的相关研究分析了中国社会主义市场经济的成效,面临的理论及实践挑战,落脚于社会主义市场经济在新时代中国特色社会主义探索中不断发展和完善,从而有助于分析、构建高水平社会主义市场经济体制,同时为相关问题的探索提供了参考、借鉴。提出"根本经济制度"这一范畴,认为社会主义必须驾驭好市场经济这匹"宝马"才能获得预期成效等,这对学术研究和回应社会实践均具有前瞻性。

其三,提出人类社会维护诚信的两个基本条件(利益一致、失信出局),探析社会主义诚信观的本质,从而有利于解开人们对诚信这一古老价值观何以上升为社会主义核心价值观的疑惑。

阮一帆

一、基本情况

阮一帆,男,汉族,1977年生,历史学博士,教授,博士生导师。现任中国地质大学(武汉)马克思主义学院院长。兼任中国历史唯物主义学会理事、中国德国史学会理事、国家社科基金评审专家、湖北省委宣讲团成员等职务。曾入选我校"摇篮计划"和第一批湖北省高校中青年马克思主义理论家培育计划。本科生阶段、硕士生阶段、博士生阶段分别就读于中国地质大学(武汉)管理工程专业、中国地质大学(武汉)马克思主义理论与思想政治教育专业、武汉大学世界史专业,2016年至2017年在德国汉堡大学教育学院公派访学。

二、教学科研情况

长期从事思想政治教育、中国近现代史基本问题等领域的教育教学工作。主讲过"比较思想政治教育"等本科生课程,"中外政治教育比较研究"等硕士研究生课程,"思想政治教育前沿问题研究","思想政治教育前沿问题研究","中国马克思主义与当代"等博士研究生课程。作为指导教师,带领和指导本科生、研究生获得"挑战杯"全国大学生课外学术科技作品国家级三等奖1项、省级一等奖1项,获批大学生创新创业训练计划项目5项,中国地质大学大学生科技论文报告会特等奖及信息调研大赛特等奖及一等奖等多个奖项。

主要研究领域为中外思想政治教育比较、大学生思想政治教育的理论与实践、马克思主义中国化等。主持国家社会科学基金一般项目"战后德国政治教育发展变革的动力机制及其启示价值研究"、国家社会科学基金青年项目"战后德国政治文化变迁背景下的'联邦政治教育中心'研究及启示"和教育部人文社会科学研究基金项目等省部级及以上科研课题多项。近年来,在《马克思主义研究》《人民日报·理论版》《光明日报·理论版》《思想理论教育导刊》《高等教育研究》《比较教育研究》等刊物上发表论文《思想政治教育比较研究的基本思维方法论析》《美国公民教育的历史变迁与启示(1776—1976)》《德国"二战"史观教育:20世纪60年代的变革与启示》《思想政治教育与政治认同》《联邦德国政治教育思想理论变迁的历史回顾》《20世纪60年代末大学生运动与联邦德国政治教育的变革》《美国学校公民教育教学法及其启示》《魏玛"帝国乡土服务中心"及其历史评价》《政治教育与"二战"后德国政治文化的转型》《推进新时代文艺工作的着力点》《高校科研育人探析》等70余篇,多篇被人大报刊复印资料、《新华文摘》全文转载或论点摘编。在人民出版社出版学术著作(含合著)《德国联邦政治教育中心发展历史研究》《德国政治教育研究》《德美两国政治与公民教育研究》等专著。

三、学术贡献与社会影响

学术贡献与成果主要集中在两个研究领域:

一是中外思想政治教育比较研究。通过探寻人类阶级社会思想政治教育的特殊规律和一般规律,批判性吸收、借鉴他国的文明成果和有益经验,以推进我国相关学科领域理论发展及创新。本人及所在团队长期在"中外思想政治教育比较研究"领域深耕,取得了一系列有较大显示度和影响力的科研成果,提出了一系列具有原创性、创新性的学术观点,在该领域居于全国前列。

二是大学生思想政治教育理论与方法研究。围绕高校立德树人、思政课改革创新、思想政治工作者素养等重要理论与实践课题,在《马克思主义研究》《人民日报》等重要报纸刊物发表系列论文,提出了"思政课改革要树立痛点思维""高校思想政治工作者要提升大数据素养"等创新性思想观点。研究成果对于加强我国思想政治教育基础理论研究、推进高校思政课改革创新等具有较高的理论和现实价值。

研究成果荣获第五届全国教育科学研究优秀成果奖三等奖、湖北省第七届、第十一届社会科学优秀成果奖三等奖、武汉市第十一次、第十四次社会科学优秀成果奖三等奖、湖北省第六届教育科学研究优秀成果奖一等奖等,还获得全国大学生社会实践活动优秀个人、国家级大学生创新创业训练计划"优秀指导教师"等多项荣誉称号。

刘 郦

一、基本情况

刘郦，女，汉族，1968年生，四川达州人。马克思主义哲学博士，科学技术与社会（STS）博士后研究人员。中国地质大学（武汉）教授、硕士生导师、日本东京大学博士后研究人员、加拿大麦吉尔大学访问教授。《中国地质大学（武汉）学报·社会科学版》审稿专家、湖北省哲学学会常务理事、湖北省自然辩证法研究会常务副理事长。

二、教学科研情况

长期承担马克思主义基本原理等领域教育教学工作。主讲过"马克思主义基本原理""毛泽东思想和中国特色社会主义理论体系概论""普通逻辑学""美学和中外哲学"等本科生课程，"科学哲学导论""科学思想史""当代国外马克思主义""自然辩证法"等硕士研究生课程，"中国马克思主义与当代"等博士研究生课程，教学效果良好。

主要从事马克思主义哲学、科学技术与社会（STS）、科学政治学和地学哲学等领域的研究。在《哲学研究》《自然辩证法研究》和《思想理论教育导刊》等刊物上发表论文30余篇，包括《知识与权力——科学知识的政治学》（《哲学研究》）、《技术与权力——对马克思技术观的两种解读》（《自然辩证法研究》）、《实验科学：一种新的权力/知识分析》(《自然辩证法研究》)、《科学技术的社会构成：风险与风险分析》(《自然辩证法通讯》)、《科学：一种新的政治学分析》(《自然辩证法通讯》，人大报刊复印资料全文转载)、《后现代科学知识的文化研究》(《科学技术与辩证法》)、《地学革命的哲学意蕴》(《中国地质大学学报·社会科学版》)、《均变还是灾变：新的科学思想之争及其解》(《中国地质大学学报·社会科学版》)、《后现代科学哲学的政治学转向——兼及劳斯走向政治的科学哲学》(《科学技术哲学研究》)、《整体性视角下的规范与创新——试论《马克思主义大辞典》的特色》(《思想理论教育导刊》)、《地质灾害学与科学文化的变迁》(《科学管理研究》)、《当代西方哲学新见解：科学与非科学的划界》(《理论月刊》)和《人类命运共同体：历史、实践与未来趋势》(《中国地质大学学报·社会科学版》)等。其中，论文被全文转载5篇，目录索引1篇。《科学：一种新的政治学分析》(独撰，《自然辩证法通讯》2003年第2期)被人大报刊复印资料2003年第6期科学技术哲学全文转载；《从权力/知识观点看当代西方哲学的一种知识观》(独撰，《河南社会科学》1998年第6期)被人大报刊复印资料《外国哲学》1998年第11期全文转载，新华文摘1999年目录索引；《从普遍知识到局部知识——当代西方哲学知识观的新动向》(独撰，《河北社会科学》1998年第1期)被人大报刊复印资料《科学哲学》1998年第5期全文转载；《科学阐释与批判——库恩与罗斯科学哲学思想比较》(第二作者，《江西社会科学》1996年第10期)被人大报刊复印资料全文转载；《库恩1与库恩2——对科学革命论的新理解》(独撰，《江淮论坛》1996年第6期)被人大报刊复印资料《科学技术哲学》1997年第2期全文转载。论文被引用总计200次。其中，《知识与权力——科学知识的政治学》引用33次，《从权力/知识观点看当代西方哲学的一种知识观》引用34次，《技术与权力——对马克思技术观的两种解读》引用25次，《科学技术的社会构成：风险与风险分析》引用14次，《技术的批判：从马克思到后现代主义》引用9次等。撰写、主编和参编《知识与权力——科学知识的政治学》《走向唯物辩证法的地学科学——赵鹏大科学思想研究》《地学、哲学与社会》《追求公平》《科技社会化与社会科技化》《自然辩证法新编》《哲学与经济学世纪对话——对我国现代面临的矛盾思辨》《科学技术哲学概论——现代自然辩证法》和《马克思主义基本原理概论辅助教材》等10余部专著、教材。

　　主持和参加国家软科学计划项目、湖北省教育厅人文社会科学研究项目和中国地质大学(武汉)马克思主义理论研究与学科建设计划基金项目等多项。包括《科学技术在建构和谐社会中的作用》(国家软科学计划项目)、《知识与权力——科学知识的政治学》(湖北省教育厅人文社会科学研究项目)、《地球系统科学哲学原理》(中国地质大学(武汉)校留学回国人员科研启动基金项目)、《关于技术的论述——从马克思到后现代主义》和《论马克思的技术观》(中国地质大学(武汉)马克思主义理论研究与学科建设基金项目)、《习近平新时代思想政治工作三大规律融入高校思政课实效研究》(湖北省教育厅社会科学研究"教育改革发展研究"专项)和《青藏精神的历史传承及其当代价值》(中国地质大学(武汉)马克思主义理论研究与学科建设基金项目)等。

三、学术贡献与社会影响

主要学术积累以发表的论文《人类命运共同体:历史、实践与未来趋势》《科学:一种新的政治学分析》《技术与权力——对马克思技术观的两种解读》和《科学技术的社会构成:风险与风险分析》为例,主要体现在以下3个方面:

(1)人类命运共同体历史、实践与未来。①人类命运共同体全人类和公平正义等历史语境的合理性。②中国决心、人类共同价值观和国际机制等构建路径。③人类命运共同体实践主体和动力学来源。

(2)马克思技术与政治关系。马克思技术观两种不同解读。一是作为政治家的马克思,探讨技术资本主义应用带来压抑、剥削和解放等命题;一是作为社会学家的马克思,将技术置于一个更大人类社会背景,探寻科技人类解放。

(3)科技发展风险及应对。区分科技全球风险、科技使用不当的风险和科技本身风险三种形式;科技发展需要向更宽泛政治领域开放,实现全人类福祉。

学术贡献主要体现在以下4个方面。第一,在学科领域开拓方面,硕士生博士生期间在导师指导下,研究国内尚属处女地的科技政治学及罗斯(科学)知识/权力理论。第二,在学术研究深度方面,在科技政治学上有较深入学术探索。一是以科学知识政治学视角研究英美分析哲学和欧洲大陆哲学,探讨自然科学与人文社会科学交叉研究新思路。二是超越科学技术/权力分析的狭隘范围。三是认为当代科技政治学转向及政治重构是面向未来和未来实践的转向。第三,在学术研究广度方面,认为科技发展应重回科技与社会政治的良性互动关注,从科技文化(见《后现代科学知识的文化研究》)和科技风险(见《科学技术的社会构成:风险与风险分析》)角度探讨科学技术的政治构成,科技政治学研究应该与当今时代紧密结合,来发展马克思主义(见《技术与权力—对马克思技术观的两种解读》),在人类未来和公平正义的语境下探索科技发展推动科技人类命运共同体的构建(见《人类命运共同体:历史、实践与未来趋势》)。最后,在学术人才培养方面。基于马克思主义科技哲学和科技史硕士点、马克思主义博士硕士点指导研究生从事科技发展与社会相关研究,撰写《科技环境正义》和《人工智能下国家政治安全》等论文,获湖北省科学技术哲学(自然辩证法)优秀研究生论文一、二等奖各2次,三等奖5次。《科学技术的社会构成:风险与风险分析》2008年获湖北省第十二届自然科学优秀学术论文三等奖,颁发单位为湖北省人事厅、湖北省科学技术厅和湖北省科学技术协会。

陈 军

一、基本情况

陈军，1978年生，教授，博士生导师。2003年、2008年分别毕业于中国地质大学（武汉）经济学和资源产业经济专业，获得学士和博士学位。2008年7月至2010年6月，复旦大学应用经济学博士后流动站研究人员，主要从事资源环境与可持续发展问题研究。2015年9月至2016年8月，在夏威夷大学中国研究中心进行学术访问。现任中国地质大学（武汉）马克思主义学院副院长，湖北省中国特色社会主义理论体系研究中心地大分中心研究员，湖北省人文社会科学重点研究基地中国地质大学资源环境经济研究中心特约研究员，国家社会科学基金项目同行评议专家，教育部学位与研究生教育发展中心通讯评议专家。

二、教学科研情况

主要从事马克思主义理论的教学工作。主讲课程主要有："马克思主义基本原理""社会科学研究方法""马克思主义基本原理前沿问题研究""中国马克思主义与当代"等课程。

主要从事马克思主义生态文明理论与实践研究。在《光明日报·理论版》、"Sustainability""Journal of Cleaner Production"《中国人口、资源与环境》《数量经济技术经济研究》等学术刊物发表"宜居是城市生态文明建设的根本目标"等论文60余篇。多篇论文被中国人民大学报刊复印资料、日本JST《科学技术月报》、《新华文摘》全文转载或收录。出版《我国生态文明区域协同发展的动力机制研究》《湖北省生态文明建设公众参与现状调查》《中国特色社会主义建设若干热点问题调查研究》《中国非可再生能源区域优化配置问题研究》《中国非可再生能源战略评价模型与实证研究》等著作5部。

主持或完成国家社会科学基金一般项目"我国生态文明建设的制度化经验研究"(22KSB01878)、国家社会科学基金青年项目"我国生态文明区域协同发展的动力机制研究"(12CKS022)、中国博士后科研基金面上项目"中国非可再生能源区域优化配置问题研究"(20080440587)、湖北省社会科学基金项目"农村居民绿色消费意识与行为协调性研究——基于湖北15个农村的调查"(2020300)、湖北省社会科学界联合会"中国调查"项目"湖北省生态文明建设公众参与现状调查"(ZGDC201536)等共计20余项;以骨干身份参与、完成研究"阐释党的十九大精神"国家社会科学基金专项项目(18VSJ037)、国家社会科学基金重大项目(11&ZD040)等共计20余项(包括国家社会科学基金重大项目2项,国家社会科学基金重点项目1项,国家社会科学基金一般项目2项,国家自然科学基金项目2项,教育部人文社会科学项目1项,原国土资源部中国地质调查项目2项)。

三、学术贡献与社会影响

在自然资源配置方面,对非可再生能源效率区域差异形成机理展开了研究,提出了我国非可再生能源区域优化配置的基本观点,展开了理论解释和经验分析,提出相应的实现路径,对我国能源安全和区域可持续发展具有理论与实践意义(《中国非可再生能源区域优化配置问题研究》,2012年7月,科学出版社)。相关观点契合党的十九大关于"推进能源生产和消费革命,构建清洁低碳、安全高效的能源体系"等方面的要求。

在生态环境管理方面,从产业结构、技术进步和政府管理三个维度进行理论分析与实证研究,揭示了中国矿产资源开发利用的环境影响,有针对性地为省域层面加强生态环境管理提供政策参考(《中国人口、资源与环境》2015年第3期)。相关观点为我国推动资源全面节约和循环利用,加快推进生态文明建设过程中有一定的参考价值。

在区域绿色发展方面,面向区域绿色发展和生态文明建设的历史情境,构建了我国区域生态创新水平测度指标体系,对各省区生态创新水平进行评估,揭示了技术推动、市场拉动和环境规制因素对区域生态创新的影响。提出克服地方保护主义、打破行政区划、强化区域联动合作、共同构建跨区域生态创新体系等观点(《Regional eco-innovation in China: An analysis of eco-innovation levels and influencing factors》,见"*Journal of Cleaner Production*" Volume153,June,2017),契合"构建市场导向的绿色技术创新体系","建立更加有效的区域协调发展新机制"的战略要求。

在区域协同治理方面,利用空间组织结构理论,从区域联合的角度为流域生态环境保护提供分析框架。提出了改革流域环境管理体制、生态环境保护投资体制、促进资源联合开发、加强生态环境建设一体化等观点,为长江流域资源可持续利用和社会全面发展提供了参考(见《区域合作:生态环境保护的一个新框架》,《理论月刊》2005年第1期)。观点契合2018年11月党中央、国务院《关于建立有效的区域协调发展新机制的意见》。

科研奖励主要有:著作《我国生态文明区域协同发展的动力机制研究》获第十三届湖北省社会科学成果奖二等奖;著作《中国非可再生能源区域优化配置问题研究》获第九届湖北省优秀社会科学成果奖三等奖(2015);论文《中国生态文明发展水平的测度与分析》获第十届湖北省优秀社会科学成果奖三等奖(2016);论文《中国矿产资源开发利用的环境影响》获第十一届湖北省优秀社会科学成果奖三等奖(2018);论文《Regional eco-innovation in China:An analysis of eco-innovation levels and influencing factors》获武汉市第十六次优秀社会科学成果奖三等奖(2019);论文《完善我国自然资源管理制度的系统架构》获中国矿产资源经济学会2016年度优秀学术论文二等奖(2017)。

黄少成

一、基本情况

黄少成，1978年出生，湖北仙桃人，中国地质大学（武汉）马克思主义学院教授、博士生导师，本、硕、博先后毕业于中国地质大学（武汉）管理学院、政法学院和马克思主义学院，最高获法学博士学位。其间，曾在美国阿尔弗雷德大学访学研究一年。2004—2019年先后任中国地质大学（武汉）数理学院辅导员、学校办公室秘书、马克思主义学院党委副书记，教育部办公厅秘书处挂职副处长。并于2019年和2021年先后参加教育部高校"不忘初心　牢记使命"和"党史学习教育"巡回指导工作。在校期间，先后被评聘为讲师、副教授、教授、博士研究生导师，入选湖北省中青年马克思主义理论家计划。

二、教学科研情况

作为高校教师，一直崇尚"德行重于学问，教书育人须言传与身教并重、施教与探索并重、知识导学与能力训练并重"的理念修己育人。主讲本科生"思想道德与法治""形势与政策"等课程、硕士研究生的辅导员专题课程，协助主讲博士生的"马克思主义理论前沿问题研究""思想政治教育学前沿问题研究"等课程。在教学过程中，认真备课，虚心听取其他老师的意见、建议，注重教学反思，努力提升教学效果，注重将党和国家最新的大政方针政策精神、学科领域专家的最新学术观点、网络视频中的经典案例等融入教学课程，提升课程的吸引力、实效性和价值功效。

研究方向主要有思想政治教育理论与实践、马克思主义中国化研究等。在《光明日报·理论版》《思想理论教育导刊》《清华大学教育研究》《复旦教育论坛》《国家教育行政学院学报》《贵州社会科学》《湖北社会科学》等报刊发表论文《对比解析：增强高校学生"四个自信"的重要教育方法》《"控制总量"要求下高校党建工作的理论逻辑与实践进路》《新中国70年思想政治教育专业建设回溯、发展嬗变及启示》《思想政治教育专业建设发展历程溯源及其启示》《论高校政治教育课堂教学中的困境及对策》《新时代加强学校思想政治理论课建设的三重维度》《论思想政治教育学研究对象单一性与思想政治教育规律多样性的对立统一》《思想政治教育学范畴研究缘起、发展轨迹及其启示》《论思想政治教育学一般范畴体系逻辑结构的优化组合》《论政治教育学范畴及其逻辑结构体系》等40余篇，多篇论文被中国人民大学报刊复印资料全文转载或被《中国社会科学文摘》摘编。独撰专著1部，主编著作2部，参编著作2部。在人民出版社、知识产权出版社等处出版学术著作（含合著）《大学生理论宣讲与实践创新案例精编》《德美两国政治与公民教育研究》《政治教育学范畴研究》等。

先后主持2项教育部人文社会科学基金一般项目"政治教育基本理论问题研究""伟大抗疫精神及其融入思政课研究"，湖北省重点项目5项，参与承担国家社会科学基金、省部级以上项目10余项。

二、学术贡献与社会影响

坚持围绕思想政治教育理论开展研究。理论思维与理论研究是人类文明和发展的重要标识，也是思想政治理论课教师需要具备的重要能力。攻读思想政治教育专业硕士和博士学位期间，便开始关注思想政治教育基本理论问题的研究，并深入到思想政治教育内部结构，对思想政治教育的核心内容"政治教育的基本理论问题"开展研究，初步构建起以政治文化为基项范畴，教育主体与教育客体为中心范畴，政治认知为起点范畴，政治情感、政治价值观和政治参与为中项范畴，政治认同为终点范畴的政治教育学逻辑范畴体系。

注重思想政治教育热点议题的探索。问题是时代的格言，热点议题是开展理论研究的重要起因。作为一门实践特征显著的学科专业，思想政治教育为探索和研究时代问题和热点议题提供了重要的理论支撑和实践平台，关注热点议题的研究成为思想政治教育研究的应有之意。在思想政治教育教学和理论研究过程中，注重结合社会重大热点问题和教育教学中的难点问题，积极探索并阐释相关理论观点，并在中国梦战略构想内涵、党的政治建设、党的教育目标、党史学习教育、社会主义核心价值观教育、伟大抗疫精神内涵等相关议题方面形成一系列理论文章，同时也指导研究生将思想政治教育的基本理论问题与思想政治教育前沿热点议题相结合，作为博士生或者硕士生研究选题，开展较为深入的研究工作。

主要科研奖励有：撰写的论著《大学生理论宣讲与实践创新案例精编》曾入选

教育部思想政治教育文库(2019),以第一作者身份获得武汉市第15次社会科学优秀成果奖二等奖(2017.3),第五届全国教育科学研究优秀成果奖三等奖(2016.11),湖北省高校马克思主义理论教育研究会第十一届科研成果优秀成果奖一等奖(2016.5),全国思想政治教育学科优秀博士学位论文(2014.4),教育部高等学校社会科学发展研究中心"德育创新优秀成果奖"一等奖(2012.5)。

汪宗田

一、基本情况

汪宗田，男，汉族，1970年生，湖北大悟县人，副教授，博士生导师。2001年毕业于武汉大学法学院获法学硕士学位，2007年毕业于武汉大学经济与管理学院获经济学博士学位，2011年8月至2012年8月在美国内华达州立大学里诺分校政治学系访学研究，2009年9月至2013年2月在中国社会科学院马克思主义研究院从事博士后研究。2001年至今在中国地质大学（武汉）工作，历任讲师、副教授、硕士生导师、博士生导师。任湖北省资本论研究会常务理事、湖北省科学社会主义学会理事。

二、教学科研情况

主要从事马克思主义理论教学研究。主讲课程有：《马克思主义基本原理概论》《毛泽东思想和中国特色社会主义理论体系概论》《新时代中国特色社会主义理论与实践》《马克思主义发展史》《社会主义五百年》《马克思主义基本原题专题研究》《西方经济思想史》《新制度经济学》。

主持教学研究项目有：2018年湖北省高等学校省级教学研究项目"习近平新时代中国特色社会主义思想融入思想政治课理论教学研究"、2016年湖北高校人文社会科学重点研究基地暨大学生发展与创新教育研究中心项目"'四个全面'战略布局融入思想政治理论课教学研究"、2018年湖北高校人文社会科学重点研究基地暨大学生发展与创新教育研究中心项目"'十九大精神'融入思想政治理论课教学研究"、2019年中国地质大学研究生院项目"中国特色社会主义理论与实践研究专题教学研究"、2019年主持制作中国地质大学（武汉）同等学力申硕在线课程"中国特色社会主义理论与实践研究"、2013年中国地质大学（武汉）教务处项目"大学生马克思主义理论'认知-情感-运用'教学模式研究"。

教学研究成果有：主编《大学生思想政治教育教学丛书》（四部），中国地质大学出版社2012年5月；主编《毛泽东思想和中国特色社会主义理论体系概论教学指导书》，中国地质大学出版社2012年5月；参编全国思想政治教育本科专业教材《中国化马克思主义概论》，中国人民大学出版社2010年7月；教学研究论文《"四个全面"战略布局融入思想政治理论课的教学方式探析》发表于《学校党建与思想教育》2015年第12期，被人大报刊复印资料《高校思想政治理论课教学研究》2016年第1期全文转载；指导学士论文《中国特色社会主义生成机制研究》获湖北省优秀学士学位论文。

主要从事马克思主义基础理论和中国特色社会主义理论研究。在《社会科学研究》《当代世界与社会主义》《科学社会主义》《思想理论教育导刊》《中南财经政法大学学报》《思想教育研究》《思想理论教育》《光明日报·理论版》等报刊发表论文《马克思主义制度变迁的动力思想及其当代价值》《马克思主义制度经济理论的创新与发展》《坚定"四个自信"为人类提供"中国方案"》等40多篇，多篇被人大报刊复印资料等转载。在人民出版社出版、社会科学文献出版社出版《马克思主义制度经济理论研究》《我国社会保障城乡一体化制度创新研究》《大学生思想政治教育研究》著作3部，主编、副主编《马克思主义理论学习与探索》等4部。主持或参加国家社会科学基金、教育部科技基金、中国博士后基金、湖北省社会科学基金重大项目、湖北省教育厅哲学社会科学研究重大项目等科研课题10多项。

三、学术贡献与社会影响

《马克思主义制度经济理论研究》是中国博士后基金项目《马克思主义制度经济理论创新研究》、教育部科技基金《马克思主义制度经济理论与西方新制度经济学比较研究》的最终研究成果，围绕马克思主义制度经济理论这一主题发表了系列论文，最终成果《马克思主义制度经济理论研究》由人民出版社出版，在研究视角、研究对象、理论框架方面有所创新。《马克思主义制度经济理论研究》出版后，受到学术界广泛关注好评，光明网、中国经济学学术资源网、经济研究杂志网等媒体评介，中国社会科学院学部委员马克思主义经济学家程恩富为本书作序，称赞本书是现代政治经济学的一个重要创新。《我国社会保障城乡一体化制度创新研究》是湖北省社会科学基金重大项目的最终研究成果，围绕我国社会保障城乡一体化制度创新这一主题发表了系列论文，最终成果研究《我国社会保障城乡一体化制度创新研究》由人民出版社出版，其中在《光明日报》发表论文《公平、效率与社会保障》受到中华人民共和国国家发展和改革委员会网、人民网、光明网、各省门户网站的广泛关注、转载,引发热烈讨论,产生良好的社会影响。

主要学术科研奖励有:2007年《中外大学思想道德教育比较研究》获湖北省社会科学成果奖三等奖,2011年《中国共产党建党以来发展党内民主的回顾与思考》获中共湖北省委、湖北省教育厅纪念中国共产党成立90周年优秀论文一等奖,2013年荣获中国地质大学(武汉)"三育人标兵"称号,2014年《德国高校思想道德教育述评》获全国高校思想政治教育学科设立三十周年优秀成果奖三等奖,2015年入选湖北省高等学校马克思主义中青年理论家培育计划,2020年荣获中国地质大学(武汉)"优秀学务指导老师"称号,2022年荣获中国地质大学(武汉)第三十二届科技论文报告会"优秀指导老师"称号。

岳 奎

一、基本情况

岳奎，男，1980年生，河南南阳人，三级教授、博士生导师。2007年华中师范大学政法学院中共党史专业硕士研究生毕业后留校工作，2012年获华中师范大学马克思主义学院中共党史专业法学博士学位。2018年任中国地质大学（武汉）马克思主义学院教授、博士生导师，党的建设与社会治理研究中心主任，"地大学者"骨干人才。国家万人计划"青年拔尖人才"（第五批）、入选湖北省高等学校马克思主义中青年理论家培育计划（第六批）、湖北省督学（第八届）、中共湖北省委讲师团特聘教授（专家）、湖北省中共党史学会常务理事、中共湖北省委宣传部、省讲师团"百名马克思主义学者宣讲队"成员、中共湖北省委党史学习教育宣讲团成员、武汉市委党史学习教育宣讲团成员。学术论文分别获湖北省社会科学界联合会"第五届湖北青年学者论坛"一等奖和"第三届湖北青年学者论坛"一等奖。系湖北省高校青年研究会会长、中国马克思恩格斯研究会理事、中国国际共运史学会理事、湖北省中共党史学会常务理事，南水北调干部学院客座教授，湖北省人文社会科学重点研究基地湖北党的建设研究中心兼职研究员，湖北省中国特色社会主义理论体系研究中心华中科技大学分中心常务副主任、研究员。2010年、2012年分别赴澳门大学、澳门科技大学进行学术交流访问，2015年赴台湾进行学术交流访问。

二、教学科研情况

曾为本科生讲授"中国近现代史纲要"等课程,为硕士研究生讲授"中国近现代史基本问题研究",为博士研究生讲授"中国马克思主义与当代""中共党史与党建"等课程,此外,曾多次为全校党员发展对象讲授党课。在教学工作中严守师德和学术道德,做到以德立身、以德立学、以德施教、以德育德。

在《中国社会科学》《马克思主义研究》《马克思主义与现实》等权威期刊发表学术论文60余篇,多篇论文被《新华文摘》《中国社会科学文摘》、中国人民大学报刊复印资料转载,出版著作多部,多篇咨询建议被全国哲学社会科学工作办公室《成果要报》、《新华社·内参》、《人民日报·内参》及党和政府有关部门采纳。在上海三联书店出版专著《交流与展示之间:中共八大期间的政党外交研究》。

主持武汉市社会科学基金重点项目、湖北省社会科学基金项目、教育部人文社会科学研究一般项目、国家社会科学基金一般项目:"从传统到现代:文化传承视角下提升武汉市城市气质的报告""打赢脱贫攻坚战要精准发力""习近平扶贫重要论述的理论与实践研究""中共八大期间的政党外交研究""八届中央委员会时期的政治发展研究——政治生态学的视角""习近平总书记精准脱贫战略思想研究"等6项。

三、学术贡献与社会影响

党的建设史方面,主要在党的政治建设、组织建设、思想文化建设、形象塑造与传播的历史等方面取得系列成果。①研究了党的中央委员会建设历史,梳理了马克思主义经典作家关于党的中央委员会建设的历史,对相关制度的变迁等问题进行分析,并梳理了党的第八届中央委员会时期党内民主集中制度的变迁、干部制度的变迁等问题;②在党的建设理论方面,提出了政党基因的概念,结合习近平总书记"不忘初心"的重要论述,认为每个政党都会在自身发展过程中培养形成彰显党的性质、宗旨和特质的品格,几经沉淀便形成了政党基因,深刻指出中国共产党的"初心"就是中国共产党的基因;③提出党的政治建设生态问题,指出不仅要注意党的政治建设的内生态问题,也要注意党的政治建设的外生态问题,只有党的政治内生态建设与党的政治外生态建设并重,才能更好地推动党的政治建设。

对中共党史特别是中共八大进行了较深入系统研究。①以大革命时期发行的《中国青年》为考察对象,提出马克思主义传播需要"在地化"操作的观点。通过系统梳理大革命时期《中国青年》面向民众特别是广大青年进行马克思主义传播、宣传党的理论方面的做法,总结了《中国青年》传播马克思主义、推进党的理论建设方面的典型经验;②围绕中共八大和中共第八届中央委员会开展研究。分析了中共第八届中央委员会的群体结构、基本特点、八届中央委员会的民主建设、执政绩效等;分析了中共八大对探索中国道路、依法治国、党的建设等方面的重要贡献;从对八届中央委员会领导集体的结构特点的分析中提出党的中央委员会要建立科学的防错纠错机制等观点;从国家建构理论的视角出发,提出了中共八大探索"民主—国家"建构的史学命题,即党在完成"民族—国家"建构的基础上,以党的第八次全国代表大会为标志,从自身建设、经济发展和政治体制改革三个方面对建构社会主义"民主—国家"进行了积极探索;基于政治生态学的视角,分析了中共第八届中央委员会时期的政治生态建设问题,提出创新与偏离是八届中央委员会加强党的政治生态建设的两大关键词;从历史记忆与展示的视角对中共八大期间的政党外交进行了研究,认为:中共八大政党外交既是政党外交舞台,又是展示新中国的重要窗口,为国外兄弟政党提供了丰富的社会主义现实画面和社会主义制度优越性的呈现。此外,还在中共八大探索中国道路、探索依法治国、探索党的群众路线等方面进行了研究。

对习近平新时代中国特色社会主义思想进行相关研究,从理论与方法方面提出了一些重要观点。① 在习近平总书记关于扶贫重要论述方面,梳理了习近平总书记关于扶贫重要论述的理论渊源、形成过程、内容体系、方法论意义和国际价值等,结合调查实践提出了打好脱贫攻坚战精准发力的关键点、重点;论述了如何在脱贫攻坚战中把握绝对标准与相对标准关系,如何克服疫情影响坚决打赢脱贫攻坚战,如何坚持以发展的眼光把握全面建成小康社会的目标任务等问题。② 梳理了习近平总书记关于党的建设系列重要论述,提出党委主体责任既是社会主义革命实践的内在要求,也是对中国共产党政党初心的传承和发展,更是对当前党内部分领导干部缺乏责任担当意识与勇气的问题的"对症下药",对全面从严治党具有重要意义;提出习近平总书记关于"不忘初心,牢记使命"重要命题,不仅为党的理论建设注入强大生命力,也为党推进"四个伟大"提供了根本遵循,也为我们观察和识别西方非意识形态化思潮提供方法论,为批判和揭露各种非意识形态化思潮提供了有力武器;论述了"四个自信"有着强大的社会心理认同基础,包括历史心理认同、现实心理认同以及未来预期心理认同三个方面;论述了全面从严治党与加强党的政治建设、全面从严治党与党的主体责任发挥等之间有重要关联等,提出结合党的建设实践与时俱进进行不断创新是新时代党的政治建设的鲜明特色。相关研究丰富拓展了马克思主义政治建党理论,也推动了全面从严治党向纵深发展,引领党的建设新的伟大工程。

曾获中国地质大学(武汉)本科教学质量优秀奖(2019)、2021年大学生课外科技创新"优秀指导老师"。近年来,相关研究成果分别在人民网、光明网、湖北卫视等媒体上刊登或报道,引起了较大的社会反响。撰写的相关咨询报告被国家哲学社会科学办公室《成果要报》《新华社·内参》《人民日报·内参》《光明日报·情况反映》和中共湖北省委等采纳。

李海金

一、基本情况

李海金,男,汉族,1979年生,湖北随州人。政治学博士,曾为社会学博士后。中国地质大学(武汉)马克思主义学院教授、博士生导师、副院长,入选中国地质大学(武汉)"地大学者",马克思主义理论博士后合作导师。湖北省中国特色社会主义理论体系研究中心地大分中心研究员。入选湖北省高等学校马克思主义中青年理论家培育计划,2017年、2020年,均入选中国哲学社会科学最有影响力学者排行榜——政治学学科排行榜上榜学者。2002年、2005年、2008年,分别毕业于华中师范大学社会学院、中国农村研究院/政治学研究院,获法学学士、硕士、博士学位。2008—2012年,在华中师范大学社会学院工作,历任讲师、副教授。2010—2011年,在国务院扶贫办中国国际扶贫中心担任客座研究员。2010—2013年,在华中师范大学社会学院从事博士后研究。2012—2018年,在华中师范大学中国农村研究院/政治学研究院工作,任副教授。2014—2015年,受国家留学基金委资助赴日本京都大学进行学术访问。

二、教学科研情况

长期从事马克思主义中国化、中共党史党建等领域的教育教学工作,承担"社会调查与统计""农村社会学""城市社区建设与管理""社会问题"等本科生课程,"中共党史研究专题""社会科学研究方法""政治学经典著作选读""政治社会学""公共政策分析"等硕士研究生课程,"马克思主义中国化前沿问题研究""中国马克思主义与当代"等博士研究生课程,教学质量和效果深受学生和同行的肯定。同时,始终坚持立德树人目标和科研育人导向,将实践探索与理论创新融入到人才培养中,着力培育学生的综合能力和创新能力。作为指导教师,带领和指导本科生、研究生获得"挑战杯"全国大学生课外学术科技作品省级二等奖1项,获批大学生创新创业训练计划国家级3项、省级1项,指导学生获我校大学生科技论文报告会特等奖1项、二等奖1项,我校大学生信息调研大赛特等奖1项、一等奖1项。

主要从事马克思主义中国化、中共党史党建、城乡基层治理、减贫与发展等领域研究。在《中共党史研究》等期刊发表学术论文《改革开放以来中国扶贫脱贫的历史进展与发展趋向》《全面建成小康社会与解决相对贫困的扶志扶智长效机制》《集体化时期农民政治身份及其影响的变迁研究》《城镇化进程中的基层治理:日本的经验与启示》《乡村人才振兴:人力资本、城乡融合与农民主体性的三维分析》《社区治理中的公共空间:特性、价值与限度》《身份政治:国家整合中的身份建构——对土改时期阶级划分的政治社会学分析》《以城带乡:乡镇行政体制改革的城市化走向》等50余篇,其中多篇论文被《中国社会科学文摘》、人大报刊复印资料全文转摘。在中国社会科学出版社、人民出版社等处出版学术著作(含合著)《身份政治:国家整合中的身份建构——以土地改革以来鄂北洪县为分析对象》《汶川地震灾后贫困村恢复重建案例研究概论》《以民主促进和谐——和谐社会构建中的基层民主政治建设研究》《黔江:内生型脱贫模式》《脱贫攻坚与乡村振兴衔接:人才》《大党治贫:脱贫攻坚中的党建力量》等6部,编著《怎样构建就业扶贫体系》,主编《中国减贫奇迹怎样炼成——脱贫攻坚案例选》《中国减贫奇迹怎样炼成——扶贫扶志故事选》《扶贫扶志的理论与实践研究》《巩固拓展脱贫攻坚成果同乡村振兴有效衔接优秀案例选》4部。《村民自治体系和自治功能的调适与优化研究》《以公共参与推动社区治理——湖北省城市新型社区参与组织创新的实证考察》《精准扶贫中产业扶贫政策及其完善研究》《关于农村低收入人口常态化帮扶的思考与建议》等20余篇咨询报告被国家乡村振兴局(原国务院扶贫办)、中央农村工作领导小组、中华人民共和国民政部、中共湖北省委等党政机关采纳。

主持并完成国家社会科学基金一般项目"公共治理视角下的扶贫资源配置与优化研究"、教育部人文社会科学研究青年基金项目"新型城乡关系背景下的农村社区建设研究:以'两型社会'建设中的武汉城市圈为例"、湖北省社会科学基金项目"以公共参与推动社区治理——湖北城市社区治理中的公共参与研究","贫困农民的代际更替与脱贫机制研究:以湖北省为中心","扶贫与扶志扶智相结合的实现路径与机制研究"。主持并完成国家乡村振兴局（国务院扶贫办）重大招标项目"巩固拓展脱贫攻坚成果和全面推进乡村振兴典型案例研究""江西井冈山市脱贫案例总结""《脱贫攻坚典型案例选编》""《扶贫扶志典型案例选编》""贫困县摘帽案例研究——重庆市黔江区"，一般招标或委托项目"习近平扶贫论述深化研究——中国特色脱贫攻坚制度体系研究""习近平扶贫论述研究——扶贫扶志专题研究""特殊困难地区和群体稳定脱贫长效机制的国际经验""全国贫困地区干部和扶贫干部培训工作评估"以及《国际减贫动态》社会发展项目等近20项，主持并完成中华人民共和国民政部招标项目"城乡一体化进程中的乡镇治理机制创新研究""中日城镇化进程中的基层治理比较研究"。作为子课题负责人或核心成员参与完成国家社会科学基金重大招标项目"在社会管理体制创新中推动基层民主发展"、教育部哲学社会科学研究重大攻关项目"和谐社会构建中的基层民主政治建设研究"、教育部人文社会科学重点研究基地重大项目"跨越农村现代化关键阶段的韩国经验"、"日本城镇化进程中的公共治理及其启示"、"当代中国农村变迁的政策话语与关键词研究"等10余项。

三、学术贡献与社会影响

主要的学术积累和贡献有：①专注于基层治理和发展研究。自攻读博士学位研究生开始就专注于基层治理和发展研究，师从于著名政治学学者、农村问题研究专家徐勇教授，迄今为止一直坚守从事城乡基层治理与中国政治社会发展等方面的实证调查、学理研究和政策咨询服务，并积累了一批学术成果。主要在农民身份变迁与基层治理转型、城市居民公共参与和社区公共空间、城乡基层一体治理体制等领域提出了一些创新性观点。②以研究阐述习近平扶贫重要论述和选编讲述中国脱贫攻坚故事为依托，总结与提炼中国脱贫发展经验。以马克思主义反贫困和中国特色反贫困理论为观照，着力解答中国减贫奇迹是怎样炼成的，并运用经济发展—政治稳定—社会秩序的分析框架，梳理中国脱贫攻坚的制度框架与发展脉络，阐释其经验启示，预测其未来趋向。③以江西井冈山和重庆黔江脱贫案例研究为基点，提出"内生型脱贫模式"概念并开展实证基础上的学理解释。组建校内外研究团队对江西井冈山和重庆黔江两个国家级贫困县的脱贫摘帽历程、成效与经验进行专题调研和理论研究，并提炼出"内生型脱贫模式"，将其作为中国贫困地区摆脱贫困的核心经验与内在机理之一。

主要科研奖励有：获中华人民共和国民政部2015年民政政策理论研究一等奖1项，武汉市社会科学优秀成果奖二等奖1项，湖北省高等学校哲学社会科学研究优秀成果奖1项，第二届全球减贫案例征集活动最佳减贫案例1项，"习近平总书记关于扶贫工作的重要论述学习研究成果征集活动"二等奖、学习习近平总书记关于扶贫工作重要论述主题征文奖、学习习近平总书记乡村振兴系列重要讲话征文奖、巩固拓展脱贫攻坚成果同乡村振兴有效衔接理论研究成果征集活动奖各1项，其他科研奖励多项。

按照"顶天立地"的总体思路开展教育教学、科学研究、人才培养、团队建设、社会服务等工作,为马克思主义理论学科建设和专业发展等提供创新性驱动力。一方面研读并掌握马克思主义基本理论和方法,紧跟并对接中央和国家的理论动向、发展战略和政策体系,凸显社会科学服务于国家重大需求、学术共同体以及发挥智库作用的目标定位;另一方面运用社会科学的实证研究方法和社会调查工具,开展田野调查,关注社会变化,把握发展趋向。作为负责人带领研究团队深入湖北、四川、贵州、江西、重庆、山东、河南、湖南、甘肃、安徽等省份脱贫(贫困)地区或欠发达地区,开展实地调研、第三方评估、培训讲座、征文评审等活动,承担了中共中央组织部、中共中央宣传部、国家乡村振兴局(原国务院扶贫办)、多个省份党政部门等委托的研究任务,并建立了良好、长期的调研合作关系。

孙文沛

一、基本情况

孙文沛,男,汉族,1984年生,中国地质大学(武汉)马克思主义学院教授、博士生导师、副院长,兼任中国德国史研究会理事。2004年获东北财经大学经济学学士学位,2010年获武汉大学历史学博士学位。2003年4月至2004年4月德国美因茨大学法律经济系交流学习,2012年10月至2013年10月国家公派德国科隆大学教育系博士后研究。入选教育部驻外后备干部,入选湖北省高等学校马克思主义中青年理论家培育计划,入选湖北省优秀青年社会科学人才。自2000年起就致力于德国问题的学习和研究,第一外语为德语,能够熟练使用德文进行学术交流和研究。曾两次赴德国留学(共2年),对当代德国社会有深入的观察和认识。

二、教学科研情况

主讲的本科生课程为"中国近现代史纲要""形势与政策""人类文明史""国土安全";硕士生课程为"中国近现代史基本问题专题研究""当代国外马克思主义研究";博士生课程为"中外思想政治教育比较研究"。2019年获得首届全国高校思想政治理论课教学展示活动二等奖。

主要研究领域为德国现当代史、德国历史教育、中外社会历史思潮、中国近现代史基本问题。近年来研究重点为德国历史教育和德国历史修正主义思潮,已在《马克思主义研究》《德国研究》《中国社会科学报·评论版》等报刊上发表相关学术论文《由外而内:三次纳粹战犯审判》《高校思政课实验教学的三重路径》《战后德国历史修正主义思潮评析》《历史虚无主义是后现代主义的畸变》《厘清西方历史修正主义与当前历史虚无主义的异同》《联邦德国历史教科书中"二战历史"叙述的变革》《20世纪60年代联邦德国二战历史教育的变革——以阿多诺社会批判思想为背景》《中德两国二战历史教育比较及启示》等近30篇,其中3篇论文被中国人民大学报刊复印资料《世界社会主义研究》转载。主编的《中国近现代史纲要辅助教材》在中国地质大学出版社2019年出版。参加合著《德国通史,第六卷,重新崛起时代(1945—2010)》(撰写10万字)在江苏人民出版社2019年出版。

主持国家社会科学基金项目、教育部人文社会科学研究项目、湖北省教育厅哲学社会科学研究重大项目等多项科研课题,参与国家社会科学基金重大招标项目等多项课题的研究工作。主持并完成国家社会科学基金后期资助项目"二战后德国战争赔偿史",教育部人文社会科学研究青年基金项目"联邦德国二战历史教育研究",湖北省教育厅哲学社会科学研究重大项目"当代德国二战史观教育发展机制及其借鉴研究",湖北省重点马克思主义学院建设项目"中国地质大学《国土安全》品牌思政课程建设",中央高校基本科研业务费专项资金项目"当代大学生抗战历史认识中的误区及对策研究",中国地质大学本科教学工程项目"《国土安全》思政金课建设",中国地质大学教学研究项目"情景剧教学法在《中国近现代史纲要》课中的实践与效用研究",中国地质大学马克思主义理论研究与学科建设计划资助项目"德国青少年历史观培育的经验与启示研究"。参与完成2013年国家社会科学基金重大招标项目"多卷本《德国通史》"子项目"《德国通史》第6卷"。

三、学术贡献与社会影响

学术贡献主要体现在:①中外社会历史思潮研究。习近平总书记多次强调,要旗帜鲜明反对历史虚无主义,坚持用唯物史观来认识把握历史,认清历史虚无主义的实质和危害。事实上,国内历史虚无主义和国外历史修正主义已经成为历史唯物主义的两大当代挑战。在本领域的研究揭示了历史虚无主义思潮的学术起源、历史虚无主义与西方历史修正主义之间的异同,对德国历史修正主义思潮进行回顾和反思,回应了如何科学辨析和抵制历史虚无主义这一重大现实问题。②德国二战历史教育研究。德国二战历史教育是当代德国政治教育的重要组成部分,它旨在帮助民众正确认识纳粹统治,树立正确的"二战史观",坚决抵制所谓"纳粹主义"的意识形态和政治学说。在本领域的研究中梳理了德国二战历史教育的发展历程,揭示阿多诺等德国思想家所发挥的作用,拓宽和延伸了中外政治教育比较研究的视野,一定程度上填补了国内学界对德国历史教育理论及实践的研究空白,而且对中国政治历史教育具有启示借鉴意义。③思政课改革创新——中国地质大学"国土安全"品牌思政课程。党的十八大以来,习近平总书记创造性提出总体国家安全观的系统思想,成为维护国家安全的行动纲领和科学指南。2019年习近平总书记主持召开全国思政课教师座谈会后,依托中国地质大学学科优势主持建设了"国土安全"全新思政课程。该课程集合中国地质大学(武汉)马克思主义学院、地球科学学院、资源学院等多个优势学科师资力量,组建教学团队,通过专题、对谈、虚拟仿真等教学形式,多层次、多视角、全方位地透视我国国土安全问题,凸显强烈的爱国意识、忧患意识和担当意识,引领广大学生深入学习领会习近平总书记总体国家安全观,提升国家安全意识,强化维护国家安全的责任担当。国内首创桌面式+沉浸式"国土安全虚拟仿真实验"。1期桌面式虚拟仿真实验内容是,学生通过桌面电脑线上游戏的方式体验新疆、西藏和台湾的地理概况及其隶属中国疆域的历史过程,强化对三地国土安全重要性的认识。2期沉浸式虚拟仿真实验内容是,在线下虚拟展厅中创建一个大型中国地图3D沙盘,以高清模拟的方式呈现中国南部陆地和海上边界的4个地段:钓鱼岛、南海岛礁、中越边界和中印边界。老师和学生通过VR的控制,以虚拟角色和三维世界场景的方式经历中国南部边界环游,能够真实感受中国边界争端的由来和现状,进而认识国土安全的严峻形势和重大意义。

主要获奖有:获得2019年首届全国高校思想政治理论课教学展示活动二等奖;获得2019年湖北高校在线开放课程教学大赛三等奖;获得2018年中国地质大学思政课移动教学大赛一等奖;获得2015年中国地质大学青年教师教学竞赛优秀奖;指导学生获得2021年"我心中的思政课全国高校大学生微电影展示活动"三等奖。

以习近平"总体国家安全观"为指导,以思政课为平台开展大学生国家安全专题教育,"国土安全"课程在国内高校尚属首创,光明网、学习强国、湖北省电视台等媒体多次进行专题报道。

第三章　学术论文

马克思主义基本原理

共享发展:科学社会主义的必然逻辑和价值引领

(吴东华 武彦斌《思想理论教育导刊》2017年第6期)

共享理念是五大理念的出发点和落脚点,它在理论和实践的结合上明确回答了发展为了谁、发展依靠谁、在社会主义初级阶段如何通过共享发展实现共同富裕的进程问题,充分体现了中国共产党对科学社会主义的理论自觉和坚持以人民为中心的发展思想。深入学习习近平总书记关于坚持中国特色社会主义的重要论述,系统研究和梳理共享理念的理论与实践基础,对深刻认识中国特色社会主义本质特征,坚持共享理念的价值引领具有重要意义。

一、共享发展:科学社会主义发展的内在逻辑和必然趋势

共享发展、共同富裕,是科学社会主义的一个基本目标,因此,共享理念的根本理论基础就是科学社会主义。

"人民是历史的创造者"是共享理念的哲学基础。党的十八大以来,习近平总书记站在党的生死存亡高度,多次强调坚持人民主体地位的问题,并在十八大报告以及历次中央委员会全体会议的决议中,把坚持人民主体地位确立为党必须坚持的基本要求和基本原则。他要求全党必须牢固树立人民群众是历史创造者的历史唯物主义观点,始终依靠人民推动党的事业前进。人民群众是社会生产和社会历史发展的主体,是历史唯物主义的基本观点。人类社会发展的历史说到底是人民群众改造世界的历史,因此人民共享社会发展成果是历史的必然逻辑。

生产资料公有制是劳动者共享发展的根本制度基础。在生产力高度发达基础上建立生产资料公有制,实现所有人共享社会发展成果,是马克思、恩格斯运用唯物史观深入研究资本主义生产方式发展过程后作出的科学预测。资本主义最终被公有制为基础的社会主义所取代是历史发展的必然规律,未来社会将在劳动者与生产资料相结合的基础上,实现全部产品归劳动者共享。由此,马克思、恩格斯明确提出,"共产党人可以把自己的理论概括为一句话:消灭私有制",并强调所有制问题是所有共产主义运动的"基本问题"。可以看出,通过社会福利、社会保障等形

式,使全民共享社会发展成果,是马克思主义创始人设想的共产主义社会的重要特征,而生产资料公有制是人民共享社会发展成果的根本制度基础。

二、共享发展:中国共产党在革命、建设和改革实践中的不懈追求

中国共产党建立后,始终坚持以人民为中心的价值立场,为使人民群众实现共同富裕进行了不懈努力,为共享理念的提出奠定了深厚的实践基础和重要的制度基础。

早在党的第一次代表大会制定的党纲中,中国共产党就明确提出了自己的最高纲领和奋斗目标,即消灭资本家私有制,没收机器、土地、厂房和半成品等生产资料,归社会公有。在新民主主义革命时期的不同发展阶段,我们党始终立足于最广大人民群众的立场,矢志不渝地将这一目标付诸实践,极大地推进了革命事业的发展。中国共产党在革命战争年代为实现共同富裕理想所做的努力,给劳苦大众带来了希望,从而赢得了广大人民群众的衷心拥护。

中华人民共和国成立后,为使广大人民尽快摆脱贫困,中国共产党高度重视如何使人民通过共享发展实现共同富裕问题的探索。中华人民共和国成立初期,针对土地改革后再次出现的两极分化现象,党中央决定对生产资料私有制进行社会主义改造,在中国确立社会主义基本经济制度。由于我们党始终坚持了共同富裕的价值引领和逐步过渡政策,保证了在社会主义改造这场巨大而深刻的社会变革中,既没有发生大的社会动荡,又促进了生产力的发展,特别是在社会主义改造中确立的土地集体所有制,依然是今天在农村实践共享发展理念的根本制度基础。

改革开放后,随着对我国社会主义初级阶段国情认识的深化,我们党对通过共建共享实现共同富裕规律的认识更加符合实际,为共享理念的提出积累了宝贵经验。

第一,改革开放是对社会主义制度的自我完善和发展,最终目标是实现全体人民的共同富裕。党的十六大提出了全面建设小康社会的奋斗目标,即在 21 世纪头 20 年,集中精力,全面建设惠及十几亿人口的更高水平的小康社会,使人民过上更加富足的生活。这一目标的提出,使人民通过共建共享达到共同富裕的目标更加具体和明确。

第二,共同富裕不是平均主义,也不等于同步富裕,要允许一部分地区和一部分人先富起来,但同时要防止两极分化。实践证明,适当拉开收入差距,符合我国生产力发展要求,促进了生产力的发展,但绝不能让贫富差距任其扩大,不容许产生新的资产阶级,邓小平同志说,"社会主义的目的就是要全国人民共同富裕,不是两极分化。如果我们的政策导致两极分化,我们就失败了。"

第三,共同富裕是建立在社会全面发展的基础之上。党的十六大确立全面建设小康社会目标后,经过党的十七大的进一步完善,最终形成了经济、政治、文化、社会、生态建设五位一体的中国特色社会主义总布局,为全面建成惠及十几亿人口的更高水平的小康社会和逐步实现共同富裕构建了更加全面、科学的发展蓝图。

三、共享发展:全面建成小康社会的基本原则和内在规律

当前制约全面建成小康社会的新矛盾、新问题日益凸显,共享理念既是应对新矛盾新挑战的价值引领,也是在经济新常态下实现全面建成小康社会目标必须遵循的基本原则和实践指南。

坚持中国共产党的领导是实现共享理念的政治保证。马克思主义认为,无产阶级只有建立起代表本阶级和最广大人民根本利益的独立的政党,才能最终完成自己的历史使命。共享理念是中国共产党在新的历史条件下,按照科学社会主义基本原则为实现全面建成小康社会奋斗目标提出的新的理论指导和价值遵循,是党坚持全心全意为人民服务根本宗旨和立党为公、执政为民的重要体现。中国共产党是中国特色社会主义事业的坚强领导核心。历史和现实都告诉我们,办好中国的事情,关键在党。有效应对全面建成小康社会面临的各种挑战,践行共享发展理念,必须毫不动摇地坚持中国共产党的领导。

坚持中国特色社会主义道路是践行共享理念的根本方向。当前我国全面深化改革面临着复杂的国际国内环境,在改革方向问题上必须保持头脑清醒,要有我们的政治原则和底线,要有政治定力。不论怎么改革、怎么开放,我们都要始终坚持中国特色社会主义道路不动摇。坚持社会主义初级阶段的基本经济制度,是坚持中国特色社会主义道路的关键。共享发展是否能够得到实现以及实现到什么程度,都不能脱离生产力发展水平和由此决定的生产关系性质。由于我国还处在社会主义初级阶段,为满足人民多方面的需要,还需要多种所有制经济共同推动经济发展,因此必须坚持"两个毫不动摇",即毫不动摇地巩固和发展公有制经济,毫不动摇地鼓励、支持和引导非公有制经济的发展。坚持公有制经济为主体、多种经济共同发展的基本经济制度,是实现共享理念不可动摇的根本前提和原则。

坚持发展目标与发展过程相统一是实践共享理念的必然规律。这种发展目标与发展过程的统一,深刻体现于共享理念的内涵之中,即全民共享、全面共享、共建共享、渐进共享。全民共享与全面共享是对共同富裕发展目标的明确规定。共建共享和渐进共享是对发展过程的明确要求。共享理念的发展目标与发展过程的辩证统一,是科学社会主义的一般逻辑结论与我国社会主义初级阶段的具体实现形式的统一,也是党的最高纲领与最低纲领的统一在全面建成小康社会过程中的鲜明体现。

总之,我们党提出共享理念的主旨,就是要让改革发展成果更多更公平地惠及全体人民,以增强实现"两个一百年"宏伟目标的发展动力,使中国特色社会主义沿着共同富裕的道路稳步前进。

(社会反响:论文发表于思想政治教育领域顶级期刊《思想理论教育导刊》。截至 2022 年 5 月 1 日,论文被引用 12 次。)

论社会主义平等价值观的本质特征及践行原则

（吴东华 张洁《马克思主义研究》2016 年第 1 期）

培育和践行社会主义平等价值观必须搞清楚一个重要问题，即正确认识社会主义平等价值观的性质及其与资本主义"平等"价值观的本质区别。搞清楚这个问题具有重要的现实意义，如果对这个问题缺乏正确认识，就会导致在实践中迷失方向。因此，深入研究这个问题，是培育和践行社会主义平等价值观的重要前提。

一、社会主义平等价值观的形成根源及本质特征

"平等"是指人们在政治、经济、社会、法律等方面处于同等地位，享有相同权利和待遇。平等价值观是指人们对于平等关系的基本看法和观点。在阶级社会，各个社会形态中不同阶级的平等价值观都决定于特定的经济关系，由此决定，产生于不同经济关系之上的平等价值观具有不同的性质及特征。大量事实证明，当前世界上的阶级和阶级对立不仅没有消失，而且在加剧，生产资料私有制依然是导致当今社会不平等的最深层根源。

根据科学社会主义基本原则，社会主义平等价值观的本质特征可从三个方面进行概括：在经济方面，它根源于社会主义公有制的经济关系，在我国现阶段则是根源于公有制为主体、多种所有制经济共同发展的经济关系；它要求在经济领域逐步消灭私有制，实行生产资料全社会占有，个人消费品实行按劳分配。在政治方面，社会主义公有制经济关系要求在政治上建立工人阶级领导的、以工农联盟为基础的人民民主专政的国体和人民代表大会制度的政体。人民作为国家的主人，依照宪法法律的规定，可通过各种途径和形式行使管理国家事务、管理经济和文化事业、管理社会事务的权利。在思想体系方面，社会主义经济、政治制度在思想领域的反映，必然形成社会主义思想体系，价值观是社会主义思想体系的内核和集中表达，平等价值观则是对社会主义社会人与人之间平等关系的集中体现。

平等价值观作为社会主义核心价值观的重要内容，必然是以建设中国特色社会主义为价值目标，以科学社会主义基本原则为根本价值标准，这就从根本上划清了社会主义平等价值观与其他社会形态不同阶级平等价值观的本质区别。近些年来，西方所谓的"普世价值"思潮在我国的泛滥，对人们的思想产生了不良影响。因此，运用辩证唯物主义和历史唯物主义的基本观点对一些错误思潮进行剖析，深入分析社会主义与资本主义在平等价值观上的本质不同，对于培育和践行社会主义平等价值观具有重要意义。

二、社会主义平等价值观与资本主义"平等"价值观的本质区别

在阶级社会,不同社会形态、不同国家各阶级的平等价值观,都是处于不同社会经济地位的人根据自己的利益需要所形成的价值判断和选择,社会主义平等价值观与资本主义"平等"价值观作为具有不同本质的经济关系的反映,必然存在本质的区别,具体体现在哲学世界观、阶级本质、实现途径及结果等方面。

第一,哲学世界观的不同。资产阶级"平等"价值观的哲学基础是唯心史观。近代资产阶级学者曾提出了自然说、天赋说、理性说、上帝说等众多关于平等观的学说,究其共同特点,都是把平等作为适用于一切人、一切社会、一切国家、一切时代的抽象原则,对社会不平等的原因分析和解决办法往往停留在起点平等、机会平等和结果平等的过程上。社会主义平等价值观的哲学基础是唯物史观,其基本观点为:首先,决定人们权利是否平等及平等实现水平的最深刻根源,反映的是人与人之间的经济关系。其次,平等是历史的、具体的范畴,不同社会形态、不同国家、不同阶级的平等关系具有不同的内涵,那种所谓抽象的"完全平等",只能存在于"摆脱了一切现实,摆脱了地球上发生的一切民族的、经济的、政治的和宗教的关系,摆脱了一切性别和个性的特性"的"杜林先生所召来的两个十足的幽灵①"之间。

第二,阶级本质的不同。资产阶级建立在商品等价交换原则基础上的平等关系,从产生时起就具有虚幻性和欺骗性。法的本质是统治阶级的意志体现,资产阶级宪法中规定的"法律面前人人平等",实质只是保护资产阶级私有财产的代名词。马克思主义认为,必须首先消灭阶级剥削和阶级压迫,实现经济地位的平等,才能实现人与人之间政治关系上的权利平等。社会主义平等价值观与历史上其他阶级平等价值观的根本不同之处就在于,"无产阶级平等要求的实际内容都是消灭阶级的要求",因此,无产阶级把消灭私有制、消灭阶级作为自己的奋斗目标。

第三,实践途径及实现程度的不同。资产阶级"平等"价值观的最大特点就是理论脱离实际,无论其哪种理论学说,都无法从根本上解决现实中的不平等。马克思主义认为,只有通过无产阶级革命夺取政权,建立起社会主义制度,才能为实现社会主义的平等关系提供前提和保障。中华人民共和国建立后,我们党结合具体国情对马克思主义平等观的理论和实践做了大量探索,取得了重要成就。我们党领导人民通过社会主义改造逐步消灭阶级剥削,广大人民通过各级人民代表大会制度获得了管理国家事务的政治权力,真正成了国家主人。

由此可见,社会主义平等价值观与资本主义"平等"价值观最本质的不同就在于,社会主义平等价值观真实反映了广大人民群众的平等诉求,并在现实生活中切实得到了实践,使广大人民群众的利益和要求不断得到了满足。而资本主义的"平等"价值观则是反映少数人利益的狭隘的"平等"价值观。

---

① 摘自《马克思恩格斯选集》第三卷,人民出版社,1995年出版,第439页。

三、践行社会主义平等价值观必须坚持科学社会主义基本原则

社会主义平等价值观本质上要求消灭阶级社会所造成的一切不平等,因为我国目前还处于社会主义初级阶段,对社会主义平等的践行不可避免地带有初级阶段的特点,要完全实现社会主义平等还要经过一个过程。在这个过程中,我们既不能离开社会主义初级阶段的具体国情,同时必须坚持科学社会主义基本原则,才能保证社会主义平等的完全实现。

第一,必须坚持社会主义初级阶段基本经济制度不动摇。在全面深化改革过程中,必须坚持以社会主义平等价值观为重要价值目标,坚持社会主义公有制和按劳分配的主体地位不动摇。通过制定一系列法律、法规,维护劳动者的合法权利和地位,在削弱剥削性和不平等性的基础上,探索并构建不同于资本主义劳资关系的中国特色的和谐劳动关系。

第二,必须坚持社会主义政治制度,坚持人民当家作主的主体地位。在保障人民群众的知情权、参与权、表达权、监督权方面,要继承和发扬党的第一代领导集体的优良传统,选拔生产一线的优秀劳动者进入各级政府和各级人大的领导岗位,建立对生产一线优秀工作者参政议政能力的培训制度,使人民能够切实行使国家主人的各项权利。

第三,坚持一切为了人民的出发点和落脚点,加强各项与人民群众切身利益密切相关的具体制度建设。如要不断加强和改善有关教育平等、男女平等、民族平等的相关制度,以及社会保障制度、分配制度、户籍制度等制度建设,以保障各种平等权利落到实处。

第四,坚持将培育价值认同与加强法律保障结合起来。在培育和践行社会主义平等价值观的过程中,既要重视发挥道德的教化作用,又要重视发挥法律的规范作用。首先,需要在群众中进行广泛的宣传教育,深化人们对社会主义平等的道德认知和价值认同,要使群众理解,在社会主义初级阶段社会主义平等的实现只能是历史的、辩证的、相对的,不能脱离我国实际。其次,践行社会主义平等核心价值观,必须有法律的坚强保障。

习近平总书记指出:"生活在我们伟大祖国和伟大时代的中国人民,共同享有人生出彩的机会,共同享有梦想成真的机会,共同享有同祖国和时代一起成长与进步的机会。"这段话展示出践行社会主义平等价值观给群众带来的美好愿景。只要我们脚踏实地,一步一步地不懈探索,就能使这一美好愿景逐步变为现实。

(社会反响:论文发表于马克思主义理论学科权威期刊《马克思主义研究》。截至2022年5月1日,论文被引用13次。)

习近平对马克思主义斗争思想的守正与创新

（高翔莲 张聪聪《思想理论教育导刊》2020年第11期）

哲学意义上讲，斗争是指矛盾对立面相互排斥、互相分离的倾向和趋势，推动事物向前发展。从实践意义上讲，斗争是人们根据客观世界的发展现状及人的现实需求而进行的能动性社会实践活动。斗争精神是马克思主义的重要精神特质，也是马克思主义者的基本精神底色。在中国特色社会主义新时代，挑战与风险、阻力和困难，决定了中国共产党和中国人民面临的斗争具有新特点和新样态。习近平关于"斗争"的系列重要讲话系统回答了在中国特色社会主义新时代"为何斗争、如何斗争"，实现了马克思主义"斗争"思想在新时代守正与创新。

一、继承了马克思主义斗争思想的价值追求

《共产党宣言》使用"斗争"一词32次，是一部真正的全世界共产党人斗争的宣言书。马克思的一生是革命斗争一生。"马克思主义是人民的理论，第一次创立了人民实现自身解放的思想体系。马克思主义博大精深，归根到底就是一句话，为人类求解放。"实现共产主义是无产阶级革命斗争的终极目标，也是马克思主义斗争学说的最终价值追求。

中国共产党是在斗争中诞生、在斗争中发展和壮大的。它自诞生之日起就以国家富强、民族振兴和人民幸福为价值追求，肩负起为民族谋复兴、为人民谋幸福的历史重任。党的十八大以来，习近平带领全党全国人民勠力同心、砥砺拼搏，"解决了许多长期想解决而没有解决的难题，办成了许多过去想办而没有办成的大事"，经济高速增长，社会安定有序，人民安居乐业，中国大踏步赶上了时代步伐，中华民族迎来了伟大复兴的光明前景。

全面建成小康社会到基本实现现代化，再到建成现代化强国，进而实现中华民族伟大复兴，是一个艰苦奋斗的过程，"我们面临的各种斗争不是短期的而是长期的，至少要伴随到第二个百年奋斗目标全过程。"中华民族伟大复兴绝不是轻轻松松、敲锣打鼓就能实现的。共产党人既要仰望星空，心怀崇高共产主义理想，同时又要始于足下，为国家现代化和民族复兴而奋斗、而斗争。斗争精神是马克思主义固有的理论品格，是当代中国马克思主义者的基本精神底色，也是实现中华民族伟大复兴的精神动力。

二、深化了马克思主义斗争思想的时代内涵

无产阶级及其政党的斗争一刻也不能停止，但斗争的具体内容因时代主题的

变化而不同。习近平深刻揭示在中国特色社会主义新时代斗争的具体内容,丰富了马克思主义斗争思想的新内涵。

其一,解决新时代社会的主要矛盾。斗争是人类社会发展运动规律的一个基本现象。我国进入社会主义社会后,阶级斗争不再是主要矛盾,社会主要矛盾已转变为人民日益增长的美好生活需要与不平衡不充分的发展之间的矛盾。解决这一对主要矛盾,提高人民生活的品质和幸福指数,就成为新时代伟大斗争的主要任务。

其二,应对重大风险与挑战、阻力与困难。当今世界正处于百年未有之大变局,中国改革进入深水区,国际国内各种矛盾错综复杂。国外敌对势力渗透颠覆破坏活动,国内"台独""港独""疆独""藏独"分裂势力,对我国的安全稳定构成很大的威胁。习近平强调,"当前和今后一个时期,我国发展进入各种风险挑战不断积累甚至集中显露的时期,面临的重大斗争不会少。"要打赢防范化解重大风险的攻坚战,共产党人必须善于观大势、思大局,善于研判风险,精准施策。

其三,维护中国共产党领导、中国特色社会主义制度和国家核心利益。习近平提出"五个凡是"命题,对新时代社会政治领域斗争进行高度概括。"五个凡是"涉及的是国家根本制度、国家核心利益、人民根本利益等大是大非问题,是共产党人在斗争中必须坚持的基本原则。习近平明确指出:"共产党人的斗争是有方向、有立场、有原则的。大方向就是坚持中国共产党领导和我国社会主义制度不动摇。"中国特色社会主义制度是中国共产党克敌制胜的制度保证。党和国家能够抵御风险与挑战,是因为坚持了中国特色社会主义制度,并把制度优势转化为斗争效能。

三、丰富了马克思主义斗争思想的方法论意蕴

习近平继承并发展了马克思列宁主义和毛泽东思想的斗争方法论,并将它与中国的时代特征结合起来。他根据新时代的新形势,对共产党人提出"坚持增强忧患意识和保持战略定力相统一、坚持战略判断和战术决断相统一、坚持斗争过程和斗争实效相统一"的斗争方法论。新时代斗争的长期性、复杂性和艰巨性,决定了共产党人必须正确认识斗争规律,注重斗争方法,讲求斗争艺术。

首先,要敢于直面矛盾、正视问题。正视在改革发展稳定、内政外交国防、治党治国治军等各个方面存在的问题,按照"五个凡是"的原则,该斗争就要斗争。决不能漠视、逃避甚至掩藏我国改革发展所面临的社会问题和潜在风险,避免其恶性质变为危害安定和谐的破坏性因素。对于各种错误思想、言论和行为,敢于理直气壮亮剑。其次,在斗争中抓重点抓关键。有矛盾就会有斗争,斗争要善于抓主要矛盾和矛盾主要方面,以重点带全局,以关键解难题。习近平形象地称为牵"牛鼻子"。他批评那种"没有主次,不加区别,眉毛胡子一把抓"的斗争方法,告诫大家斗争不是逞强好胜、争勇斗狠,而要循规律、遵章法,因势利导,因地制宜,有的放矢。再次,要把握好斗争的时效,善于把原则的坚定性与策略的灵活性有机统一起来。何时斗争、如何斗争、斗争结果如何,要仔细考量,做到有理有利有节。

习近平明确指出,斗争是一门艺术,要想"斗得漂亮",取得胜利,还必须具有高超的斗争本领。首先,要加强马克思主义理论学习,增强看家本领。理论深厚、思想清醒,政治才能坚定,斗争起来才有精气神。其次,要在斗争实践中练就本领。共产党人越是艰险越向前,在复杂严峻斗争中磨练品质、意志和胆魄,治好各种"软骨病",把自己真正锻造为钢铁战士。再次,要提升斗争能力。共产党员特别是领导干部不仅守土有责,而且有能力履责。既能应对"黑天鹅"事件,也能防范"灰犀牛"事件;既能防范风险,又能化解风险;既能化解危机,又能转"危"为"机"。在各种重大斗争中做到召之即来、来之能战、战之必胜。

(社会反响:论文发表于思想政治教育领域的顶级期刊《思想理论教育导刊》。截至 2022 年 5 月 1 日,论文被引用 3 次。)

习近平新时代青年幸福观的内在辩证逻辑

（高翔莲 罗浩《思想理论教育导刊》2019年第7期）

幸福是人类永恒的向往，也是亘古不变的话题。对于幸福的研究涉及了哲学、心理学、社会学等多个领域，不同的人对其有不同的理解。一般认为，幸福是人的需求获得满足后产生的长期持续的快乐与愉悦的情感体验。全身心投入工作并取得成就和有意义的人生是幸福的核心。党的十八大以来，习近平在系列讲话特别是对广大青年的讲话，深刻回答了"什么是幸福、青年追求什么幸福与如何追求幸福"的问题，阐析了幸福目标与幸福途径、个人幸福与人民幸福、物质幸福与精神幸福、共建幸福与共享幸福之间的辩证关系。习近平新时代青年幸福观，为当代青年认识幸福本质、追求幸福生活提供了理论遵循和价值指引。

一、幸福目标与幸福途径的辩证统一

习近平明确指出："幸福都是奋斗出来的"，"幸福不是毛毛雨，幸福不是免费午餐，幸福不会从天而降……一切幸福都源于劳动和创造。"辛勤劳动、诚实劳动、创造性劳动是生产财富的源泉，也是实现幸福的途径。不劳而获得到的幸福，短暂而非持久，虚幻而非真实。广大青年要通过辛勤的诚实的高效的劳动，创造丰富的社会资源与物质财富，在收获劳动成果中提升自己的幸福指数。青年只有全身心投入工作，付出辛勤汗水，去一步一步实现人生各个阶段的幸福目标，集小胜为大胜，才能最终达成人生大目标。在奋斗中，自己的能力和个性得以张扬，生命价值得到升华，从而获得持续长久的沉浸式的愉悦体验。从这个角度来说，奋斗的过程也是幸福的。习近平指出："奋斗者是精神最为富足的人，也是最懂得幸福、最享受幸福的人。"坚信唯有经历过披荆斩棘、跋山涉水的人，才会更加珍惜奋斗历程中的幸福，并留下恒久的美好青春回忆。

二、物质幸福与精神幸福的辩证统一

习近平对物质幸福与精神幸福的统一性有着深刻而独到的见解。首先，民以食为天，物质需求是第一位的、最基本的需要，这也是青年生存发展的物质基础与获得幸福的必要前提。改革开放以来，党带领全国人民在自力更生、艰苦奋斗中创造出丰富的物质财富，逐步满足人民群众对衣食住行等基本需求，物质幸福得到了一定程度的实现。新时代青年拥有发挥个人全部能力和实现全面发展的广阔舞台，要善于运用这些客观条件，做到物质幸福与精神幸福"两手抓、两手硬"。

一是对物质幸福作出正确的认知定位和价值评价，适度追求物质财富和享受物质幸福。针对全球化背景下青年易受各种错误思潮影响而产生享乐主义、拜金主义的现象,习近平指出,好逸恶劳、骄奢淫逸不是真正的幸福,违法乱纪、损人利己得到的暂时物欲享受也不是幸福。他批评那种"喜欢比吃穿,比有没有车接送,比父母是干什么工作"的狭隘幸福观,告诫青年"要比就比谁更有志气、谁更勤奋学习、谁更热爱劳动、谁更有爱心。"

二是在培育和践行社会主义核心价值观中自觉提升自己的思想境界,追求高层级的精神幸福。新时代青年必须以"爱国、敬业、诚信、友善"为价值目标,养成正确的义利观和荣辱观、婚恋观和家庭观、就业观和事业观;要树立热爱国家、服务人民的义利观和荣辱观,以热爱祖国、为人民服务为最高尚的光荣和最伟大的幸福;要树立感恩惜福的婚恋观和家庭观,珍惜爱与被爱,珍惜健康与平安;要树立勤勉工作、贡献社会的就业观和事业观,在工作中践行吃苦耐劳精神、团队合作精神和集体主义精神;要树立"先天下之忧而忧"的责任感、服务社会的成就感和无私奉献的荣誉感,谋求"更高层次的情感追求和更大价值的人生取向"。

三、个人幸福与人民幸福的辩证统一

人的幸福体验来自梦想的实现,追求梦想的过程就是获得幸福的过程,梦想与幸福二者具有内在一致性。近代以来,无数青年志士为了实现振兴中华的梦想,不惜流血牺牲和奋斗。青年孙中山有感于从医只能救人不能救国,毅然弃医从政,冒死回国加入革命洪潮。历史证明,国家、民族的兴亡直接影响着青年的前途命运,国家的富强、人民的幸福最终决定了青年的人生起伏。新时代是实现"国家富强、民族振兴、人民幸福"中国梦的时代。中国梦归根结底是人民幸福梦,是"一个都不能少"的全体人民的共同幸福梦。习近平深刻指出了个人幸福与人民幸福的统一关系。他说,"国家好,民族好,大家才会好","千家万户都好,国家才能好,民族才能好"。当代青年的个人幸福不是孤立存续的,而是内嵌于人民普遍幸福之中;没有人民的大幸福,个人的小确幸是渺小、卑微的和微不足道的。习近平上述这些思想,体现了历史唯物主义关于个人价值与社会价值的统一。

在中国特色社会主义新时代,"两个一百年"目标奋斗征程给广大青年提供了广阔的舞台和发展的契机。广大青年将参与社会主义现代化强国建设的全过程,比历史上任何时期的青年都要幸运的是,他们有了追求幸福和收获幸福的历史机遇。我们要善于把握并抓紧新时代的际遇机缘,勇担国家、民族与人民赋予的责任使命,"以青春之我、奋斗之我,为民族复兴铺路架桥,为祖国建设添砖加瓦",在追求中华民族伟大复兴梦想中放飞理想,感受青春,书写人生,领悟幸福。

四、共建幸福与共享幸福的辩证统一

习近平认为,共建幸福与共享幸福是相互促进、相得益彰的逻辑关系。

首先,共建是共享基础,高效率的合作共建才能实现高质量的共赢共享。倘若

把幸福比作"蛋糕",共享"蛋糕",必须先要共建"蛋糕"。没有全体劳动人民的共同建设,就不会有物质财富的增加,共享幸福就会变成水中月、镜中花。青年要获得幸福,就必须与人民一起奋力拼搏,努力把"蛋糕"做大做好。

其次,共享是共建的目的,共享幸福是共建幸福的目标与动力。习近平指出:"'蛋糕'不断做大了,同时还要把'蛋糕'分好",保证全体人民都能享有"蛋糕"。人民既是社会主义的建设者,也是建设成果的获得者;人民共建幸福,人民共享幸福。广大青年要把共建幸福与共享幸福有机地统一起来,做中国特色社会主义的建设者。首先做物质财富和精神财富这个"蛋糕"的贡献者,然后与人民共享并品尝"蛋糕"的幸福生活。习近平告诫大家,在共建共享幸福的问题上要防止两种倾向:一是只强调做大"蛋糕"而不能分好"蛋糕",只注重劳动奋斗却避谈分享幸福,这样会影响人们创造财富和追求幸福的积极性;二是只关注分配"蛋糕",而不注重做大做好"蛋糕",只关注享受幸福却不积极创造幸福,这同样会影响人们创造财富和追求幸福的积极性。这两种倾向都是错误的,应该摈弃。

总之,习近平新时代青年幸福观,是习近平在整体把握中国青年精神状态和价值追求的基础上,对幸福本质的辩证思考,为青年追求人生幸福指明了方向。正确把握奋斗过程与幸福目标的内在联系,实现物质幸福与精神幸福的有机统一、推动个人幸福与人民幸福的共享共赢,促进共建幸福与共享幸福的协调发展,是习近平新时代青年幸福观的辩证思维,也是习近平为当代青年追求人生幸福指明的正确选择。

(社会反响:论文发表于思想政治教育领域顶级期刊《思想理论教育导刊》。截至2022年5月1日,论文被引用22次。)

认识经济体制改革性质与目标必须厘清的几个问题

（常荆莎 易又群《当代经济研究》2018 年第 12 期）

经济体制改革是一项复杂的系统工程,改革的性质与多层次目标是这项宏伟工程的基本设计,也是验收改革成就的基本依据。只有厘清经济制度、经济体制、基本经济制度等基本范畴及其相互关系,才能理解选择和改革经济体制的机理,真正搞清楚我国经济体制改革的性质与目标。

一、实现制度要求是经济体制之责

西化的经济理论害怕谈论生产关系,而只有运用马克思主义理论才能澄清这些基本问题。在马克思主义理论中,广义经济制度是一个社会的生产关系总和。本文所指的经济制度是狭义的,体现本质层面的生产关系,包括一个社会的生产资料所有制及由此决定的生产者之间的相互地位、个人消费品分配原则、社会生产目的等。制度主体选择有效的资源配置组织安排方式即经济体制。经济体制同经济制度在相互作用中有机统一。首先,二者都体现社会生产关系,经济制度是经济体制的执行基础,经济体制是经济制度的落实途径,经济制度决定选择什么样的经济体制最有利于解决制度主体面临的生产力急迫问题,达到巩固制度基础的目的。其二,二者都必须适应和推动生产力发展,但每个社会发展生产力的本质问题都是为谁发展、谁获得生产力发展的最大果实的问题。第三,经济制度是社会制度体系中政治、文化、思想意识等制度及其实现形式的基础,社会制度体系中的其他制度及其实现形式必须有利于经济制度的稳定、成熟与完善;经济体制调整及其引发的政治、文化体制和社会意识形态变化一定会反作用于经济制度。但另一方面,实践业已证明,经济体制和经济制度也具有对立性,经济制度驾驭不了经济体制内在的、与经济制度对抗的力量时,理应处于从属层次的生产关系完全可能跃升至主导性生产关系,瓦解经济制度的应然要求且其力量足以掏空整个社会制度基础。

世界各国每个社会历史阶段都一定程度地存在多种生产关系,即具有社会性质的生产关系总与不具有该社会性质的生产关系并存。不同性质的生产关系按地位与作用可分为占统治地位的主导生产关系和其他非主导生产关系。我国经济体制改革不断引入了多种所有制关系,党的十五大确立了我国社会主义初级阶段公有制为主体,多种经济形式共同发展的基本经济制度,这是基于生产力发展层次确立的合法存在的生产资料所有制基本形式（即所有制结构）,同时也明确了这些所有制形式中,哪一种形式的所有制占据核心性地位、具有决定性职能、起主导性作用。基本经济制度与根本经济制度不能混为一谈,基本经济制度是所有制结构,根本经济制度是经济制度中占据基础性、核心性、主导性的所有制。我国现阶段生产资料公有制是根本经济制度,多种经济形式体现合法存在的一般所有制。

二、经济体制决定于经济制度所要破解的生产力难题

我国进入社会主义社会以来,经济制度的主体根据解决不同阶段发展社会生产力最急迫问题的需要,选择了不同的经济体制。"站得稳"而阔步前行是我国确立社会主义制度后要破解的最急迫的生产力问题。由此我国首先选择了计划经济体制,我国运用计划经济,成功完成了初步建立健全物质基础的第一阶段任务,在此基础上我们才能快步"富起来"、"强起来"而走近世界舞台中央。我国从 1978 年开始,历经 14 年理论探索与不断引入市场经济关系的特区试验,1992 年将社会主义市场经济体制确立为我国经济体制改革的目标模式。

三、我国经济体制改革性质及多层次目标的辩证统一

改革开放以来中共中央的一系列关于经济体制改革的决定、决议,既多次又一以贯之地明确了我国经济体制改革的性质、内容、任务、目标模式,绘就了我国经济体制改革的性质与多层次目标。

经济体制改革的根本目的决定改革性质亦或坚持什么样的改革,是指改革从根本上为了谁。苏联和东欧等一些原社会主义国家的经济改革先于我国,他们取得过很多积极的改革成效,但最终却走向放弃社会主义社会根本制度。我国一直十分坚定和不断强调:"改革是社会主义制度的自我完善","中国坚持社会主义,不会改变","谁也动摇不了的";"我们搞的市场经济,是同社会主义基本制度紧密结合在一起的。如果离开了社会主义基本制度,就会走向资本主义。我们搞的是社会主义市场经济,'社会主义'这几个字是不能没有的,这并非多余,并非画蛇添足,而恰恰相反,这是画龙点睛。所谓'点睛',就是点明我们的市场经济的性质。";"全面深化改革的总目标是完善和发展中国特色社会主义制度,推进国家治理体系和治理能力现代化。","坚定走中国特色社会主义道路,始终确保改革正确方向。";号召"全党要更加自觉地坚持党的领导和我国社会主义制度,坚决反对一切削弱、歪曲、否定党的领导和我国社会主义制度的言行";"只有中国特色社会主义才能发展中国……只有坚持和发展中国特色社会主义才能实现中华民族伟大复兴!"。促进社会主义制度的自我完善和发展,这是我国经济体制改革性质及根本目的,是经济体制改革思想和理论的底线。

改革是一项系统工程,在根本目的的基础上,还有对立统一的多层次目标。第一,具体目标即我们要改革哪些具体对象,体现为改革的具体内容。《中共中央关于经济体制改革的决定》(简称《决定》)指出:"以坚持社会主义制度为前提,改革生产关系和上层建筑中不适应生产力发展的一系列相互联系的环节和方面。"即变革生产关系和上层建筑的具体运行层。第二,直接目标即我们改革期待收获的直接

结果,体现为改革要完成的基本任务是什么。《决定》明确指出:"要求我们的经济体制,具有吸收当代最新科技成就,推动科技进步,创造新的生产力的更加强大的能力。促进社会生产力的发展,是改革的基本任务。"这规定了制度主体必须以发展社会生产力为基本任务才能维护完善稳固制度,体现了生产关系与生产力的辩证统一。第三,经济体制改革的目标模式即要建立什么样的新体制,或者说要将生产关系的组织安排方式变换为哪种新方式或样式。我国经历了逐步加大发展商品经济的探索的几个阶段,党的十四大明确"建立社会主义市场经济体制。"改革的性质与各层次目标之间不是相互割裂的,改革的性质即根本目的统领各层次目标,各层次目标围绕根本目的协调推进。割裂改革的目标体系统一体,会致使目标体系在实践中瓦解,各目标产生的分力,将足以颠覆社会主义制度。

总之,确立我国经济体制改革的性质与目标体系,最根本的理论基础是生产力决定生产关系、生产关系要适合生产力的性质,经济基础决定上层建筑、上层建筑反作用于经济基础的基本原理。

厘清经济制度、经济体制、基本经济制度等基本范畴及其相互关系,才能准确把握我国要革除的是哪些层面的生产关系,厘清经济体制选择和改革的机理,才能准确把握我国为什么在不同阶段选择和改革经济体制;在以上两方面的基础上,厘清我国经济体制改革性质与目标层次及其辩证关系,才有可能实践生产力与生产关系的辩证统一,推进经济制度驾驭经济体制,完成生产关系体系合力推进社会主义社会生产力的改革任务,实现完善并巩固社会主义制度的根本目的。

(社会反响:论文发表于《当代经济研究》。截至2022年5月1日,论文被引用3次。)

论坚持马克思主义政治经济学的主导地位——兼论高校社会主义市场经济理论基础教育问题

(常荆莎 吴东华《当代经济研究》2016年第5期)

社会主义市场经济深刻改变中国人民的面貌、深刻改变社会主义中国的面貌、深刻改变中国共产党的面貌,而认识社会主义市场经济则应该建立在具有科学性又基于维护联合起来的劳动者当家作主的坚实理论基础上。

一、高校学生必须懂得什么是社会主义市场经济的理论基础

社会主义市场经济的理论基础是指为其提供根本方法、基本原理、指导思想等根本智慧的基础性理论,而非贡献一些具体方法与理论元素等具体智慧的相关理论。社会主义市场经济的理论基础就只能是马克思主义理论,从经济理论属性来说就只能是马克思主义政治经济学基本原理。

从党的十一届三中全会拉开改革大幕到社会主义市场经济理论形成和完善,中国共产党一贯强调坚持社会主义道路,因而社会主义市场经济的理论基础只能是马克思主义政治经济学。首先,马克思主义是社会主义国家的指导思想,由此实现了顺应社会运行规律要求的科学性与维护社会历史发展动力的阶级性有机统一。一个国家的制度决定着一个社会是"谁的"和"为谁"问题,支撑着这个国家的社会运行,制度基础上的体制决定一个社会某个阶段"做什么""如何做"。马克思主义政治经济学直面经济制度所反映的社会经济活动的根本性、基础性经济关系,历史唯物地从社会运行规律高度揭示经济关系的全部生命历程。只有这样的理论才能够将经济建设出发点和目的有机结合起来,指导我们按照社会运行规律的科学要求,通过运用经济体制,实现经济制度解放和发展生产力的同时完善制度,维护和保证经济体制改革实现我国社会主义制度自我成熟与完善的根本性质,避免方向性的颠覆错误。其二,新中国建设和改革实践经验证明,秉承经济体制与社会主义基本制度紧密结合的指导思想,选择有效解决当时最重大问题的经济体制,方能取得社会主义建设巨大成就。计划经济体制解决了头30年"站得稳"而阔步前行的问题,"站得稳"才谈得上选择社会主义市场经济体制"富起来"而快步走、"强起来",进而走进世界舞台中央。第三,不以马克思主义政治经济学为理论基础,就无法理解和解释我国经济体制改革和东欧"社会主义"制度解体的本质区别,以及我国经济体制改革所具有的目标体系之间的层次关系;就无法从经济制度与经济体制这对基础范畴出发建构社会主义市场经济理论;就会认同西方经济学特别是所谓"新自由主义"学说对新中国头30年成就的否定,这些理论对社会主义市场经济的制度基础——"谁的"和"为谁",有意无视、刻意回避,混淆经济关系的内在层

次。他们向我国改革兜售的主张,都天生带着资本逻辑,无视社会主义社会制度和劳动者地位与尊严,解构我国体制改革性质,执意把我国经济体制改革引至社会制度改向。

打牢理论基础才能健全知识体系,高校学生缺乏对社会主义市场经济理论基础的清晰认知,常被乱花迷眼。笔者调查全国10所高校约千名学生的结果显示,对我国现阶段公有制为主体和按劳分配为主体的经济制度,1990年后出生的学生认同度明显高于其他年龄组,57.4%的人表示相关知识来源于上思政课。但同时他们又是对"我国社会经济现状与资本主义没区别"认同度最高的年龄组。矛盾情形产生的根本原因是他们对具体知识的理论基础缺乏必要认知,不知道不同生产关系的本质差异及其意义所在。他们虽文化基础好,但同未接受高等教育的人一样,搞不清也未意识到必须弄清市场经济、社会主义市场经济的本质区别。这种情况即使在硕士生入学考试、博士生入学考试时也屡见不鲜。在西化的经济人假设这一伪公理性的经济学影响下,人们感叹青年学生极易滑向精致利己,他们带着这种对社会主义市场经济的片面认知投身实践时,容易迷失于市场经济的负面性甚至将这些负面性视为社会主义制度的缺陷,从而苛求社会甚至堕入"砸锅"队伍。

二、马克思主义政治经济学的高校教育平台遭遇掏空效应

近年来,应该成为社会主义市场经济理论基础的马克思主义政治经济学,其教学科研资源濒临枯竭,梯队断层所引起的"塌方"危险已经由隐性转化为显性。以所谓的"新自由主义"为代表的西方市场经济理论,改革开放后爆发式传入我国并迅速占据了我国经济理论传播阵地,引发"经济学战争"。高校西方经济学教学扩张到已形成一套日益完善和稳固的课程体系,学生通过公共课来普遍接受马克思主义政治经济学原理教育的可能性,事实上几乎趋近于零。即使是"211"高校经管类专业,近年也几乎停开政治经济学专业课,完全沦陷于西化的经济学教育中。相应地,原有的政治经济学教师失去教学"耕地",大都转向其他领域教学,马克思主义基本原理课所需要的、具备政治经济学知识背景的教师,其后备力量严重不足。这种局面使人们对社会主义市场经济的理论基础认知摇摆不定,理论上的理论基础和事实上的理论基础相差甚远。

三、亟待扭转的高校社会主义市场经济理论基础教育平台几乎被掏空问题

早在西方经济理论大举进入我国教育教学体系之初,陈岱孙等学界泰斗就明确认识到这种局面的严峻性,多次向教育者和教育管理者预警;刘国光、程恩富等学者不断撰文,也引起学界和教师群体的极大关注。西方经济学貌似撇开人与人的经济关系,专注于人如何实现物尽其用,而事实上却以维护私有制为理论前提,是在私有制、雇佣劳动制合理合情合法的语系中谈"做什么"和"怎么做"才更高效,绝不愿意为资本主义的对立物社会主义提供强大的智慧,完全是在致力于瓦解社

会主义公有制和共同富裕,因而西方经济学无法成为社会主义市场经济的理论基础。它可以作为我们提高经济活动有效性的"磨刀石"而非"砍菜刀",如树立机会成本观念,提高决策的代价意识;运用经济活动的弹性原理、乘数原理分析经济决策和宏观调控手段的效果,等等。但如果走火入魔,则只会在邪路上越走越远。实践证明,目前我国民众最关注的贫富分化、腐败问题,其根本不是资源配置技术短缺而是要处理好经济利益关系,西方经济学既回避这些问题也不从根源上予以回答。因此,应即刻重启强化细化精化马克思主义三个组成部分基本原理的教育教学方案调整工作,通过体制安排,搭建具体的人财物配置机制,修复和加固作为社会主义市场经济理论基础的马克思主义政治经济学教育平台。

必须坚持以政治经济学为理论基础,建构与完善当代中国特色社会主义政治经济学,务实于既把握中国改革是为了解放和发展社会生产力,又从根本上回答解放和发展社会生产力的目的是促进社会主义制度完善,指导和推动以社会主义基本制度来处理现实问题。人民群众迫切希望社会主义市场经济理论回答的问题有很多,其中最重大的是如何平衡社会主义市场经济主体之间的地位与利益,解决贫富分化或共富问题;如何利用社会主义制度钳制市场经济之马的野性,维护国家经济和文化的安全;执政党如何面对市场趋利的诱惑而在具体政策的制定与实施坚持执政为民;如何促进我国摆脱社会主义初级阶段的局限性,实现我国在中国特色社会主义道路上的科学发展;等等。政治经济学有能力回答和处理好这些问题而维护大众利益,从而团结凝聚大众,破除理论维护一部分人利益的庸俗化现象,打破庸俗经济理论的垄断霸权。

(社会反响:论文发表于《当代经济研究》。截至 2022 年 5 月 1 日,论文被引用 7 次。论文发表后,被中国人民大学报刊复印资料《社会主义经济理论与实践》2016 年第 8 期全文转载,中国社会科学网 2016 年 10 月 10 日全文转载。)

人类命运共同体:历史、实践与未来趋势

(刘郦 李敏伦《中国地质大学学报(社会科学版)》2019年第2期)

人类命运共同体是以习近平同志为核心的党中央推动和构建的、顺应时代发展需要的一种新型全球价值观。不同于把国家、民族和全世界对立起来的"世界主义"和"共同体主义",也不同于混淆社会制度差异的"趋同论",人类命运共同体在解决全球性的人类交往模式和世界性问题方面具有独特的历史语境:一是全人类语境,一是公平正义语境。同时,人类命运共同体还具有实践的开放性。它解决了中国倡导的全世界共享和平与发展在实践上是否可能以及如何可能的问题。此外,人类命运共同体不仅在实践上,而且在理论上丰富和发展了马克思主义,为解决人类面临的共同问题、构建世界美好未来提供了更广泛的建设性力量和动力学来源。

人类命运共同体是以习近平同志为核心的党中央为顺应时代发展需要而提出和倡导的一种新型全球价值观,是基于当今全球发展趋势和中国特色社会主义的实践,站在新的历史起点上为促进中国对外关系、全人类共同发展而贡献中国智慧和中国方案,强调以"合作共赢的利益观""多种安全的新安全观""包容互鉴的文明观""共商共建共享的全球治理观"为基本内涵。当今世界国际局势和国际力量发生了重大变化,世界政治、经济格局更为复杂。一方面,经济全球化使得资本的生产要素在全球层面得到更加有效的配置,生产规模和能力大幅提高,世界财富增加;另一方面经济全球化使利益冲突和贫富差距加剧等负面效应日益显现。经济落后的发展中国家没有因此而跻身发达国家的行列,没有明显改善和提高本国人民的生活水平,反而不时陷入动荡甚至战乱的境地。欧美发达国家自身也日渐陷入发展困境(经济增长乏力、社会极端化和碎片化交织、政治民粹化保守化、政党庸俗化等)和"制度失去效能",进入"一段较长的调整期"。同时,世界整体发展除面临不确定性和不稳定性、全球增长动力不足外,也面临着许多共同的挑战,如气候变暖、资源枯竭、环境污染等生态问题,传染性疾病蔓延、激素滥用、毒品泛滥等人类健康问题,网络安全、科技安全、大规模杀伤性武器及其技术扩散、恐怖主义等。面对这些问题,世界上任何一个国家都不可能独善其身。是坚持大方向和改善全球治理,还是抛弃全球化,退回各自为政的隔绝状态,世界处于选择关口。"这是一个需要理论而且一定能够产生理论的时代,这是一个需要思想而且一定能够产生思想的时代。"人类命运共同体顺应时代发展需要,旨在用中国方案和中国智慧,倡导谋求共识、同舟共济、和平发展,为解决当今世界的重大理论和实践难题提供一个新的视角和选择,有其深刻的历史、实践和未来发展的意义和内涵。

一、历史语境：全人类和公平正义

人类命运共同体的雏形是2012年11月习近平在党的十八大报告中提出的"人类命运共同体意识"的理念,后在习近平的一系列国际国内演讲和报告中得到补充、修正和完善,其内涵和框架体系也逐渐丰富起来。面对当今世界多极化、经济全球化、文化多样化和社会信息化的国际形势,人类命运共同体强调世界各国共处一个世界,相互依存,共同发展,在谋求本国发展的同时,建立一个世界各国人民相互尊重、公平正义、合作共赢的新型国际关系。"世界上所有国家都享有平等的发展权利,任何人都无权也不能阻挡发展中国家人民对美好生活的追求。我们应该致力于加强发展合作,帮助发展中国家摆脱贫困,让所有国家的人民都过上好日子。这才是最大的公平,也是国际社会的道义责任。"世界对此倡议的反应表明,一个符合世界人民利益的、新型的全球价值观和新型的国际治理政治范式已开始形成,并逐步获得国际共识。人类命运共同体的提出和倡导,是冷战结束后世界各国相互交往相互依赖日益加深的时代产物。其独特性表现为对两个既有历史语境的继承和超越,即全人类语境和公平正义语境。

二、实践的开放性：人类命运共同体如何可能

理论是实践的先导,实践是理论的必然。习近平指出:"世界上没有纯而又纯的哲学社会科学。世界上伟大的哲学社会科学成果都是在回答和解决人与社会面临的重大问题中创造出来的。"人类命运共同体理念只有在具体的实践中才能昭示出其必然性和独特光芒。

习近平在十九大报告中指出,中国共产党为中国人民谋福利,也为人类进步事业而奋斗,中国在新的发展征程中要为世界的和平与发展做出应有的贡献。人类命运共同体以中国智慧和中国方案,倡导世界各国构建相互尊重、公平正义、合作共赢的新型国际关系,这是世界时代发展的需要,也是世界历史发展进程的必然产物。同时,人类命运共同体还是中国探索人类社会发展可行性路径的阶段性结果。它不是如巴迪欧、阿尔都塞等人所认为的突发的革命性"事件",或虚拟化"共产主义观念"的盲目信仰冲动,一种"共产主义视域",一种未来社会的替代或可能,而是一种正在实践和实现的现实,是人类通向理想未来的重大历史事件和实践。

三、未来：作为一种建设性的力量

作为立足当今中国、符合世界潮流、构建世界未来的美好愿景,人类命运共同体倡导在相互尊重、平等互利的基础上,世界不同国家和区域组成不同形式的伙伴关系,形成覆盖全球的"朋友圈",各国人民结伴而行,共创人类的美好未来。在实践方面,相对于既有的资本全球化的全人类语境和机制,人类命运共同体表现出了超越旧有世界秩序的建设性;在理论方面,人类命运共同体发展了马克思主义,为

实现人类的美好未来提供了更广泛的、世界性的实践主体和动力学来源,从而使马克思主义在当今时代获得了新的意义和牵引力。

首先,人类命运共同体的提出和构建展示了一个世界各国人民持久和平、普遍安全、共同繁荣、开放包容、清洁美丽的世界。其次,人类命运共同体的价值传播和实体构建,必将促使分散在各行各业、各个角落、各个层级的社会变革进步力量的聚合,从而使构建美好世界未来的建设性力量具有了世界意义。再次,人类命运共同体的构建为处于分裂和垄断世界中的人们提供了新的希望和集结地。

四、结语

人类命运共同体的构建过程是一个漫长而艰难的历史过程。一方面,国际局势风云变幻,一些发达资本主义国家不会轻易放弃已经建立起来的既有的世界秩序,它们会想尽一切办法维持其政治、经济、文化等各方面的强权地位和利益。因此,世界范围内的冲突和斗争,在经济全球化和政治全球化的背景下会不断涌现,有时候会表现得相当激烈。另一方面,世界要求公平正义的进步的社会力量的形成也是一个漫长的过程。世界上贫穷落后的国家、不发达国家以及正在发展的社会主义国家,要挣脱资本主义发达国家加诸的压制和欺凌,需要在思想上和实力上觉悟和强大起来,才能坚定信心、锐意进取,为建立一个公正公平、和平共享、和谐发展的世界秩序做出自己应有的贡献。正如马克思指出的,"一切历史冲突都根源于生产力和交往形式之间的矛盾","没有对抗就没有进步。这是文明直到今天所遵循的规律"。

(社会反响:论文发表于《中国地质大学学报(社会科学版)》。截至2022年5月1日,论文被引用4次。)

技术与权力——对马克思技术观的两种解读

(刘郦《自然辩证法研究》2008年第2期)

马克思主义是一门科学,同时也是"革命的意识形态"。马克思的技术观,尤其是资本主义制度下技术、机器的压制、异化和解放等思想引起了广泛的讨论和争议。一般的普遍观点认为,马克思注重技术的政治背景分析,把技术和权力的应用严格地区分开来,而没有认识到技术本身及其在社会关系中更复杂的权力关系效应。实际上,对马克思的技术观存在着两种不同的解读。其一是作为政治家的马克思,在传统的政治、权力等概念下,探讨由于技术的资本主义应用带来的压抑、剥削和解放的命题。在这里,技术与政治权力是外在的、相互作用的。其二是作为社会学家的马克思,将技术置于一个更大的社会背景,政治、权力和技术相互内在,在一种更为宽泛的意义上得到理解。而后一种理解往往被人们所忽视。

一、两种理解的来源

两种理解首先来自对"权力"概念的不同诠释和理解。古典的权力理论家把权力理解为由个人或社会阶层、由国家政府、政治党派和教会团体所拥有和操纵。福柯把这种政治领域中的权力运作称为"法律的权力"(juridicalpower)。一般地,这种政治上或法律上的权力往往与罪恶、压抑、丑恶和不平等联系在一起。在他看来,权力应该被给予一种更宽泛的解释,即权利是一种众多的力的关系。权利无所不在,它深深地扎根于社会关系之中。权力不仅是压制性的,而且是生产性的(productive):它产生知识,产生言谈(话语)。因此,"权力,不是什么制度,不是什么结构,不是一些人拥有的什么权力,而是人们赋予某一个社会中的复杂的战略形势的名称。"从这个意义上来说,统治、权力,并不仅仅指政治结构,或国家的政治经济管理,也指行为的方式,一种构造他人行动的可能领域;而技术,在传统意义上通常被当作中性的手段或客观的人的活动,技术本身是非政治的,与权力无关。因此,"我们与自然世界的关系这一问题……必须被看做是一个广义上的政治问题。"马克思是最早把技术同政治联系在一起考察的思想家之一。他直接把技术置于现实的资本主义生产方式下进行分析,从而构成了作为政治家的马克思的显著特色。在他看来,技术的权力使用同"压榨"、"排挤"、"扼杀"、"剥夺"和"镇压"等概念和阶级分析是分不开的。技术的使用,使资本家的权力加强了,工人在工业资本主义工厂中丧失了自由和平等,成为机器技术的奴隶,成为了资本的奴隶。因此,技术在资本主义大工业中成为了压迫和奴役工人的工具。只有社会主义,才能够把技术从资本家的不合理使用中解放出来,从而使劳动者获得真正的自由。

上述基于作为政治家的马克思的技术观的解读，在20世纪20年代苏联、东欧及日本马克思主义研究者那里受到了相当的关注，并一度占据了相当重要的地位。然而，随着对马克思技术思想研究的深入，人们逐渐发现另一个马克思的存在。马克思在《资本论》中对技术的分析聚焦于资本主义背景，批判了技术的资本主义应用，并展望了社会主义和共产主义条件下技术的合理性及其解放力量。在写作《资本论》的准备阶段，马克思的分析更多地集中于技术的内在特征，研究技术的自然和社会因素。

二、解读之一：作为政治家的马克思

应该说，马克思对技术的分析和研究，在他的大多数著作尤其是在《资本论》一书中有相当多的阐述。马克思把"公平""合理"等概念从传统的政治学领域延伸到工作的世界。在资本主义大工厂，以机器为代表的技术分析中，马克思揭示了技术的资本主义应用的消极作用并把技术问题归结为一个政治问题。其核心理论是：技术的资本主义应用是不公正的，它违背了政治思想的自由、平等和公正的原则。为此，马克思提出了两个辅助性假说。一是技术压抑假说，二是技术的解放假说。即在传统政治概念的定义下探讨压抑和解放的命题。技术的压抑假说，表现为技术在资本主义工厂中的压制和剥削的权力效应。机器最初作为简单协作的工具在生产中发挥作用的。只有在资本主义的机器大工厂中，才作为一种技术的产物，为资本家所用。马克思提出了"解放假说"。他告诫"工人要学会把机器和机器的资本主义应用区别开来"，因为："矛盾和对抗不是从机器本身产生的，而是从机器的资本主义应用产生的！"

三、解读之二：作为社会学家的马克思

与作为政治家的马克思不同，社会学家的马克思把技术分析的视野从传统的政治权力的压制和狭窄的生产领域扩展开来。在马克思的许多著作中，我们能够发现，技术的权力已经在一个更为宽泛的意义上得到理解了。在这里，权力（power）被理解为一种更为宽泛的社会力量。弗·培根提出"知识就是力量（power）"概括了近代人们对科学技术及其成功的激赏之情。技术不仅是一种支配和控制自然的力量，同时也是支配和控制人或社会的力量。马克思看到科学、技术是推动社会前进的革命力量，同时也注意到技术也可能违背人们的意愿成为异己的力量。在后一种分析中，我们还能发掘到，马克思对技术的资本主义应用所形成的权力和权力关系的不为人注意的分析。马克思以资本主义为对象，看到权力关系构成一个世界。大工业机械工厂是资本主义使用机器最发达的组织形式。大工业提高了劳动生产率；机器引起的分工原则、工厂法规和社会化的工厂形式；产生了因技术的需要而被迫"生产"和"塑造"出来的劳动者及其关系；等等。所有这些变化，不仅从根本上改变了人与自然的关系，而且改变了人们之间的生产方式和生产关系，并最终改变

了人们之间的社会关系和生活方式。

四、结论：两种理解的比较

参照对马克思的两种理解的分析，我们试着把对马克思技术观的两种解读逐条进行概括对比，其中作为政治家的马克思的技术思想可以概括为以下四个方面：

(1)权力是一个政治的概念，是不同阶级、不同集团之间为争夺经济利益而互相争斗的不可调和的产物。它涉及"压迫"、"剥削"、"合法"等传统意义上的人与人之间的关系。

(2)技术作为一种生产力，被资本家拥有和操纵，用以加强资本家阶级对无产阶级的统治权力。

(3)由于技术、机器的使用，资本主义机械大工厂成为资本压制、剥削劳动的最有力的微型权力场所。

(4)在资本主义机器大工厂里，技术的权力效应是通过机器的权力压制起作用的。

与此相对应，可以列举出作为社会学家的马克思技术思想的最主要的观念变革，与作为政治家的马克思做比较：

(1)在我们现代社会里，权力更多地来自社会而不是来自古典的政治范围。它不仅涉及人与人之间的关系，而且也通过技术对自然发挥作用。

(2)技术作为一种社会力量，不为某个资本家或某个特定的阶级所拥有，而是一种对社会发展起重要作用的进步的或异己的力量。

(3)技术的权力作用的对象不仅仅是机器大工厂这一微型世界，而且涉及整个社会、社会的发展和社会制度的变替，从而形成一个技术的权力世界。

(4)技术的权力效应不仅仅是压制的，而且还是创造性的。在资本主义生产工厂内部，技术的使用导致了社会的分工、规范、划分和"规训"（福柯语）工人的劳动和日常生活，从而创造出全新的人和人与人之间的关系，进而改变了人们的社会生活和生存方式的各个方面。从政治家的马克思到社会学家的马克思的转变，标志着对马克思技术观理解模式的根本变革。

无疑地，作为社会学家的马克思较之作为政治家的马克思有更大的适用性。它与引人注目的当代社会化认识论、技术的批判理论和当代技术哲学以及生态马克思主义等思想遥相呼应。我们认为，看到这两种理解的区分固然是重要的，但同样也应看到这两种理解同时来自同一个马克思的思想，因而相互之间有着千丝万缕的联系。概括地说，两种理解有区别，也有重复和交叉，既互斥又互补。因此，如果将这种区分绝对化甚至夸大这种区分以肢解马克思的技术观或任意夸大某一种思想，则是不恰当的。

（社会反响：论文发表于《自然辩证法研究》。截至2022年5月1日，论文被引用27次。）

马克思主义制度经济理论的创新与发展

(汪宗田《中南财经政法大学学报》2013 年第 6 期)

恩格斯曾经指出,"随着自然科学领域中每一个划时代的发现,唯物主义也必然要改变自己的形式。"目前,我国经济学界存在"去马克思化"的倾向,这种现象存在的根本原因在于马克思主义经济学本身发展缓慢,严重落后于现代社会生产方式的发展。在新的历史条件下,要求我们在对马克思主义经济学与新制度经济学比较分析的基础上,继承与坚持马克思主义经济学的基本"硬核",借鉴与吸收新制度经济学和演化经济学的某些分析方法与研究成果,进行综合创新,进而构建现代马克思主义制度经济学范式。

一、马克思主义制度经济理论创新的必要性

(一)应对对马克思主义的各种非难和攻击,掌握马克思主义话语权

苏东剧变以来,各种反马克思主义思潮甚嚣尘上。面对时代的挑战,马克思主义者必须坚持马克思主义理论,科学回答随时代的变化而提出的各种各样的新问题,克服其自身理论局限,发展符合时代所需的马克思主义。

(二)应对西方主流经济学挑战,加强马克思主义经济学指导地位

改革开放以来,我国有些经济理论工作者认为马克思主义经济学已不再是指导我国社会主义经济建设的理论基础。这在一定程度上说明马克思主义经济学的发展和创新与现实世界的发展有差距,因此,有必要创新马克思主义经济学的理论、观点和方法,夯实马克思主义经济学指导地位的根基。

(三)时代的发展要求创新马克思主义经济学

理论来源于实践,随着实践的发展而不断深化。20 世纪下半叶,西方新政治经济学兴起,把制度对经济发展的作用纳入一个系统的分析框架,引起了世界范围内政治经济制度创新的浪潮。中国的改革开放、社会转型实质上是一种制度变迁过程,同样需要新的理论来解释和指导,因此,只有在继承和坚持马克思主义经济思想的基础之上,借鉴西方经济学尤其是新制度经济学有价值的分析方法与成果,与时俱进和创新发展,才能满足社会发展的需要,真正确立起马克思主义制度经济理论在社会主义经济建设中的指导地位。

二、创新马克思主义制度经济理论的基本构架与主要任务

创新马克思主义制度经济理论,就要持马克思主义立场、观点和方法,同时批判借鉴新制度经济学的成果与方法,综合创新,力图构建新的马克思主义制度经济

学理论框架,揭示制度及制度变迁与经济发展的规律。

(一)基本理论的构架

在历史唯物主义总体框架的基础上,运用唯物辩证法和历史唯物主义方法,整理和构建马克思主义制度分析的一般结构,为研究奠定方法论和理论基础。其一般结构包括以下几个方面:马克思主义制度分析的方法论(哲学基础或哲学意义上的世界观方法论和观察经验事实、从事理论研究、构建理论体系的方法);制度的内涵及内在结构(生产关系总和、上层建筑);制度分析的理论前提(社会存在决定社会意识);制度分析的逻辑起点(关于人们为维持生存和生产而自发形成的需要及其满足);制度分析的基本框架(以对人类社会历史总体性解释框架——历史唯物主义为理论前提);制度变迁及社会形态更替的规律;制度评价的标准(生产力标准、公平正义标准和人的自由全面发展标准)。

(二)创新马克思主义制度经济理论框架主要内容

在马克思主义制度分析的一般结构的基础上,批判借鉴新制度经济学的理论成果,并将其整合到马克思主义制度经济理论中,综合创新构建新的马克思主义制度经济理论框架。主要内容有:马克思主义所有制理论研究,马克思主义企业理论研究,马克思主义国家理论,马克思主义意识形态理论研究,以及马克思主义制度变迁理论研究。

三、马克思主义制度观与新制度经济学制度观的差异

马克思主义经济学把生产关系作为经济学研究的对象,这与新制度经济学关于制度的内涵有很大差异。

一是在制度范畴的理解上,西方新制度经济学比马克思主义经济学更为宽泛。他们对制度的理解既包括生产关系方面的范畴,也有上层建筑方面的范畴,而马克思主义经济学主要把生产关系作为经济学研究的对象,并不包括非经济制度,也不包括属于意识形态的伦理道德规范。二是对制度范畴研究的重点上,马克思主义经济学更明确、具体地指出研究重点是经济制度,在此基础上展开对其他制度的研究。三是马克思主义把生产资料所有制作为社会经济制度的核心,在社会经济制度体系中居于最基本经济制度层次。生产资料所有制对其他经济制度起决定性作用,是区分不同社会经济制度的根本标志。

需要澄清的是,指出马克思主义的制度观与新制度经济学制度观的区别,并不意味着二者是完全对立或割裂的,实质上,马克思强调在有效率的经济组织中产权的重要作用,以及在现有的产权制度与新技术的生产潜力之间产生的不适应性,对新制度经济学而言是一个根本性的贡献。

四、创新马克思主义制度经济理论应抓住的三个关键点

(一)从新制度经济学出发,拓展马克思主义关于"制度"的内涵

制度包含生产关系固定化和规范化而形成的一个社会的各种经济制度,以及与经济制度相适应的政治、法律、意识形态等制度体系这两个层面。因此,我们应从新制度经济学的视角出发,把政治、法律、文化制度、国家和意识形态纳入马克思主义制度经济理论之中,并作为它的研究对象,而这也正是马克思主义制度经济理论题的应有之义。依据如下:首先,马克思不仅把经济制度(生产关系)作为政治经济学的研究对象,而且把建立在经济基础之上的上层建筑——国家等作为研究对象。其次,马克思晚年笔记中,研究了政治、法律制度对经济的作用。再次,不仅经济制度影响物质生活资料生产和交换,而且国家制度、政治法律制度甚至人们的思想意识也影响物质生活资料生产和交换。最后,马克思特别注重研究经济制度,在研究经济制度的基础上,进而研究政治法律制度对物质生活资料生产和交换作用。因此,马克思主义制度经济理论中的"制度"内涵既包括社会的生产关系,又包括上层建筑,这一定义吸收了新制度经济学关于制度内涵的有关论述,拓展了马克思主义制度经济理论的研究范围。

(二)实现马克思主义制度经济学研究方法的科学综合

在坚持马克思主义经济学基本方法的基础上,借鉴西方经济学的个体分析法、演化分析法和数理分析法。在分析影响制度变迁因素的基础上,运用数理分析法,构建制度变迁的数理模型。笔者认为,制度变迁是经济(生产力)、政治(国家、意识形态、阶级斗争)、文化(习俗)和主体(团体、个体)等因素交互作用形成合力的结果,是经济、政治、文化、主体等因素的函数。制度变迁是根本动力与具体动力、宏观制度变迁与微观制度变迁、长期制度变革与短期制度调整、社会集团的集体力量与个人参与的统一。

(三)实现马克思主义制度经济学理论框架的综合创新

实现马克思主义经济学与新制度经济学的综合创新,符合经济学发展规律。马克思主义经济学的制度分析框架和理论结构是科学的,它需要综合和补充的是不同制度经济学流派尤其是新制度经济学新的研究成果。这种综合创新就是把传统马克思主义经济学所忽视的而新制度经济学重视的国家、意识形态理论等整合进马克思主义制度经济理论框架中,实现理论框架上的马克思主义制度经济学综合。

(社会反响·论文发表于《中南财经政法大学学报》。截至2022年5月1日,论文被引用2次。)

毛泽东政治和谐思想及其时代价值

(汪宗田 陈作国 谢芳林《毛泽东思想研究》2014 年第 3 期)

所谓政治和谐,是指一个国家各阶级、政党、政治集团、民族等各种政治力量之间处于一种相对平衡、相互依存、相互协调、相互促进的状态。毛泽东提出了一系列有关构建和谐政治关系的重要思想,并进行了艰苦探索,其成果体现在他的政治思想和实践中。

一、毛泽东社会主义政治和谐思想产生的历史必然性

毛泽东政治和谐思想是在近代以来中国人民争取民族独立、人民解放,实现国家富强、人民富裕的历史过程中形成和发展起来的,是近代中国社会历史发展的必然产物。

1. 团结各革命力量,是争取民族独立、人民解放的必然结果

旧中国是一个半殖民地半封建的社会,要争取民族独立、人民解放,就必须改变半殖民地半封建的社会性质,必须消灭封建主义、帝国主义和官僚资本主义在中国的统治。然而,帝国主义、封建主义和官僚资本主义的力量强大,必须团结广泛的社会进步力量才能取得胜利。和谐政治关系是团结各革命人民一致共同对敌的力量源泉,在对中国社会各阶级的经济地位及政治态度进行分析的基础上,毛泽东提出了建立统一战线的主张。在新民主主义革命时期,广泛的人民民主统一战线成为取得革命胜利的重要保障。与各阶级、民主党派建立和谐的政治合作关系,是在革命统一战线的长期历史发展中逐步建立和发展起来的,它反映了中国革命及各社会进步力量,为了争取民族独立、人民解放,日益走向联合的历史必然性。

2. 正确处理民族关系,是中国革命和建设的需要

中国是一个多民族国家,中国革命和建设必须依靠各民族人民的力量。毛泽东批判歧视少数民族的行为,指出我国是一个多民族国家,不仅要承认各少数民族存在的客观事实,还要实行民族平等政策,团结各民族人民,依靠各民族人民的力量进行民族民主革命。不管是从历史的角度还是基于现实的立场,民族平等、民族团结、正确处理民族间的关系问题是社会和谐的保障,而且直接关系到国家的政治和谐,关系到中国革命和建设能否成功。

3. 调动各方积极性,是建设社会主义强国的必然要求

中华人民共和国成立后,随着社会主义改造基本完成、社会主义制度基本建成,党的中心任务转移到如何把我国建成社会主义强国上来,而创造和谐政治局面是调动一切积极因素的重要前提。毛泽东在调查研究的基础上撰写的《论十大关

系》和《关于正确处理人民内部矛盾的问题》为我们创造良好和谐政治局面提供了理论和方法上的指导。他指出,调动各方积极性首要前提是创造和谐政治局面,基础是正确处理好人民内部矛盾,要达到建设社会主义强国的目标,就必须造成一个又有集中又有民主,又有纪律又有自由,又有统一意志,又有个人心情舒畅、生动活泼的政治局面。

二、毛泽东政治和谐思想的主要内容

毛泽东对建立和谐的政治关系的探索主要体现在制度、方法两个层面。

1. 确立人民代表大会制度,为人民内部的和谐奠定制度基础

首先,人民代表大会制度的政权性质是人民民主专政制度。在人民内部实行民主,人民不仅享有更高的自由和民主权利,而且主体地位也得到充分体现,有利于社会政治和谐发展。其次,人民代表大会制度的组织原则是民主集中制。这既符合我国国情、保障了人民的民主权利,又能集中处理国事,使人民内部呈现和谐局面。第三,人民代表大会制度的特色是议行合一。议行合一的制度特色体现了立法、司法、行政的高度统一,为人民内部和谐提供政治保障。

2. 建立多党合作和政治协商制度,为政党间的和谐提供制度保障

首先,多党合作制度和政治协商制度的政治基础是爱国主义,它将中国共产党与各民主党派团结起来,为政党间的和谐提供了基础。其次,多党合作制度和政治协商制度的基本方针是"长期共存,互相监督",这一方针政策蕴含了丰富的政治和谐思想,调动了各民主党派的积极性,成为共产党和其他党派和谐相处的基本原则。第三,多党合作制度和政治协商制度的合作形式,有利于实现政党间的和谐。

3. 实行民族区域自治制度,为民族间的和谐提供制度保证

首先,依据团结合作、平等互助和共同繁荣原则建立民族区域自治制度,使各少数民族自己当家作主的愿望得到了满足,充分调动了各民族投身于社会主义事业的积极性。其次,反对大汉族主义和地方民族主义。大汉族主义和地方民族主义阻碍了民族团结,而实行民族区域自治制度将避免这种错误观念,促进民族间的和谐。第三,在民族区域自治地区中培养优秀少数民族骨干,让少数民族骨干同其他民族人民一起共同促进社会主义建设事业的发展,以实现各民族关系的和谐。

4. 立足全局,统筹兼顾,为政局和谐提供方法指南

毛泽东认为,正确的工作方法造就了政治和谐的大好局面,从而为革命事业的胜利奠定了基础。在经济建设的过程中,毛泽东立足全局,统筹兼顾,适当安排,建立了和谐政治关系,调动了一切积极因素进行社会主义建设,极大地促进了建国初期国家经济的全面恢复与发展。实践证明,毛泽东立足全局、统筹兼顾的工作方法,为我国取得各项事业的胜利发挥了重要作用,也是我们当今乃至以后党和政府处理任何事情所必须遵循贯彻的工作方法。

5. 运用"团结—批评—团结"的方法,为人民内部和谐提供方法论指导

利用此方法,既能解决党内矛盾,达到党内和谐,又能解决人民内部矛盾,达到

人民内部和谐。毛泽东认为全党同志都要团结起来,对犯错误的同志,要先明辨是非。解决党内是非问题采用"惩前毖后,治病救人"的方针。党内团结是党内和谐的前提,只有党内团结,才能达到全阶级和全民族的团结。毛泽东历来主张用民主、讨论、批评的方法解决人民内部矛盾,反对用强制的方法去解决,认为企图用行政命令的方法和强制的方法解决思想问题、是非问题,不但没有效力,而且是有害的。

三、毛泽东政治和谐思想的时代价值

毛泽东政治和谐思想和方法是在长期的革命斗争和社会主义建设实践过程中形成和发展的,具有重要的历史和现实价值。

第一,毛泽东政治和谐思想为社会主义和谐社会奠定了根本政治前提和制度基础。在毛泽东政治和谐思想指导下,建立了新中国的三大政治制度,为正确认识和处理人民内部矛盾、政党关系和民族关系,实现人民内部的和谐、政党间的和谐和民族间的和谐奠定了根本政治前提和制度基础。

第二,毛泽东立足全局,统筹兼顾和"团结—批评—团结"的方法,在中国革命和建设过程中发挥了重要指导作用,在这一方法的指导下,争取了新民主主义革命和社会主义改造的胜利。毛泽东提出的创造又有集中又有民主,又有纪律又有自由,又有统一意志又有个人心情舒畅,生动活泼的政治局面,为我国构建和谐政治局面指明了方向。当前,这一方法仍然是我们正确处理人民内部矛盾和各种社会矛盾,协调社会各方面利益关系,争取我国各项事业的胜利,实现中国梦的行之有效的方法,是当今中国建设社会主义和谐社会可资借鉴的宝贵思想财富。

(社会反响:论文发表于《毛泽东思想研究》。截至 2012 年 5 月 1 日,下载量 100 余次。)

试论毛泽东政治思想和谐观

(李敏伦 张存国《中国地质大学学报(社会科学版)》2011年第11期)

正如对"政治"的内涵并无统一意见一样,"政治思想"的内涵也有多种解释。笔者采用马克思主义范畴体系,将政治思想解释为:适应一定时代需要,反映一定阶级、阶层或集团利益的政治理想、政治态度和政治要求。其核心问题关乎国家政权,即如何认识国家、组织国家和管理国家。因此,毛泽东的政治思想即是反映了广大工人阶级和农民阶级的社会主义和共产主义政治理想、政治态度和政治要求。毛泽东在其毕生的政治论著中都认为,只有对中国社会进行彻底改造,使人们完成内在精神与外在物质的统一,社会实现上与下的统一,理想社会才能屹立于现实社会之中。正是基于此,毛泽东的政治思想给人以鲜明的斗争印象,其中的和谐观却被忽视。

一、毛泽东政治思想和谐观的内在逻辑

中国传统文化塑造了毛泽东的基本品格和素养,马克思主义则成就了他的世界观、人生观和价值观,以及处理问题的方法。在二者的激荡下,毛泽东的政治思想和谐观具有独特的内在逻辑,即站在广大劳苦大众的立场上,由政治推及道德。

在中国传统文化中,中国的思想家们自觉地站在了统治者的角度和立场,思考如何把握自己的政治天命。毛泽东在思考这一主题时有着与他们截然不同的角度和立场。他虽然继承了中国传统知识分子政治主义的传统,但他自觉站在了人民群众一边,以下层百姓的视角思考如何把握本阶级的命运。他找到的途径是彻底摧毁统治阶级赖以维持自身统治的所谓"仁爱"的政治思想,树立提倡平等的马克思主义政治思想。

同样,在探索人类如何掌握自己的命运这一主题的过程中,中国传统知识分子选择了"参天"思想,即"天人合一"协调发展。在这种"和谐"思想背景下成长的毛泽东自然而然接受了这个主流,但又存在不同。在毛泽东的眼中,"和谐"应该是消除了等级制度和阶级压迫后的人人平等的"人民大团结"。为达到这个目标,毛泽东的"和谐"逻辑是从政治推及道德,即先打碎代表阶级压迫和等级制度的旧的国家机器,建立新的国家,实现国家"和谐",然后再树立以平等为主要标志的无产阶级道德观,即社会的"和谐"和家的"和谐",从而带来"和谐"局面。

二、毛泽东党内和谐政治思想

在实现国家"和谐"的过程中,保持党内和谐是关键,即党内政治思想统一于马

克思主义信仰和追求。在保持党内政治思想的统一方面,毛泽东的做法:一是推动全党范围内的马克思主义理论学习;二是根据需要,适时开展整风运动。

中国共产党是一个马克思主义政党,经历了一个从小到大、由弱到强、从革命到执政的艰难过程,很多共产党员对马克思主义并没有系统的认识。对于如何学习马克思主义,毛泽东指出了三条途径:一是加强思想政治工作和理论队伍建设;二是要活学马克思主义;三是要用马克思主义的世界观和方法论去学习。推动马克思主义理论学习,实质是清除非马克思主义的痕迹和"余丝"的过程,其效果很难检验,其进程也很缓慢。因此,毛泽东多次在全党范围内开展整风运动,即"批判几种错误的思想作风和工作作风:一个是主观主义,一个是官僚主义,还有一个是宗派主义"。整风整体程序是"阅读若干指定文件,总结工作,分析情况",具体方法是"先发通知,把项目开出来……预先出告示,到期进行整风","要经过整风,把我们党艰苦奋斗的优良传统好好发扬起来"。

三、毛泽东党外和谐政治思想

在实现社会"和谐"和家"和谐"的过程中,群众内部和谐,以及党群、党际政治思想和谐也是关键,即党外和谐。

群众内部的政治思想和谐统一是在群众中形成一种能够引导群众走向自立、自强,展现群众健康、活泼的精神面貌,正确反映群众要求的政治思想。毛泽东认为,群众内部的政治思想和谐统一,要求在群众政治思想导向上的统一,这个导向就是马克思主义列宁主义路线。中国共产党代表了最广大人民群众的利益,必须与人民群众的各种需求为主要导向,实现党与群众政治思想的和谐统一。民主党派有自己的党派利益和立场,毛泽东并不要求其他民主党派都来信仰马克思主义,而是要求其他民主党派在国家独立、民族解放、人民生活日益改善、国家繁荣富强等关系中国命运和前途方面,与共产党在政治思想上保持和谐统一。

新中国成立后,在完成社会主义改造的同时,中国共产党也力图建设一种体现广大人民群众思想风貌的社会主义政治思想观。毛泽东明确指出,虽然"我们已经在生产资料所有制的改造方面,取得了基本胜利,但是在政治战线和思想战线方面,我们还没有完全取得胜利。无产阶级和资产阶级之间在意识形态方面的谁胜谁负问题,还没有真正解决"。对此,毛泽东最初希望采用和平的说服教育和批评、批判等方法,但由于政治思想的形成具有延迟性的特点,旧的政治思想禁锢不可能即刻解除。同时,在"只争朝夕"的心境和国际国内形势的催生下,毛泽东把这种文化改造的方式也由批评、批判逐渐转变为批斗、群众运动等激烈的手段,改造的对象延伸到旧地主、富农,范围从城市扩大到乡村,直至最后演化为"文化大革命"。

四、毛泽东政治思想和谐观的当代价值及历史局限

毛泽东政治思想和谐观是中国共产党政治思想建设的重要组成部分,其对当

今中国进行社会主义政治思想建设和社会主义和谐社会的构建仍具有借鉴意义。

第一,毛泽东政治思想和谐观在当前马克思主义大众化中的价值。马克思主义大众化中的最大阻力来自于中国社会政治思想虚无、经济利益至上之观念的干扰。在这方面,毛泽东通过多次整风运动,各种形式的文化活动、思想教育和文化改造等,使马克思主义得以被全国的普通民众理解,并成为全社会共同的理想信念、道德规范和思想道德基础。

第二,毛泽东政治思想和谐观为当前政治思想教育提供了一套正确的方法,这套政治思想教育的工作方法包括思想建党、整风运动、批评与自我批评、团结教育、治病救人、百花齐放、百家争鸣、古为今用、洋为中用等。既融合了中华民族优秀文化传统,又把马克思主义和中国实际相结合,为社会主义建设的顺利实施提供了精神动力和智力支持。当前,这套方法虽然仍在使用,但却日益只重"内容"、不重"形式",要改变这种状况,还原毛泽东政治思想教育方法是一种选择。

第三,毛泽东政治思想和谐观也为社会主义政治思想建设指明了正确的方向。当前,中国正在进行社会主义和谐社会建设。在这个过程中的种种困难使部分党员干部对和谐社会的实现充满怀疑。针对这种状况,毛泽东首先加强党内政治思想建设,使党内政治思想实现和谐统一的政治思想仍然是正确选择。

当然,也必须看到,毛泽东政治思想和谐观是时代的产物,其本身因带有鲜明的时代烙印而存在这样那样的不足,这些不足在客观上带来了一个时期的"一言堂"、"个人崇拜"、传统文化被严重破坏、社会大动荡等现象。所有这些不足,后来者在借鉴过程都必须时刻警醒。

(社会反响:论文发表于《中国地质大学学报(社会科学版)》。截至 2022 年 5 月 1 日,论文被引用 4 次。)

马克思之前人类社会发展动力的哲学追问

(徐良梅《云梦学刊》2019年第6期)

对于人类社会发展动力问题,马克思第一次作出了科学解答,指出推动人类社会发展的根本动力是物质生产方式,我们习惯于将其表述为生产力决定生产关系的矛盾运动规律。其实,在西方,对社会发展动力的追问早在古希腊就已发端,在至马克思这里长达两千多年的时间里,哲人们见仁见智,给出了堪称精彩纷呈的解释。虽然站在马克思历史唯物主义的立场看,它们有失科学性、合理性,但站在哲学史乃至人类思想史研究的角度,它们不乏研究价值。即便站在唯物史观的立场,它们依然是有价值的参照系。对马克思之前哲学家们形形色色的社会发展动力理论做一番历时性考察是有意义的。

一、美德动力论

对社会发展动力的哲学追问始于古希腊的普罗泰戈拉,他所理解的社会发展的根本动力是包括正义、尊敬、友谊、和好等要素在内的美德。稍后的德谟克利特认为,财产私有权作为一种动力会催生更多的经济活动。但是,对财富的追求必须有节制,明智且正义之举在于维护公共的善,同时,人应追求灵魂的善。这种美德动力论在被誉为"古希腊三杰"的苏格拉底、柏拉图和亚里士多德那里以一种理智接力的方式得到继承和发扬。

苏格拉底视美德为人类的最高追求,倡导清心寡欲,因为这属于神性。柏拉图深信此道,尽管他承认贫穷、不健康和邪恶均是恶德,并倡导消除它们,但认为私有财产是恶德的一个主要根源。因此,在他设想的最完美的城邦中,即理想国中,他禁止具有最高灵魂的统治者既拥有一般性的私人财产,也拥有特殊性的金币和银币。因为私有财产会让作为统治者的哲学王和武士利欲熏心,从而成为他们治理城邦和推动城邦发展的藩篱;对于柏拉图的美德动力论,亚里士多德只是在个别细节上批判了柏拉图,但在根本上与柏拉图一致,坚持的是社会发展美德动力论。

二、恶德动力论

经柏拉图和亚里士多德充实的美德动力论对后世影响深远,成为中世纪和近代哲人追问社会发展动力的重要参照系,只是参照的结果呈现出正向态和负向态的二元对立。对于负向态的一元,我们称之为恶德动力论。它主张邪恶是社会发展的根本驱动力。

恶德论的倡导者首推曼德维尔。他认为,邪恶不仅是政治发展的开端,而且是政治发展自始至终不可或缺的一个条件;经济发展永远处于"私人恶德即公众利益"这样一种悖论态,即个人追逐私利,包括一切奢侈品是十分有害的,但对于公共福利而言却是十分有利的。换言之,它在伦理上是错误的,但在经济上是正确的。相反,私人美德只会导致经济衰退。滥觞于古希腊的美德论在他那里简直成了灭绝人天性的禁欲主义,基于这种"禁欲主义",社会就不可能进步与发展,因此利己主义才会带来社会收益,社会与文明只能以牺牲美德为代价才有进步可言。

三、神性动力论

相比之下,亚里士多德之后,更多哲学家秉承古希腊的美德论。比如,在中世纪,基督教哲学家对美德论,尤其是亚里士多德的美德论,采取了一种堪称照单全收的赞美态度,这归因于美德论与基督教教义在基本精神上的高度契合。

亚里士多德自然观中的"自然",还有"合目的性""理性""上帝"等别称。自然在本体论或存在论上是亚里士多德用以解释宇宙本原和最初原因的最高存在、第一动因和最高形式,这种本原性的自然被基督教哲学家称为"上帝",但他们依然保留自然概念,只不过他们所谓的自然较之亚里士多德的已经降为上帝的造物,上帝是宇宙(包括人类社会)的缔造者,是唯一的动力;即便是造物的法则与规则也是首先存在于上帝那里的,只是上帝在创造万物时,才把这些法则与规则嵌入到它们中去。

四、理性与目的动力论

在近代,随着一场声势浩大的针对基督教高压统治的祛魅或启蒙运动的开展,哲人们或从唯理论或从经验论角度对发端于古希腊的美德动力论予以正向发挥。其中,唯理论者采用超验的进路,而经验论者采用后验的进路。唯理论者以康德、黑格尔为代表,经验论者以洛克、卢梭、休谟等人为代表。康德能够从美德动力论汲取的首要营养源是亚里士多德的"目的"概念,因为康德认为,人类社会的发展是合规律性与合目的性的统一。黑格尔受到了亚里士多德-康德目的动力论的直接启迪,他提出人类社会的历史是一个"合理念与合目的性"相统一的过程,是必然与自由辩证统一的过程,其中,必然与理念对应,自由与目的对应。当然。在动力观的具体内容上,每位经验论者也见仁见智。

霍布斯认为,"私人利益是社会发展的动力"。对此洛克警示说,人的自然状态和权利虽应是"平等""自由",但人的自由"却不是放任的状态",相反,自由须由理性规约,而不是像在霍布斯那样,理性为自由辩护,私人利益才是真正有保障的。诚如休谟所言:"人类的贪心和偏私如果不受某种一般的、不变的原则所约束,就会立刻使世界混乱起来。"所以,人类即便是出于繁衍后代而生生不息这样自然且功利的考量,也要遵从理性的原则而行动。

经验主义动力论属于唯物主义,其他动力论均可定性为唯心主义;唯心主义动力论属于理性主义,而唯物主义动力论则既有洛克、休谟引领的归属理性主义的美德论,也有曼德维尔代表的归属非理性主义的恶德论;唯物主义或经验主义恶德论是一种个体主义,而其美德论则呈现出一种由个体主义向整体主义运动的趋势。尤其是,人民概念的提出为社会发展动力找到了一个坚实的着力点,对社会何以存在以及社会发展何以可能这些社会本体论或存在论问题的解答作出了重大创新,使对社会发展动力的哲学追问愈来愈趋向于现实和实践的维度。

五、主观意识动力论

经验主义或唯物主义动力论,尤其是它的人民概念及其坚持的现实之维才是对马克思真正有益的借鉴。原本,这项殊荣最应落到被誉为马克思之前唯物主义集大成者的费尔巴哈头上。但令人遗憾的是,费尔巴哈仅在自然观上坚持唯物主义,而在社会历史上却坚持唯心主义;他只是用人的理性、意志和情感甚至宗教来理解历史上的伟大变革,社会历史的绵延在他看来仅是个人的"独立"发展,人的意识或心理因素成了支配历史的决定力量;更有甚者,他只承认人在本质上是自然生物,而不是由社会发展所决定的社会生物。因此,自然视域的唯物主义与社会视域的唯心主义,矛盾的双方汇聚费尔巴哈一身,使他给人一种半截子的唯物主义者形象。

综上所述,人类社会发展的根本动力早在古希腊就已成为哲学家追问的对象。在马克思之前,哲人们众说纷纭,诚如列宁曾经批判指出的那样,"旧的社会历史观有两个根本的缺陷:一是只局限于考察人们的思想动机,看不到人们活动的物质动因;二是看不到人民群众的作用。"缺乏科学性和正确性的马克思之前的哲人们的社会发展动力论就像一面面镜子,分别映照出马克思历史唯物主义的社会发展动力论为何是科学的、正确的。

(社会反响:论文发表于《云梦学刊》。截至2022年5月1日,下载量200余次。)

劳动的异化与技术的异化——马克思与海德格尔异化理论

（李霞玲 王贵友《理论月刊》2010年第1期）

1844年，年轻的马克思从经济学理论上对资本主义社会的阶级结构进行了初步分析，提出了劳动异化的观点。一个世纪后，德国的另一位伟大的哲学家——海德格尔，则从技术的角度对异化进行了新的探讨。本文试图将两者的异化思想进行比较，以探究工业社会中人与自然之间的关系。

一、异化理论的出发点

异化作为哲学范畴，指主体在自己的发展过程中，将自己的本质外化出去，产生出自己的对立面——客体，然后这个客体又作为一种外在的、异己的力量而反对主体自身。可以说，任何一种异化理论都是和主体、客体、主体本质这些问题联系在一起的。因此，关于对主体、主体本质的规定，就成了异化理论的出发点。根据主体、主体本质规定的不同，可区别不同的异化理论：在马克思的异化理论中，主体是从事物质资料生产的劳动者，是现实的人，人的本质是自由自觉的活动，这种活动的最集中表现就是劳动，劳动按本性来说是自由自觉的，这种规定性构成了马克思劳动异化理论的出发点。

如果说马克思的异化理论的前提是现实的人，海德格尔哲学的前提是"此在"，即生存着的人。海德格尔用"此在"来表示具体现实的人的存在，认为人始终处于存在的过程当中，它对存在的领悟不仅决定着自身的存在，而且影响存在的显现。只有"此在"状态才是人的最本真的情态。"此在"从根本上说是一种先行于其自身的存在。

二、异化的含义

"异化"一词在黑格尔那里即"绝对精神"外化为客观对象。马克思不仅对黑格尔的异化理论提出批判，而且重点阐述了劳动异化。马克思的异化理论是基于当前的经济事实的，他说："劳动所生产的对象，即劳动的产品成本，作为一种异己的存在物，作为不依赖于生产者的力量，同劳动相对立。劳动的产品是固定在某个对象中的、物化的劳动，这就是劳动的对象化。劳动的现实化就是劳动的对象化。在国民经济学假定的状况中，劳动的这种现实化表现为工人的非现实化，对象化表现为对象的丧失和被对象奴役，占有再现为异化、外化。"

海德格尔从"此在"出发，"此在"的基本存在结构是"在世"。在世是一种沉沦的此在，在世的生存论样式就记录在沉沦现象中，此在这种存在者在其日常生活中恰恰丧失了自身,而且,在沉沦中脱离自身而生活着。此在沉沦于众人,错把众人本身当自己本身,自以为过着真实而具体的生活。由于此在在日常生活中表现为"常人"。在日常生活中人已丧失了其存在的"向来我属"性质,因而成为没有个性的、受公众意见统治的"常人"。此在被异化为常人,这是生存的真实状况。

由上可知,马克思的异化是指的人的外在的——劳动的异化,而海德格尔则转向人本身的内在异化——对存在的遗忘。

三、异化理论的内容

马克思在《1844年经济学哲学手稿》中说明了他所研究的异化劳动产生的社会条件和基本内容,也就是在资本主义私有制的条件下,工人的劳动才表现为异化劳动,即工人被自己产品奴役的劳动。另外,马克思把劳动的对象化(物化)同劳动的异化或外化区别开来:并非任何对象化或物化都是异化,劳动的对象化就是指物质生产活动,它只是在受生产力发展程度制约的非人化制度下,才成为异化。马克思分析了异化劳动的表现形式:①劳动者同他们的产品相异化。劳动者所生产的产品,作为一种异己的存在物,作为不依赖于劳动者的独立力量同劳动者自身对立,成了一种统治劳动者的社会力量。②劳动者同他的生产活动本身相异化。对劳动者来说,劳动及外在的东西,不属于他的本质的东西。③劳动者同自己的类的生活,即类的本质相异化。马克思所指的类本质主要是指人类的基本机能——劳动本身。④人与人相异化。①~③三个方面的异化劳动表现造成的直接结果是人同人相异化。

海德格尔异化理论的内容体现在他对"技术"的批判之中。为探寻技术的真正含义,他考察了古希腊语中"技术"的含义:从希腊早期直到柏拉图时代,技术就和即认识同义,其意义是指对某物的精通和理解。只有认识才能给出启发,具有启发作用的认识就是一种解蔽。在考察了技术的原有内涵后,他又指出在现代技术中,技术的原始含义已经丧失了原有意义上的解蔽,而成为一种"促逼"。这种促逼就是向大自然提出蛮横无理的要求,要求大自然提供本身能被开采和储藏的能量,这种对自然的开采是"悬置"自然的一种方式,这种"悬置"关心的只是效用,以此带来的结果是任何事物都成为了"持存物"(bestand),只是站在旁边等候加工制作的材料,为效用的目的而制作,它可以是任何加工制造活动的材料,但它什么也不是,它不再是自身,不再显露自身。

技术一词含义的转变,是随着技术与对象化思维方式的结合而进行的,并与存在自身的被遗忘状态相对应,现代技术不仅订造着物同时订造着人。当物普遍地成为"持存物"时,人也作为他人的对象,成为了"持存物",即在现代技术中人已被异化了,人普遍地成为了"技术人员"。海德格尔用"座架"来表达这种现象。在一个"座架化"的世界中,一切物与人都已失去其丰富的意义,而变成了一个异化的世界,一个被技术控制、统治的世界,在技术的控制下,人们看不到存在的本来意义,人类的家园已经丧失,人们都感到无家可归。

四、异化的根源与消除

马克思早期将异化产生的根源归结于私有社会和资本主义制度,晚期的论述表明异化的产生根源还在于生产力不够发达的状况,这是人类本质力量尚未充分展开的必然现象。在《德意志意识形态》中马克思通过对经济与社会历史的考察,认为当固定化分工产生后,个人就被限制在一定的、强加于他的特殊活动范围之内。固定化分工使人处于被动的状态中,因为生存的需要而被迫劳动,因此个人的活动变成了外在于人、统治个人的力量,分工造成的固定化活动本身便具有了异化的性质。既然异化的根源在于私有制或"扩大了的生产力"的异化,那么要消除异化,只有靠扬弃私有制或"扩大了的生产力"的异化,以及与此有关的分工的异化、社会经济与政治关系的不合理性。马克思认为,克服人的异化的具体道路必然是生产方式的变革,即劳动方式的变革。对于分工的异化,马克思主义强调需要"生产力的巨大增长和高度发展",人们的"普遍交往"才能建立起来,才达到对异己力量的扬弃,人与自然才能达到一定的现实的统一。

海德格尔认为,人之所以被技术异化,根源在于人追逐存在者,遗忘了存在,而这种源头又是西方传统的形而上学。因此,克服形而上学就成了克服技术异化的根本。人要改变这种异化的命运,关键是要学会"思"。现代人能否走出"理性"所掘之"技术之渊",对技术世界保持一种自由的关系?能否在传统形而上学丧失对技术进行本质思考的能力之后,把人从沉沦于存在者的境界中解放出来?这些都有待于"思"。这种"思"在笔者看来有两重含义:一是通过对科学技术的反思去唤醒沉睡的思想,以摆脱其对人思想的束缚;二是意味着人类对技术应该保持冷静、泰然处之的态度。面对科学技术所带来的负面效用,不应该一味地去反科学技术,而应该是在不抛弃技术的基础上,让技术为人服务,使人保持自身的独立性,这样人也就具有回到自己此在的可能性。

海德格尔对技术反思是非常深刻而独到的,他从思维方式这个角度出发,对技术进行了追根溯源的询问,但具体到解决技术异化的途径上却多多少少有些虚幻,其提出的克服现代技术的措施在现实面前也显得是那么的苍白无力。而马克思则不同,他始终立足于当时的现实社会,挖掘了技术异化现象背后所隐藏的深刻的社会根源,在社会现实的实践层面上去消除技术异化的根源。

(社会反响:论文发表于《理论月刊》。截至 2022 年 5 月 1 日,论文被引用 8 次。)

国外海德格尔环境哲学研究综述

（李霞玲 李敏伦《自然辩证法研究》2015年第4期）

20世纪中期，海德格尔对科学技术的探讨为环境哲学的诞生奠定了哲学基础。但在他生活的那个时代，他的思想并没有被同行所理解，在他去世半个世纪后，当环境污染、生态平衡破坏等全球性问题凸显出来，他的预言才最终被人们所接受，他所发出的"拯救地球"的呼吁，在当代环境哲学界得到了日益强烈的回应。也正是如此，学术界才不遗余力地对海德格尔环境哲学思想进行了挖掘，涌现了不少研究成果。笔者在本文中将对国外海德格尔环境哲学研究作整体介绍，以期能把握海德格尔环境哲学研究的新动向。

一、20世纪70、80年代，海德格尔环境哲学研究的起步与发展

1975年，美籍学者郑和烈首次对海德格尔哲学思想做了生态现象学的解释，并提出用"拯救地球"来代替"正确地栖居"。1979年，乔治·J·赛得尔发表论文《海德格尔：生态哲学家？》，在文章中，他从海德格尔对形而上学的批判入手，对技术与生态关系进行了挖掘。80年代，学术界出现了用海德格尔哲学中的概念来分析环境伦理理论的趋势。1982年凯伍提出，功利主义要求平等地对待人类与非人类，并强调两者之间没有差别，功利主义的这种做法既不能解决利益的冲突也不能证明无痛苦地杀害动物是道德的错误，而他试图采用海德格尔"操劳"这一概念来反驳功利主义的"更高质量的善"，以此来证明动物的权利。1984年，布鲁斯·福特兹使用了海德格尔历史地分析西方形而上学的方法来寻找当代环境危机的概念性根源，认为当代环境危机的根源并不是源于犹太-基督教"价值体系"，而是源于早期希腊哲学形而上学的转向。1985年，劳拉沿着凯伍的思想，主张用"操劳"一词来支持代际环境公正，并提出让"众生自由"，认为只有这样，人类才不会为着自身未来的价值而工具性地利用众生。

米歇尔·齐默曼尔是研究海德格尔环境哲学的领军人物。他明确提出人类要和谐地栖居于地球，就必须回到海德格尔思想。随后，他更进一步提出海德格尔的思想与深层生态学有着共同之处。1989年在杜鲁门大学举办的"海德格尔与地球"会议是对1970年代以来海德格尔与环境哲学研究的一个总结。这次会议最主要的成果是出版了论文集《海德格尔与地球：环境哲学论文》，该论文集被分成为三部分，反思地球、动物与世界、诗与栖居，收集了自70年代以来各家对海德格尔环境哲学研究的成果并将之延伸到其他学科领域。如：帕杜特将之与生态学联系起来；汤姆则从海德格尔思想中去挖掘动物是否具有权利并将之运用到环境伦理之

中;斯各兹将之与地球信息系统联结。可以说,这次会议为进一步发展海德格尔环境哲学提供了多种研究视角。

二、20世纪90年代,海德格尔环境哲学研究的分歧与争论

到90年代,齐默曼尔出版了系列成果来探讨海德格尔的环境哲学思想。在《通向激进环保主义的海德格尔思想》一文中,他提出:环境改革运动并不能避免人类生物圈的破坏,原因在于环境改革运动者们还是在运用人类中心主义来操作,而人类中心主义是生态危机产生的根源;只有当人类持以"非人类中心主义"的态度时,才能和谐地栖居于地球;但非人类中心主义提出的"权利学说"并没有触及问题的实质,在海德格尔那里,却可以找到解决问题的办法。

环境伦理中的动物权利之争焦点在于:人与动物到底有无根本区别?如果坚持有,则会导致人类中心主义;如果坚持没有,可能导致没有给动物以人类同样的道德考虑。海德格尔在这一争论上有着独特的立场,他用"存在感"和"语言"来区别人与动物。"生存只能说是人类的本质,也就是说,生存仅仅是人'存在'的方式,因为,就我们的经验显示而言,只有人类才能有生存的命运感。所以,也绝不能认为,生存属于特殊的动物。""植物和动物都栖居在各自的环境之中,决不会自由地置于仅仅作为'世界'的存在之澄明,所以,他们缺少语言。但是,在被否定掉了语言的同时,他们没有因此而在其环境中被悬置在无世界的状态。在'环境'一词上,一切对于生灵的困惑,都聚焦于一点。"除语言和存在感外,海德格尔还提出"自由"也是将人与动物区别开来的关键。他用"蜜蜂采蜜"的例子来说明动物的行为是受本能驱使而非自由选择,本能只不过是一种被动的、被生理状态所支配的拘禁行为,不是自由状态。蜜蜂不可能对自己的存在有所察觉,即便是切除了它的腹部,它仍可以不断地吮吸。基于此,海德格尔给出了三个命题:石头(物质对象)是无世界的;动物在世界上是贫困的;人是构建世界的。

那么,海德格尔这种区分是否就走出了动物权利之争的怪圈呢?德里达认为没有。在德里达看来,海德格尔曾试图从动物自身角度来审视动物生命,但他提出的"动物贫乏于世"仍未能摆脱人类的视角。此外,德里达在《形而上学的基本概念》一书中提到,海德格尔从"贫乏"来看待动物生命,"贫乏"一词有丧失、剥夺之义,而"只有从非动物的世界、从我们的视角出发,丧失或剥夺之义才能呈现出来,才能获得其自身的意义"。所以,海德格尔无论如何也没有走出人类中心主义。1996年,格伦迪宁批评海德格尔在人类语言特权上持以人类中心主义态度。与此相反的是:1994年东布罗夫斯基主张了海德格尔的反人类中心主义的解读;麦克尼尔也运用海德格尔对现代性的历史性批判来展示海德格尔在有关动物问题上"不应视为另一种本质主义或人本主义"的观点。

虽然20世纪90年代研究者们对海德格尔环境哲学的贡献尚有争论,但到了21世纪,这种讨论的结果越来越清晰化,一种声音已占据了主流。正如弗兰克所言:"海德格尔为今天我们面临的生态问题提供了一种语言,他强调必须保护地球

……"为此,他强调从海德格尔角度来讨论动物权利,至少可以做到两点:其一是有必要发展一种非人类中心主义的自由概念,这一概念必定是超出了人类利益领域的;其二是有必要表明我们的言说能力必须为着不同的"居住"目标而服务,而只有通过平衡动物利益与我们的利益,才能做到这一点。2002年范·布鲁恩的批判性环境解释学指出:"海德格尔的交流话语为激进的解释学和地方主义在环境叙述留有空间……并拥护共存、交流、妥协、合作与共识。"

三、21 世纪,海德格尔环境哲学研究的新发展

21世纪的研究除集中在对海德格尔环境哲学尚有争论的问题进行进一步讨论并形成共识外,也对海德格尔的环境哲学思想进行了新的发展。斯旺斯顿在海德格尔的栖居与真理问题上发展了环境伦理,认为这一思想避免了人类中心主义的物种歧视和生态中心主义的平均主义,并宣称,由此在分析传统伦理哲学中避免了形而上学的两难境地。

另一个新的发展趋势是,生态女性主义吸收和借鉴了海德格尔的环境哲学思想。海德格尔认为现代技术的本质是"座架","座架"驱逐了揭示其他的可能性,而仅仅把物还原为可供享用的物质资料。现代技术的这种本质消解了物的世界,使人始终处于无家可归的状态。生态女性主义的沃尔伦同样也描述了,环境危机是"渴望回家……一种不安的,抱怨的,不舒服的感觉"。史翠珊教授认为:"沃尔伦与海德格尔两者都构想了一个可代替的自然概念,这是一个有家可归的人类栖居的概念。"

从海德格尔环境哲学中发展出来的最大贡献当属生态现象学。2003年出版的论文集《生态现象学——回到地球本身》,第一次提出生态现象学应给出用一种"可能的"理性概念、价值概念及自然概念去代替原来的形而上学概念体系。生态学的现象学即是后期海德格尔意义上的现象学。因为在海德格尔后期,他以现象学的方式对人类生存危机产生的根源进行了剖析,并从认识论根源上去寻找生态问题的症结所在,为建立一种负责任的道德主体和内在地含有价值的自然观念铺平了道路。

(社会反响:论文发表于《自然辩证法研究》。截至2022年5月1日,论文被引用2次。)

> 物质构成：心理因果性理论研究的新范畴——基于金在权的"因果排除论证"的再思考
>
> （张卫国《科学技术哲学研究》2016年第5期）

　　同一种行为的生理原因和心理原因是相同的，还是不同的？要是选择前者，就会陷入"庸俗的"同一论；要是选取后者，似乎又会沦为某种形式的二元论，从而导致副现象论。心灵哲学家们在心理因果性上所陷入的这种两难困境，在当代突出地表现为心理"属性"的独特性与因果性之间的矛盾。美国著名的韩裔心灵哲学家金在权以其独创的因果排除论证表明，这一难题在非还原的物理主义框架内是无解的。由于这一论证逻辑严密，摧毁性强，现已成为心灵哲学普遍关注的难点问题。形而上学中的物质构成（material constitution）范畴是一种介于同一与二元不同之间的"非同一的统一"关系，将其引入到心灵哲学中，能够在强非还原的物理主义的框架内，有效地化解心理属性的独特性与因果性之间的矛盾，多方位地解构因果排除论证，从而推动心灵哲学向新的形态发展。

一、因果排除问题与物质构成范畴的契合性

　　金在权认为，常识和科学在心理因果性问题上不能融通。他为此提出了因果排除论证，采用归谬法，企图说服人们放弃反还原论的立场，重新向还原论的物理主义回归。因果排除论证有三个组成部分：一是两个前提，即非还原的物理主义的基本主张——人的意识或心理属性与生理属性不同，且人的意识能发挥对行为的原因作用；二是用于论证的三条原则——心身随附性原则、物理因果封闭原则以及因果排除原则；三是推导的结论——心理属性如果不同一于实现它的生理属性，就是毫无因果作用的副现象。因果排除论证从非还原论的物理主义的基本前提出发，最终陷进了一种两难选择的局面：如果心理属性不同一于物理属性，心理属性就是不能发挥原因作用的副现象；如果心理属性同一于物理属性，非还原物理主义就是一种不切实际的目标。为了维护心理属性的原因地位，金在权在两权相害之间选择了后者，使得心理属性继承物理属性的因果有效性。

　　我们或许可以从形而上学中的物质构成范畴来摆脱这种两难困境。诉诸构成范畴来解决这一问题，主要出于以下两个方面的考量。一方面，构成范畴所要解决的形而上学问题与心理因果性问题有相同的逻辑归宿。形而上学哲学家们中的一部分哲学家认为，不同的物质对象不可能在相同的时间占据相同的空间位置，因而构成就是同一。另外一部分哲学家则持相反的意见，因为存在构成关系的两个对象在许多方面似有不同，因而是两个相互分离且彼此独立的实在。由此可见，形而上学哲学家们在这一问题上面临着一个实质相同的二难困境，即哲学的逻辑结论

不是同一论就是二元论。另一方面,当代唯物主义心灵哲学家和形而上学构成论者有着共同的哲学旨趣:走一条介于同一论和二元论的中间路线或第三条道路,即都坚持和向往非还原的物理主义。形而上学构成论者反对任何形式的同一论,不仅反对类型同一论,还反对被人们寄予厚望的个例同一论,如功能主义、戴维森和现象概念策论者坚持的"本体上的同一论和概念上的二元论"的弱还原主义。

二、物质构成范畴及其心灵哲学意蕴

由于哲学的不断向后追问的自然倾向,通过对构成关系的诸实例进行反思和分析,哲学家们认为构成范畴具有以下四个方面的特征。对于其中的每一个特征,都蕴含了重要的心灵哲学意义,因而为人们将其引入到心灵哲学中提供了可能性根据。

第一,空间上的重合性。如果 x 构成 y,那么 x 和 y 在空间上是重合的,即它们在相同的时间占据相同的空间位置。如泥像的位置就是构成它的陶土所在的位置,一个人与其身体在空间位置上是重合的。根据唯物主义哲学家的标准,意识要在世界中存在就必须具有空间性,但在人的知觉和行动的空间中却又找不到意识的位置。对于这一难题,构成论者给我们指出了一条可能的破解途径,即:如果心理属性的例示与生物学属性的例示是身体之间存在的构成关系,我们就不用在身体所在的空间位置之外另外去寻找心灵的空间位置。

第二,非同一性。如果 x 构成 y,那么 x 不同一于 y。那尊泥像不同于那块陶土,一个人也不同于其身体。构成范畴作为一种不可取代的形而上学范畴,就在于"构成不是同一"。陶土与泥像的不同表现在许多方面。它们具有不同的时间属性;它们具有不同的持存条件;它们属于不同的类型;它们具有不同的非范畴(模态)属性,它们有不同的过去和未来,也有不同的可能状态和必然状态。既然陶土与泥像有许多不同的方面,根据莱布尼茨同一事物的不可辨别性原则,陶土和泥像就不是同一的。

第三,非对称的依赖性。如果 x 构成 y,则 y 就不可能反过来构成 x,即构成关系是一种非对称关系。一块陶土不可能由一个泥像构成,一个生物学的人类肌体不可能是由一个人构成的。非对称的直觉一般说来是基于单向的存在、依赖关系,这就使得构成范畴能迅速融入围绕随附性范畴构建的心灵哲学话语体系中。

第四,统一性。如果 x 构成 y,那么 x 和 y 共享所有的范畴属性。不仅 y 能从 x 那儿自下而上地"派生"来一些属性,如泥像具有陶土所具有的大小、重量、颜色、气味等,x 也能从 y 那儿"自上而下地"派生出来一些属性,陶土在当前(构成那个泥像的)条件下具有高附加的艺术价值。双向派生观说明,构成关系与同一关系一样,也是一种非常紧密的关系。

从以上的分析中,我们可以看出,构成关系是一种"非同一的统一"关系,是介于同一关系与二元关系之间的一种中间关系,这种范畴有助于我们理解作为原因的心理属性与实现它的物理属性之间的纠结关系。

三、构成物理主义对因果排除论证的解构

以构成范畴为基础的物理主义即构成物理主义,不仅能继承形而上学构成论的种种优势,还能充分挖掘其中所蕴含的种种资源,在非还原的物理主义框架内,解构金在权的因果排除问题。在构成物理主义看来,金在权的因果排除论证所反驳的论题,论证过程中使用的身心随附性原则,以及解决因果排除问题的因果继承方案等,都存在致命弱点。

首先,因果排除论证的论题只针对个例同一论。金在权宣称,他的因果排除论证对一切非还原的物理主义皆有效,但是在实际的论证过程中,却只能针对其中的个例同一论形态,对构成物理主义则是无效的。构成物理主义坚持的是一种强非还原的物理主义,与基于克里普克原则的新二元论一样,认为心理属性的例示根本就不同于物理属性的例示。

其次,心身随附性原则是一条成问题的论证原则。对于心身随附性原则,金在权的理解是,"我们的心理生活所发生的事情总的说来依赖于或决定于发生在身体过程上的事情"。在心理事件个体化的问题上,金在权同福多一样坚持的是一种彻头彻尾的内在主义,即心理事件局域的随附于构成它的身体事件。但在构成物理主义者看来,心身之间尽管有依赖与被依赖的关系,却没有任何对应关系,更谈不上决定与被决定的关系。

最后,因果继承方案是错误的解决方案。金在权为解决因果排除问题所提出的因果继承方案,仍然是以同一论为基础的:先将心理属性同一于物理属性,再将心理属性例示的因果力同一于物理属性例示的因果力。

以物质构成范畴为基础的物理主义,不仅能解决麦金提出的"意识的空间性难题",还能有效回应基于克里普克原则的新二元论对物理主义的抨击,更为重要的是,它能多方位地解构金在权的因果排除论证对心理因果性的诘难。除此之外,构成物理主义还顺应了当代心灵哲学的总体趋势:在本体论上坚持非还原的物理主义,以其发现的心理属性个例的"可多样构成性",推动了弱非还原的物理主义向强非还原的物理主义演进;在意向性的个体化问题上坚持外在主义,主张意向内容不是由主体的神经生理属性单方面决定的,而是由主体与其环境之间的关系决定的。基于构成物理主义解决问题的潜力和总体态势,我们有理由相信构成物理主义是心灵哲学未来发展的新方向。

(社会反响:论文发表于《科学技术哲学研究》。截至 2022 年 5 月 1 日,下载量 200 次。)

劝导技术道德化实践探索

(陈炜 刘郦《自然辩证法研究》2020年第1期)

劝导技术(persuasive technology)作为一种新型的计算机应用技术,它将劝导行为与信息技术结合在一起。福戈将劝导技术定义为:有意设计而成的改变人的行为、态度(但不使用胁迫或欺骗;劝导意味着自愿改变)的技术。计算机劝导技术目前比较广泛地应用于卫生保健、环境保护与可持续发展、教育、市场营销和电子商务、安全、娱乐、社会服务等领域,也取得了明显的效果。未来的劝导技术的发展会与个性化劝导、大数据的使用等相结合,并充分利用可穿戴装备、人工智能和智能环境等多种技术。劝导技术学科基础与应用方法的综合性与多样化也导致了劝导技术伦理问题的复杂化。

一、劝导技术是技术道德化发展过程中的重要环节

传统的技术伦理学将技术视为工具性角色,由此技术是道德中立的。当代技术哲学产生了后现象学的转向,其中的技术中介理论表明人与世界的关系是由技术中介化的,技术作为中介通过构建人的感知和行为而形成了使用者和环境之间的关系,人类的道德行为和决策从根本上也是由技术中介化的。所以技术中介理论揭示了技术设计中的内在道德维度。它表明技术总是有助于基于道德决策构建人的行为和解释,通过构建可以中介化人的行为和经验的技术物,设计将道德物质化了,形成道德化技术。

汉斯·阿特胡斯首先提出了道德物化的概念,将推广"道德化技术"的想法提上了哲学议程。维贝克进一步提出了"技术物的意向性"的概念,并指出,每一项技术都具有中介化人的道德行为的特殊形式。他将技术的中介化形式分为三类:强制形式、劝导形式和诱导形式。之后莱斯格关于"代码就是法律"的论断进一步讨论了技术的道德价值。

福戈提出的劝导技术可以被看作是技术中介理论框架下的广泛的技术现象的组成部分之一,它以计算机中介技术来实现技术的道德化。可以说,劝导技术是技术道德化理论演进与实践探索过程中的重要环节。但是,劝导技术的道德化在当前并没有达到人们所预期的效果,劝导技术自身与伦理问题的内在关联性、技术社会作用的复杂化,以及人的自主性问题的存在等原因都使得劝导技术陷入了技术道德化的困境。

二、劝导技术道德化与制定伦理原则的有限性

劝导技术自身特征所导致的伦理问题尤为明显,即劝导技术会被认为是通过技术对人的感觉和欲望进行操纵。虽然劝导技术的初衷是劝导使用者改变他的行为和态度,但是劝说和操纵之间的界限是很难划定的。此外,劝导技术的应用也存在着对结果进行预料的困难。技术是在人、技术和现实的关系中构建的,这种技术的多稳定性就使得预测技术对人的行为的影响以及由此以道德标准评价该影响变得很困难,会带来信任问题。但是,对劝导技术的信任由于技术中介性的责任,需要在设计者、使用者和技术自身之间进行分配。而且,人们对劝导技术的信任还包含了对相同伦理价值观念的期望,倾听、回应和适应使用者的道德价值观的要求给劝导技术的设计者带来了更大的道德负担。

对于实现劝导技术道德化的途径,伯德切夫斯基等人以及福戈都提出过不同的伦理框架。这些框架都强调通过将伦理原则渗透到设计者的意图、方法和对劝导预期结果的预测之中,以实现劝导技术的道德化。可是,设计者如何能够基于自己有限的视角来预测所有利益相关者的结果呢?设计者如何能够具备较高的道德敏感性和丰富的道德想象力呢?此外,如何确保被劝导者被告知劝导的意图并同意被劝导呢?被劝导者的自主性又是如何被保证的呢?另外,基于设计者对伦理原则的选择与关注的技术设计是否足够合理、是否能够遵循社会文化中普遍的价值观和公认的伦理原则等问题,都是值得深思的。

由此可见,伦理原则或指导方针对于实现劝导技术的道德化是不够的。所以设计者更需要通过具体技术方法来更好地实现技术的道德化。

三、劝导技术道德化与人的自主性问题

劝导技术的应用被质疑为通过技术操纵人的感觉和愿望,是一种技术家长制的实施,违背了自由与主动选择等人类理想,还可能会成为道德懒惰的资源或是反民主的力量,使设计者而不是使用者调控自己的行为。近年来劝导技术与监控技术、环境智能等新技术的结合应用导致人的自主性问题更为明显化。此外,也有观点从反对现代主义的角度对劝导技术进行了批评。其实质正是对劝导技术可能导致的人的自主性与社会价值、情境性与可计算性、个人选择与社会目标间冲突关系的担忧。

劝导技术所涉及的人的自主性侧重于道德自主问题,即强调行动者是否能够遵循自我的意愿。具体表现为:使用者是否能够做出自主的选择;使用者同意劝导目标的程度以及可以自由选择使用劝导技术的程度如何;当使用者和技术提供者目标不同时,使用者是否能够避免使用劝导系统;最终劝导技术的干预能够在多大程度上使得使用者做出自由而明智的决定,以保持对自己生活的理解和控制,并根据自己的道德观念来获得自己的幸福;等等。

所以，劝导技术中基本的伦理应该是尊重被劝导者的个人意愿，使用者从开始参与时就能够意识到自己被劝导才符合自愿性这一要求。要区分使用者行为的改变是考虑到了基本的伦理标准如公正、真实和诚实等的倡导和教育的结果，还是以信息的误导或宣传来操纵甚至欺诈都违背了对个人自主性的尊重的洗脑宣传的结果。

另外，就影响劝导技术使用者自主性的原因而言，也是相当复杂的。例如：以家长式作风使得使用者个人的偏好和决定被忽视或遮蔽；或者，使用者由于缺乏做出选择所需的知识、资料、决策权或其他资源而处于从属地位产生依赖性；在工作环境中的群体压力或内隐规范等因素影响使用者真正做出自主的选择；等等。

四、劝导技术的道德设计方法

形成道德化技术，不仅要求设计者对他们设计入一个技术的劝导和中介的本质、方法和后果实施道德评估，更重要的是以技术中介的方式去增强技术的伦理，技术伦理要与技术发展共存。

一方面，劝导性技术的设计师可以借鉴一些明确涉及伦理问题的信息技术设计方法，例如价值敏感性设计和参与式设计。这两种方法都是在整个设计过程中，明确并系统地关注道德价值，使得使用者能够更好地进行选择和保持自由，是克服包括自主性问题在内的劝导技术伦理问题的良好途径。另一方面，劝导技术设计还需要开展符合自身技术特点的更为全面的伦理设计研究。

就劝导技术的道德设计方法的未来趋势而言：首先，在设计的指导思想中应主动贯穿并培养如自主、信任、知情同意、无偏见的自由、尊重隐私、责任等价值观。当然，除了劝导系统在所使用的社会环境中支持的道德权利之外，设计师不应将自己的个人价值观凌驾于其他利益相关者的价值观之上，并最大可能地实现使用者的自主性与社会价值的平衡。其次，在技术设计方法的选择与采用上，应该推行劝导技术设计的民主化，组织并开展所有利益相关者的自主性讨论，对设计中劝导技术的影响尤其是伦理影响进行预测和评估，将道德想象、建设性的技术评估和情境模拟方法结合在一起，然后将结果反馈到设计过程之中，优化该项劝导技术的设计。最后，在技术设计主体的活动中，既要加强技术伦理学家与技术设计者的对话与讨论，又要增强对技术设计者的伦理教育，还要增加使用者对劝导技术的理解，使各种利益相关者都具备批判性地和建设性地思考技术的能力，并使得对伦理的考虑成为他们进行技术设计、选择与使用中重要的构成因素。

总之，只有立足于劝导技术的最新发展，将基于技术哲学、伦理学与心理学等学科的深入理论思考，与长期的技术设计的细致的实践探索很好地结合起来，才有可能找到走出劝导技术道德化困境的有效途径，真正实现劝导技术的道德化。

（社会反响：论文发表于《自然辩证法研究》。截至2022年5月1日，论文被引用10次。）

新经济政策终结的多重原因及其当代启示

（王晓南《马克思主义理论学科研究》2021年第7期）

20世纪20年代，列宁领导苏维埃俄国实行新经济政策，将商品货币关系引入社会主义建设，这具有非同寻常的意义。但是，这项突破性政策却并没有被一以贯之地执行下去。探究其终结的多重原因，无论对深化关于新经济政策的理论研究，还是对推进中国社会主义市场经济的实践发展均有所裨益。

一、围绕新经济政策终结原因的学术争论

社会主义与市场经济能否兼容，在国际范围内一直都是具有争议性的一个理论问题。作为将市场引入社会主义建设的创新性举措，新经济政策也因此引起理论界的诸多争议。其一，新经济政策违背了马克思的理论，市场与社会主义之间的冲突难以避免。持此观点的学者从根本上否定新经济政策引入市场的做法，认为这是对马克思理论的严重"背叛"，并且从理论上论证市场与社会主义之间的矛盾是根本对立的。其二，新经济政策具有开创性意义，但却没有妥善处理好市场与计划之间的关系。持此观点的学者认为，新经济政策首次探索了市场与社会主义的结合问题，具有开创性意义，但在如何处理两者结合这一关键性问题上有待深入。总的来看，关于新经济政策终结的原因，学者们围绕其中关于社会主义与市场关系的问题给出了不同的观点和结论。

二、关于新经济政策终结原因的理论分析

十月革命胜利后，列宁领导苏维埃俄国走上了一条艰难曲折的社会主义建设探索之路，他始终依据实践中涌现的新情况、新变化，不断调整建设社会主义的步伐和节奏。新经济政策作为一次突破性首创，它从正式起航开始才不过八年光景，就"戛然而止"了，其中的原因是错综复杂的。

第一，改革的步伐缺少同步协调性。新经济政策可谓是苏联历史上的首次改革，而改革则是一项需要全面展开的整体性事业。从战时共产主义政策调整为新经济政策，这就肯定了商品、货币和市场等要素存在的必要性和重要性，是在经济领域作出的重大革新。但是，战时共产主义政策时期形成的政治和文化体制却未随之进行相应的大幅度调整和更改。列宁晚年深刻意识到，改革步伐不应仅局限于经济领域。但历史留给列宁的时间太短了，进行大刀阔斧的改革，当时的他对此显然心有余而力不足。由于当时的改革步伐未能多方面整体同步协调推进，经济领域的重要改革没有充分得到其他领域，尤其是政治领域的配套支持，这在一定程

度上导致了经济改革成果难以为继的最终局面。

第二,对新经济政策的理解存在认识分歧。前期理论准备和思想认识上的不足,导致布尔什维克党内对新经济政策的理解存在认识分歧,从而对其稳定性造成了影响。虽然新经济政策受到许多工人、农民的欢迎,但也遭到党内部分同志的反对。在新经济政策实施过程中,布尔什维克党内对于它的认识,与这一政策的重要性、必要性不相适应,并影响了它的最终走向。其实,不只是一些布尔什维克党人,其敌对者同样认为这是苏维埃政权走向资本主义的"蜕变",并最终会导致布尔什维主义的告终。

第三,社会主义观念层面的思想冲突。新经济政策上的认识分歧背后,有着深刻的社会主义观念层面的原因。一些布尔什维克党人的社会主义观念深受马克思、恩格斯关于未来社会经济体制一般设想的影响,即取消商品货币市场、直接向共产主义过渡等。但新经济政策意味着货币关系的存续、商品交换的合法以及市场的建立。这表明布尔什维克党在实践中改变了走向社会主义的方式,即从直接过渡转变为间接、迂回过渡。然而,当时大多数人依然把商品、货币、市场等要素看作资本主义的专属。这就导致了一系列思想上的矛盾和冲突:既积极发展小农经济,又强调防止资本主义的滋长;既重视采用商业原则,又设想去限制商品发展;既积极实行"退却",又同时准备"进攻"。

作为一位伟大的马克思主义者,列宁能够根据实际情况不断深化对社会主义的认识。根据列宁对待理论与实践关系的辩证方法和科学态度,如果历史留给他的探索时间更长一些,他在社会主义观念层面一定会有更丰富更深刻的思想认识。遗憾的是,列宁于1924年1月溘然长逝。关于新经济政策的实践所引发的关于市场与社会主义关系的理论难题,只能留待后来者给出更好的解决方案。

三、新经济政策终结原因的当代启示

从1978年党的十一届三中全会起,中国启动经济体制改革,最终确立了社会主义市场经济体制这一经济体制。当前,再度反思社会主义建设史上首次引入"市场"这一观念的新经济政策,能为中国社会主义市场经济的发展提供一些宝贵的启示和借鉴意义。

一是社会主义初级阶段必须充分发展市场经济。经济文化相对落后国家如何建设社会主义、如何实现社会主义现代化? 这是时代留给马克思主义者的重大课题。新经济政策作为社会主义史上的首次经济体制改革,为之后社会主义实践的发展开创了一条不同于马克思和恩格斯所预想的前进道路。列宁去世之后,苏联逐步形成高度集中的计划经济体制模式,实行单一的生产资料公有制并采取指令性计划经济,这对苏联以及其他社会主义国家的历史进程都造成了一些不良后果。

马克思、恩格斯一般设想的未来社会,是在资本主义高度发达的基础上实现的。然而,现实的社会主义制度却建立在相对落后的生产力之上,尚不具备消灭市场经济的实际条件。这意味着经济文化相对落后的国家必须充分利用和发展市场经济。中共十八届三中全会将市场对资源配置的"基础性作用"提升为"决定性作用",这是对市场经济发展规律深刻认识和深度把握的结果,标志着社会主义市场经济发展进入了一个新阶段。

二是将社会主义与市场经济妥善结合。新经济政策在一定程度上承认了社会主义与市场可以共存,但其中又贯穿着对商品、货币、市场根本属性的疑虑,从观念上仍然将市场作为一种与社会主义存在冲突甚至对立的制度性规定,进而影响了该政策的稳定性和持久性。改革开放之后,我国逐步建立并完善中国特色社会主义市场经济体制,不仅在实践中成功把社会主义与市场经济结合起来,而且从理论上一举打破两者难以兼容的思想桎梏。从某种程度而言,我国的社会主义市场经济是对新经济政策所提出但又未能解决的理论和实践难题的有力回应。

在社会主义制度条件下发展市场经济,不仅是中国共产党开拓的一项伟大的实践创举,也是对马克思主义政治经济学所作出的一项重大理论创新。改革开放40余年的实践探索和辉煌成就表明,把市场经济体制的优长和社会主义制度的优越相结合具有更加显著的优势。中国特色社会主义市场经济的深入发展,要在社会主义与市场经济的妥善结合上下功夫,充分发挥双重优势。

三是发展市场经济最根本是要坚持党的领导和社会主义方向。当年布尔什维克党内外对新经济政策的各种质疑,主要是认为市场经济的发展最终会彻底改变社会主义的根本性质。这也是当前国外对中国社会主义市场经济发展存在的一种严重误判。中国特色社会主义市场经济,具有市场经济的一般规律,但更具有自身的特殊规律。社会主义市场经济体制充分体现了社会主义制度的内在要求和显著优势。坚持中国共产党的领导和中国特色社会主义制度,是中国发展市场经济的最大政治优势。中国共产党始终坚持以人民为中心的立场,坚持走共同富裕的道路。这是中国经济发展的独特政治优势,也是推动社会主义市场经济体制发展、完善的根本力量所在。因此,我国的社会主义市场经济体制,必须坚持发挥社会主义制度的优越性以及党和政府的积极作用;必须坚持和发展我们独特的政治优势,以政治优势引领和推动社会主义市场经济实现更好的发展,坚定中国特色社会主义的道路自信、理论自信、制度自信和文化自信。

(社会反响:论文发表于《马克思主义理论学科研究》。截至2022年5月1日,下载量450余次。)

思想政治教育

论当代德国政治教育理论的基本属性

（傅安洲 阮一帆《清华大学教育研究》2018 年第 5 期）

德国政治教育理论是德国学者借助一系列有关政治教育概念、判断和推理所表达出来的关于政治教育本质及其规律的知识体系。伴随二战后德国政治教育实践的变迁，产生了一批著名的德国政治教育学家，形成了不同的学术流派，呈现出各自的思想风格和理论特质。对理论属性的探讨，是政治教育理论研究的一个基本问题。理论属性指理论流派或理论体系所具有的基本特征，这些特征可以从理论的政治属性、时代属性（历史性）、本土属性（或民族性）、学科属性等层面展现出来。通过对理论属性的辨识解析，可以深化对德国政治教育理论基本内涵、内在要求、逻辑结构、价值取向和根本性质的认识。

一、当代德国政治教育理论的政治属性

理论的政治属性是理论所具有的政治意识形态特征的反映，集中体现在理论所代表或体现的在政治和经济上占何种地位的阶级或集团的利益，即理论的阶级性，这是理论的本质特征。

战后德国政治教育自启动之初，其功能就在统治集团内部达成共识，并在法律层面确定为"宪法保护"，其实质是维护战后资产阶级议会民主制这一基本政治制度。当代德国政治教育理论也正是从根本上服从于这种宪法保护方式的思想体系和方法论体系，服务于建构一个资产阶级议会民主体制下的政治教育体系。

战后德国政治教育理论的各主要流派都力图回应、解释、解决几个基本问题：第一，首先建构一种解释系统，以说明和论证建立在德国"基本法"基础上的政治体系和政治权力对于战后德国"民主"化的重要性与合法性；第二，深刻分析德国"宪法保护"工作面临的挑战和议会民主体制的危机，特别是政治文化危机，阐述危机产生的原因和破解危机的基本思想；第三，要回答如何培育、发展、创造与"基本法"精神相一致的政治文化，对象化为培养什么样的德国公民；第四，怎样建构完善资产阶级民主体制下的政治教育体系，进而论证政治教育的目标、价值取向、内容和

方式方法。

战后德国政治教育理论从本质上反映着在政治和经济上占统治地位的资产阶级的根本利益。在德国政治教育领域,存在着宣扬其"超党派性""超阶级性",否认甚至抹杀政治教育阶级属性,极力塑造"价值中立"形象的普遍倾向,这种倾向只能说明政治教育在战后德国文化教育和"民主"化进程中具有的重要地位,规避和否认不了政治教育是资产阶级议会民主制基本政治制度保护工作的本质属性,超越不了"为资产阶级统治进行辩护",解决民众对德国资产阶级现行政治体系和政治权力"认同问题"的根本属性。

 二、德国政治教育理论的时代属性

当代德国政治教育理论流派是对战后德国政治文化变迁和政治教育发展变革,以学术思想的方式作出的持续、主动回应的产物,是对战后政治教育与政治文化相互作用、协同演化、主动响应的思想成果,是特定时代政治文化语境下的产物。这是分析战后德国政治教育理论流派时代特征的视域和基本理路。

其一,政治教育理论生成或新理论"出场",是政治文化变迁与政治教育变革的需要。二战以后,德国面临一系列重大现实问题,学者们以学术的方式对不同时期政治文化变迁与政治教育面临的任务和挑战作出了回应,形成了各具特色的政治教育理论及其流派。特别是战后德国政治教育学术史上几场著名的"思想争论",都发生在政治文化重要转型和政治教育变革的关键历史节点上,为政治教育理论的形成发展提供了动力和广阔空间,提供了理论创新的客观条件,思想争论也起到了为政治教育理论创新导航的作用。另一方面,作为时代的产物和所在时代的思想家,战后德国涌现了一大批享誉德国和西方的政治教育学者,以其思想理论表达了对德意志民族命运的关注,并积极投身到政治教育实践中。

其二,战后德国政治教育理论流派的发展和命运,主要取决于是否能够回应政治文化转型关键时期提出的政治教育变革的重大问题,即政治教育作为"宪法保护"工作,应该培养怎样的德国公民,从而培育、发展、创造与资产阶级议会民主制基本政治制度相一致的政治文化。德国政治教育学术史中两次著名的思想争论,即"李特与欧廷格之争""理性与解放之争",这是战后德国政治教育价值转换的重要标志。

 三、德国政治教育理论的本土属性

从比较视角看,战后德国政治教育理论及其流派具有鲜明的德意志民族的本土特色,是德国向度的意识形态类教育学科,本土属性主要体现在以下方面:

首先,政治教育理论家们思考问题的出发点不是一般的、抽象的政治教育问题,而是德国本土的政治教育问题,是在一个缺失西方民主政治文化传统、缺乏现代民主政治教育思想资源、又背负沉重历史包袱的国度,如何开启并逐步建立、完善资产阶级民主政治教育体系的问题。

其次，战后德国政治教育理论流派也是对德国政治教育实践经验和教训总结提升的结果。德国议会、政府和政治教育理论界尤其从魏玛时期民主政治教育、纳粹德国反动的政治教化正反两方面总结经验教训，也深刻分析了魏玛时期民主政治教育失败的原因，以史为鉴。战后德国政治教育开启之后，政治教育政府机构、学校和学者，乃至议会和主要政党，都十分关注政治教育的进展，"德国联邦政治教育中心"及其分支机构更是持续以各种出版物，推介理论著作、教学法和典型实践案例，编撰并发布年度报告，总结经验。

再次，在思想理论的创建中，既汲取了历史上德意志民族的思想智慧，也吸收了当代德国社会学、心理学、批判教育学等领域学者的有益思想。在德意志民族发展历史上，也存在着与保守主义、军国主义、反理性主义等完全不同的文化传统，即坚持所谓人道主义、自由、理性的思潮和文化发展取向，这种发展趋向和思潮构成了德意志民族十分珍贵的文化遗产和特性。

最后，政治教育理论流派的本土性还表现在理论文本的语言特色上。德国政治教育学者学术表达思维严谨、逻辑缜密、论述深刻，充分展示了德意志民族的风格气质。许多概念、语汇也极具德意志民族特色。

四、德国政治教育理论的学科属性

当代德国政治教育理论，是不同学术思想、理论流派在相互影响、相互交融、相互争论交锋中呈现出的学术状态。

首先，在当代德国语境中政治教育活动是教育活动的特殊类型，政治教育规律是教育规律在政治教育领域的具体表现。因此，政治教育研究是教育研究的有机组成部分，政治教育理论隶属于教育学理论，是理论教育学在政治教育领域的应用，政治教育研究基本上在教育学学科体系之中进行。但是德国教育学者也深深意识到政治教育研究与实践的复杂性，自觉运用了德国和国外哲学、政治学、历史学、社会学、文化人类学等学科理论和知识，使得理论流派的多学科性、交叉性十分显著。

德国学者在政治教育理论构建中特别重视理论与实践的密切结合，注重保持思辨理性与实践理性的统一。那些知名的政治教育学家都有长期从事政治教育实践的经历。因此，他们不仅擅长构建政治教育基本理论，还注重将理论转化为可操作性极强的政治教育教学法。

（社会反响：论文发表于《清华大学教育研究》。截至2022年5月1日，论文被引用5次。）

论德国政治修养观的思想内涵

(傅安洲 阮一帆 彭涛《高等教育研究》2012年第3期)

德国政治修养观,可溯源于德意志古典大学修养观,对当代德国政治教育思想理论具有奠基意义,成为其理论基础。政治修养观是在继承和汲取了德国古典大学修养观的思想精华,发扬了新人文主义的人性与民主观念,吸收借鉴了美国政治文化与公民教育理论,并在深刻反思魏玛与纳粹时期政治教育经验教训的基础上,所形成的有关当代德国政治教育的指导性思想。政治修养观的核心内容,是以人的全面、自由、和谐发展为根本出发点,充分尊重人的本性和尊严,注重人的政治素质的自我养成以及理性判断基础上的有序政治参与意识和能力的培育,根本目标是培养具有所谓"宪政爱国主义"(verfassungspatriotismus)精神和政治理性与政治参与能力的现代公民。基于此,当代德国政治修养观体现出丰富而深刻的人本思想、主体性思想、价值论思想和方法论思想。

一、政治修养观的人本思想

近现代德国哲学家、思想家和教育家的修养观,都蕴含着深刻的人本思想。在德国古典修养观的首创者赫尔德看来,人的修养即意味着发展个人的天赋,意味着个性的养成和个人的发展,使之成为和谐的整体,即"修养为人"。洪堡说,修养就是个人天赋完全的发展,各种潜能最圆满、最协调的发展,最终融合为一个整体,强调人的独立价值和人的自由发展。黑格尔精神现象哲学视野下的修养的目的,是使个人能够成为一个理性或精神的存在,获得对事物的真实的理性的理解,与之相伴的则是一个通过对自我个性的斗争和对自我冲突的克服的解放与成熟进程。精神教育学派的著名学者斯普朗格(EduardSpranger)提出了"Bildung"的"陶冶""理解""唤醒"等重要范畴,并进一步提出"陶冶"理念的核心是最大限度地追求并协调地发展人自身所具有的各种能力,使之臻于完善。李特(TheodorLitt)认为,修养(陶冶)是在人的"内在形式"与"外在世界"之间所进行的内在精神上的深刻转变活动,是人性的养成和人格的发展,修养的目标是达到"完成陶冶的人"的最高境界。

当代德国政治修养观的人本思想继承了古典修养观的基本精神,也蕴含着许多新的内容。一是将对人、人性的尊重,转化为对公民政治认知、政治信仰和政治参与权利的尊重,即公民权的尊重。二是将个性的养成和个人的自由发展,即"修养为人",与公民教育的目标——培养具有民主思想、政治判断能力和政治参与能力的公民——统一起来,并将之视作所谓民主政治教育的基本目标和任务。三是从人在所谓"民主社会"中发展的需要这样的角度,来回答"为什么人们必须获得关于政治、政治结构和政治体系的系统认知","怎样才能使民众接受政治信息和政治知识"等政治教育的根本问题,并借此确定政治教育的基本原则。四是培养具有民主思想、政治判断能力和政治参与能力的公民,既是建立、巩固、发展所谓议会民主制度和民主政治文化的基础,也满足了德国各个阶层民众政治参与、实现公民权益的要求。

二、政治修养观的主体性思想

当代德国政治修养观主体性思想既是对传统的继承,也是基于对第三帝国灭绝人性、无视人的尊严的统治和损害个人基本权利的政治教化反思的结果。其基本要义体现在:

首先,德国"基本法"赋予了公民以"主观权利",也就从法治国和所谓"民主自由国"原则的层面赋予了公民政治信仰、政治参与的主体性地位。其次,政治教育机关、学校等政治社会化机构在其政治教育活动中,要尊重公民的政治信仰、政治参与方式的选择。再次,当代德国"民主政治"教育的根本任务是培养具有所谓民主思想、政治判断能力和政治参与能力的公民,促进民众在"民主社会"中政治上的发展。

三、政治修养观的价值论思想

政治教育价值论,是关于政治教育的地位和作用的理论深化和哲学思考,为政治教育的范式服务。当代德国政治教育以培养所谓西方民主社会公民、促进政治民主发展为宗旨和追求价值。因此从实质上说,德国政治家和政治教育学者,从来没有轻视对政治教育价值问题的澄清。德国古典修养观和当代德国政治修养理论也为分析、澄清当代德国政治教育的价值问题,提供了重要的理论视角。

由于社会历史条件的不同,如果说德国古典修养观更强调修养对人自身的意义和价值的话,当代德国政治修养理念则更强调个体价值与社会价值的统一。赫尔曼·基泽克在阐述政治教育在德国"民主政治"文化的形成发展中的作用时指出:"民主政治教育的目的是期待一代又一代具有民主意识和民主政治参与能力的公民,这是德国民主政治文化和民主制度建立发展的前提。"这一论述深刻地表述了当代德国政治教育追求的最高价值是以培养其所谓的具有民主思想、政治判断能力和政治参与能力的公民为根本任务,并将此视作促进"民主政治"文化发展的基本条件,作为建立资产阶级民主政体和民主国家的前提,充分表现了其建构在个人政治修养、自由发展基础上的个体价值与社会价值统一的价值取向。

四、政治修养观的方法论思想

德国古典修养观,不仅表述了修养的内涵、境界和意义,也阐述了修养的方法论思想。极力倡导人文主义思想的赫尔德在《关于历史哲学的思想》一书中,阐述了人文主义思想,主张用人文主义思想来培育人,并十分强调各民族历史和文化的独特性,这也成为他一贯坚持的理想。

洪堡提出,修养要唤醒个体的力量,让个人在觉醒的过程中壮大自己,调理自己。表达了一种社会批判意识。在黑格尔看来,修养意味着对"普遍法则"或"事物思想"的获得。普斯朗格把文化视为一种超个人结构的客观精神,把个人视为主观精神,并指出人只有在与文化的联系中才可能生存。李特提出"文化课程"的概念。在他看来文化课程是一种包括社会、经济、历史、文学等知识的综合性课程,是一种陶冶原则。当代德国政治修养观充分吸取古典修养观的方法论思想,并根据不同历史阶段资产阶级政治制度和政治文化发展的时代特征,根据政治教育肩负的使命和任务,形成了一整套方法论思想和一般方法,如启蒙-修养方法、历史教育方法、社会冲突分析法、理性批判方法、系统认知方法、价值澄清方法、参与体验方法等。这些方法论思想和一般方法,也都反映了政治修养观的人本思想、主体性思想和价值论思想。

(社会反响:论文发表于《高等教育研究》。截至 2022 年 5 月 1 日,下载量近 600 次。同时,论文获武汉市第十四次社会科学优秀成果奖三等奖。)

战后德国政治教育价值取向的转换及其启示

(傅安洲 阮一帆《高等教育研究》2013 年第 7 期)

1949 年联邦德国建国之后,其政治家们认识到,民众对政治体系和政治权力广泛的"政治认同"绝非单纯取决于统治集团的"治理绩效","能够形成公民政治价值规范系统与自愿政治参与"的民主政治文化同样重要。因此,统治集团面临的一个重大挑战和历史使命,就是在缺乏民主传统的德国社会铲除纳粹遗毒,树立正确的"二战史观",使民众从纳粹思想和"臣服型"政治文化传统的奴役中解放出来,逐步接受、承认、支持新生资产阶级民主制度和政治体系。以"基本法"为指导的政治教育工作,对战后联邦德国从"臣服型"政治文化向"参与型"政治文化的转型做出了重要贡献。在此转型过程中,政治教育的价值取向发生了三次重大转换,与之相随的是政治教育的三次重大变革。

一、从"种族纯洁与对外侵略扩张的工具"到"捍卫联邦德国宪法的途径"

第一次价值转换与变革,发生在战争结束到联邦德国建立,至 20 世纪 60 年代末完成。政治教育从纳粹统治时期"种族纯洁与对外侵略扩张的工具"转向"捍卫联邦德国宪法的途径"。

二战后至 20 世纪 50 年代初,政治教育面临的最紧迫任务,是解决战败造成的民众普遍的政治冷漠及社会隔阂问题,维护尚未获得广泛认同的新宪法和宪政秩序。学术界此时已存在"政治教育应为调动公民主动性,形成并发展参与型政治文化服务,还是应该培养忠诚于宪政国家的公民,为重新形成、巩固权威型政治文化服务"的激烈争论。但是,出于巩固政治体系的迫切需要,国家公民教育思想在此阶段始终占主导地位,联邦政府建立了旨在维持宪政秩序,培养具有"宪政爱国主义"思想的公民的国家公民教育体系。

至 20 世纪 60 年代初,随着联邦德国资产阶级民主政治的发展,以欧廷格为代表的"合作教育"理论流派逐步受到学术界和联邦当局的重视。欧廷格是较早对纳粹及魏玛时期政治教育进行深刻反思的学者,他认为在传统的国家至上观念指导下的政治教育对公民及社会存在极大的忽视,其目的仅在于培养为国家服务的工具,完全忽视公民意识和政治参与。当然,受实用主义哲学影响和出于现实政治的需要,"合作教育"理论所提倡的公民参与,主要是一种"合作式"参与,强调建立公民与公民、公民与社会、公民与政府之间的团结协作关系。受其影响,许多联邦州学校的政治教育实践都以"社会合作""社会责任"为核心内容。

总之,这一时期以"捍卫联邦德国宪法"为核心价值的政治教育,虽然在某种程度上阻碍了公民意识的觉醒与公民参政能力的提升，但它对捍卫新生政权及其制度发挥了重要作用，基本与当时的国情、社情、民情和政治文化状况相适应，是联邦德国政治文化及政治教育发展史的必经过程。

二、从"培养国家公民"转向"追求人的自由和解放"

第二次价值转换与变革，发生在 20 世纪 60 年代末至 1976 年，以"博特斯巴赫共识"为标志。政治教育从培养"国家公民"的价值取向，转向"追求人的自由和解放"。

20 世纪 60 年代末，在联邦德国历史上被称为"变革时期"，政治教育领域同样如此。1966 年、1967 年联邦德国遭遇严重经济衰退，举世瞩目的经济神话开始破灭。战后共识的瓦解，使得建国近 20 年稳定的政治力量对比关系开始发生松动和变化。新成长起来的年轻一代尤其是在校大学生，开始公开谴责、抗议国内政治的种种弊端。对此，比较有影响力的观点认为，正是参与机会的缺乏促成了新一代大学生在意见表达及利益表达上的非传统性。执政党、政治教育机构及理论界开始对政治教育展开大规模讨论。

与此同时，以大学生抗议活动为表象的追求民主、自由、解放的社会运动和以法兰克福学派为代表的社会批判思潮遥相呼应，直指资本主义的弊病，表现出反保守、反权威、反新纳粹、反不公正，追求公民权利与个人自由解放的鲜明特征，并强烈要求对德国历史尤其是二战史进行深刻反思。联邦德国面临深刻的政治与社会危机，这迫使政治家和学者深刻反省并追问政治教育的价值取向。以法兰克福学派社会批判思想为基础的批判教育学、政治教育批判理论和解放理论应运而生，逐步取代了强调民族文化传承、"培养国家公民"的精神科学教育学派的主导地位。这股"批判"思潮倡导进行广泛而深刻的社会及意识形态批判，将"人的解放""社会的解放"确立为教育的目的，并形成了以培养青年学生的批判能力、辨析"政治冲突"能力为目标的教学理论。

1976 年，在联邦德国"联邦政治教育中心"的协调组织下，政治教育思想界、理论界达成所谓的"博特斯巴赫共识"，将政治教育的价值确立为培养公民基于"自由与个人解放"的社会批判意识、理性辨析水平和政治参与能力。在德国教育史上，有学者将"博特斯巴赫共识"视为政治教育价值取向由"工具理性"向追求人的自由发展和解放的"目的理性"转换的"里程碑"。

三、从"追求人的自由和解放"转向"巩固政治认同与追求人的自由和发展的统一"

20 世纪 80 年代中期之后，政治教育从"追求人的自由和解放"转向"巩固和发展民主政治制度（政治认同）与追求人的自由和发展的统一"，成为德国政治教育的第三次价值转换与变革。

20 世纪 70 年代末，联邦德国的"解放"意识达到高潮，社会批判之风席卷各个角落,社会文化领域表现出浓厚的多元主义特征,民众在价值观、政治观、道德观上的差异显著增强,再加上由"批判"导致的价值虚无主义,使得社会、民众出现了普遍的价值危机和信仰危机。著名教育家布雷钦卡将当时社会存在的价值危机、信仰危机归咎于极端的价值批判,他认为,合乎理性的批判是十分必要的,但随着自由主义怀疑一切的扩展和加深,逐渐削弱了"自由民主的法治国的持续存在的价值基础"。因此,布雷钦卡认为当时风行联邦德国的批判教育学,是一种分裂社会的教育学。因此,与批判教育学、政治教育批判与解放理论的主张不同,强调政治教育的规范与价值的思想倾向逐渐兴起。

1980年,伯纳德·苏特深入分析了道德与政治之间的关系,将"明智""公正""坚毅""道德"等传统美德确立为政治教育的内容。苏特试图通过对政治教育的道德化,来解决社会(或确切地说在政治行为)中存在的道德滑坡问题。他的道德教育思想理论,在学术界产生了广泛影响。玛丽亚娜·格罗纳迈耶尔认同苏特的观点,把政治道德作为政治教育的目标。当然,对于政治教育的道德化,也有学者提出了质疑。西比勒·莱茵哈特反对在政治教育中注入过多的道德内容,反对将利益冲突上升为秩序和价值冲突,这种观点在学术界也有一定影响。但20世纪80年代中期之后,联邦德国政治教育的一个基本发展趋势,是在培养学生理性分析和政治参与能力的同时,提倡传统价值和社会责任,强调价值认同、政治认同对于维护政治体制的重要性。

四、启示

第一,政治教育价值取向的转换,是与政治文化的发展变迁相适应的。德国政治教育价值取向的转换是社会历史发展的产物,具体说来,是由德国政治制度的发展和政治文化的变迁决定的,是不以人们意志为转移的社会历史发展过程,不是政治家、教育家和政治教育学者觉醒、呼吁的结果。应当从政治文化与政治教育的关系范畴中认识这种转换,也只有在这一对关系范畴中,才能真正揭示政治教育价值转换的本质和动力。

第二,政治教育与政治文化的相互作用是二者协同演化的原动力。政治文化变迁对政治教育发展变革产生着推启、界定(政治教育的价值目标、内容是由主流政治文化决定的)、匡正和促进作用,政治教育则发挥着维持、传承、变革、创造政治文化的作用,二者相互联系、相互作用、协同演化。

第三,思想政治教育要实现社会价值与个体价值的统一。现阶段我国思想政治教育处在价值转换的重要时期,这种价值转换是在我国思想道德建设、政治文明建设进程中,坚持"以人为本"、促进人的全面发展对思想政治教育提出的必然的客观要求,也是思想政治教育学科发展的内在要求。主动响应这一要求,是思想政治教育界面临的重大课题。

(社会反响:论文发表于高教研究领域期刊《高等教育研究》。截至2022年5月1日,论文被引用13次。)

德国"二战"史观教育:20世纪60年代的变革与启示

(阮一帆 傅安洲 束永睿《比较教育研究》2015年第11期)

"二战"史观是当代德国(本文所指的德国均不包括1949—1990年的德意志民主共和国)政治文化的重要构成,其基本内涵是德国民众对于"二战"历史抱有的态度、立场和观念。"二战"史观对战后德国的政治发展特别是政治文化的变迁、转型产生了深远影响,也成为国际社会对当代德国人民族精神、政治信念、文化气质等整体风貌的一个重要参照系。但我们也看到,德国"二战"史观教育的成功绝非易事,尤其是在20世纪60年代以前,它被有意无意地忽视了。直到20世纪50年代末一系列政治文化事件和危机出现后,"二战"史观教育才开始真正受到德国上下的重视,并在20世纪60年代在各方的努力下实现了根本性变革。

一、20世纪50年代"二战"史观教育的危机及其原因

20世纪50年代德国"二战"史观教育危机的重要标志,是发生在1959年末至1960年初的大规模反犹事件。以青年人为主的反犹分子亵渎犹太人墓地,在科隆犹太教堂外墙上涂抹纳粹党党徽,引发反犹浪潮,极大地震撼了德国内外,也使其政治文化遭遇重大危机。

20世纪50年代末"二战"史观教育的危机,与此前德国社会对"二战"历史的反思乏力密切相关。造成这种乏力的原因首推战后西方盟国推行的一系列针对德国社会并不成功的改造政策,特别是物质上的"非纳粹化"和精神上的"再教育"。其中,"非纳粹化"这一繁复浩大的改造工程,在实施过程中遭遇了严重困难,其政策依据的假设也经历了"集体罪责说"到"职务罪责说",再到"受害者共同体说"的演变,导致"非纳粹化"运动收效甚微,特别是"为前纳粹分子恢复名誉的最终政策转向,无法唤醒多数德国人对自己进行深刻的灵魂拷问,未能激起他们正视自己的过去"。相对积极的"再教育"运动,也由于德国保守势力的阻挠、政治上合格教师和教材的缺乏、高等教育领域"非纳粹化"的失败等因素,效果既不深,也不广。总体上看,"西方盟国的政策的实际效果,乃是播下了'集体失忆'的种子。在战后德国历史的相当长的一段时间里,这种'集体失忆'现象十分显著"。

这种"集体失忆"也对历史教科书的编写和课堂教学产生了深刻影响。20世纪50年代的教科书大多存在一种刻意回避"二战"史中"不愉快细节"的倾向。与教科书问题相对应的是,大多数历史课教师在课堂教学中也倾向于避免"有争议"的话题,尽管也有一些经历过纳粹统治的老教师试图在教学中客观地评价那段历史,却时常受到学生的质疑,甚至是诘难。

二、20世纪60年代反思"二战"与"二战"史观教育的变革

20世纪60年代,由于多方面的推动因素,德国"二战"史观教育经历了重大变革。

1960年2月8日,内政部长格哈德·施罗德在联邦议院辩论中就反犹事件指出,大范围骚乱背后折射的是德国民众对待"二战"历史的态度。紧接着,2月11—12日,各州文化部长联席会议对历史教育问题进行了专门探讨并形成了改革决议。其中,最为关键的举措是将纳粹主义作为"义务主题"引入学校历史和政治课程教学,在教科书问题、教学安排、教学要求、教学目标及教师授课资格和教师培训上制定了一系列配套政策。

20世纪60年代"二战"史观教育的变革,也是与德国社会反思"二战"历史的全面深化分不开的。自20世纪50年代末期起,在以色列及犹太人团体的施压下,德国开始加大对纳粹罪犯的审判及追诉力度。1963年2月至1965年8月的奥斯维辛审判,是联邦德国建国后历时最长、规模最大、影响最为深远的一次针对纳粹罪犯的审判,"对战后德国政治文化产生了重大影响,德国人经历了一次前所未有的纳粹罪行再教育,并由此激发起一种在道德及良知上进行自我审判的强烈意识。"

知识精英对推动德国社会反思纳粹及"二战"历史做出了卓越贡献。掀起德国知识精英反思纳粹和"二战"史观教育的第一个高潮的是,1966年阿多诺发表题为《奥斯维辛之后的教育》的电台演说。阿多诺从社会心理学视角,对导致奥斯维辛灾难的德国大众文化进行了剖析和抨击,强调教育对于避免奥斯维辛灾难重演的重要意义,为德国"二战"史观教育的变革提供了指导思想和理论依据。

阿多诺有关"大屠杀教育"及创造一种反思的社会文化氛围的呼吁,在1968年后全面爆发的左翼青年大学生运动中得到广泛响应。正是由于这场运动的推波助澜,一种更具批判意识及反省思维的"二战"史观开始在德国社会生根发芽,阿多诺关于"大屠杀"历史教育的思想则更为深远地影响了之后德国"二战"史观教育的理念、理论和方法,直至今日。

1969年,勃兰特领导的社民党上台执政,将德国社会对"二战"的反思和"二战"史观教育改革推向了新高潮。勃兰特执政时期,是德国政治文化由传统的"臣服型"向所谓现代西方式"参与型"转变的关键时期。在这一过程中,与资本主义民主政治文化的逐步形成相伴随的是,德国社会"二战"史观也开始全面转向。

在20世纪60年代末期全面反思"二战"的社会政治文化开始形成的背景下,德国的"二战"史观教育进行了更为深入的改革。首先,在教育指导思想上,提出了"依靠教育来防止灾难重演""通过课堂教学来医治纳粹主义"的理念;在教育内容上,更加明确地将纳粹历史包括"大屠杀"和种族灭绝的罪行作为学校历史教育的重要构成,并将反思纳粹及其罪行作为学校教育,特别是历史和政治教育的中心任务;在教育策略及方法上,倡导废除教师权威,鼓励师生平等对话,并注重学生的参

与,辅以参观纪念场所、创作展览、档案研究、戏剧节目等新的教学载体。此外,"二战"史观教育开始成为公民与社会、伦理学、文学、生物学、音乐与艺术等课程的重要主题。与此同时,新一代具有批判思想和政治意识的历史教师逐渐成长起来,历史教科书质量也得到大幅提高,这些都极大地改善了学校"二战"史观教育状况。

三、德国"二战"史观教育变革的启示

首先,"二战"史观教育要以"二战"历史的深刻反思为基础。德国"二战"史观教育是随着德国社会反思"二战"历史的不断深入而逐步驶上正轨的。在德国政治家、知识精英、司法机构、教育部门的共同努力下,以20世纪50年代末发生的反犹事件为契机,推动了德国社会对"二战"历史的全面、深刻反思,并在此过程中实现了整个民族的"灵魂救赎"。

其次,"二战"史观教育的变革要以社会政治文化的变革为前提。战后经过20多年的时间,德国政治文化实现了从传统"臣服型"向所谓现代西方式"参与型"的重大转型,这既为德国社会全面反思纳粹培育了文化土壤,也为"二战"史观教育的变革创造了历史条件。

总而言之,德国"二战"史观教育在20世纪60年代实现的历史性变革,是以德国社会对"二战"的深刻反思以及社会政治文化变迁转型为基础和前提的。当然,我们也看到,直至今日,德国社会也不时出现为纳粹招魂、美化战争、否认大屠杀的政治亚文化群体和事件,但它们面对的往往是强大的主流文化的抵制和批判,这恰恰又印证了德国"二战"史观教育历史变革的重大意义。

(社会反响:论文发表于《比较教育研究》。截至2022年5月1日,论文被引用3次。)

美国公民教育的历史变迁与启示(1776—1976)

(阮一帆 孙文沛《武汉大学学报(人文社会科学版)》2016年第1期)

美国是高度重视公民教育的国家,其认为公民教育关乎国家存亡。早在美国建国之初,托马斯·杰弗逊就认识到,民主公民的知识、技能和行为在人们身上不会自然产生,必须通过有意识的教导才能实现。200多年以来,"民主公民"(democratic citizenship)教育一直备受重视,被当成是美国公共教育的理性基础。美国以公民教育之名,却行政治教育之实,其公民教育的成效有目共睹。美国公民对本国、本民族的归属感普遍较强,对美国政治体制和意识形态的认同度也普遍较高,政治参与意识强烈,且美国对他国的意识形态输出和文化渗透也"卓有成效"。本文试图对美国建国以来200年间的公民教育发展历程做一梳理,探讨其教育理念与教育实践的历史变迁,揭示公民教育发展演化的基本特征,探寻其带给我们的启示。

一、1776—1861年:美国公民教育的萌芽期

从独立、建国到南北内战,美国处于一个力求摆脱英国殖民统治影响,建立独立的政治、经济、文化以及教育体系的特殊历史时期。与这一时期的历史发展相适应,美国公民教育以摆脱殖民色彩、构建国家意识和国家认同、培养民族精神为核心内容。

在建国后的半个世纪里,学校公民教育最有影响力的载体是拼写书和阅读书,其中最重要的主题是"让孩子忠于国家和民族""爱国感情和对上帝的虔敬不分先后"以及"爱国主义作为美德的基石必须被视为最崇高的社会美德"。历史教育在这一时期受到开国元勋们的特别重视,对有关政府知识的传授也成为公民教育的另一项基本任务,但这基本局限于高等教育领域。另一方面,这一阶段的公民教育很少教授政治知识,也未明显尝试培养学生的政治参与技巧。

总之,从建国初期到美国内战这一段时间,公民教育的核心理念直接源于1776年的《独立宣言》和1787年的美国《联邦宪法》。这两份文献奠定了两百多年间美国民主政治的基础,也成为美国公民教育的启蒙宝典。这一阶段,美国公民教育的根本任务就是"美国化",即培养美国人对美国文化和国家、民族的认同感、忠诚感,使之成为美国社会的一员,从而造就具有国家和民族意识、公民意识的共和国的健全公民,而不是原宗主国的臣民。

二、1861—1914 年：美国公民教育的成长期

19 世纪后半叶，美国在政治上通过南北战争实现了国家的统一，在经济上引领了第二次工业革命，从而跃升为世界头号工业强国。进入"镀金时代"（the gilded age）的美国迎来了公民教育的重要成长期。

这一时期的教科书充斥着对美国及其所标榜的"民主""自由""平等"等价值观的颂扬，但多以情感渲染为主，缺乏理性的知识分析。直至 19 世纪八九十年代，一个在公民教育领域普遍流行的观念开始形成，即在教科书和课程中增加更为严谨的所谓"学者型知识"。由哈佛校长伊利亚特带领的国家教育协会 10 人委员会（Committee of Ten）是这种观念的主要代表。他们的主要构想是，历史教学不再只是为了培养好公民和爱国感情，而是要教会学生像历史学家一样思考。

另一方面，移民问题开始成为公民教育的新挑战。1907 年，美国国会成立专门委员会调查"新移民"问题，引发了名曰"美国化运动"的公民教育活动。在各地教会、企业界和教育机构的支持下，这场运动很快遍及全国。在不同地区，运动的形式和规模各有差异，但在内容上，基本上都是通过创办夜校和培训班的形式，为移民设立历史、文学、法律、数学、政治和公民学等课程，培养他们的爱国情感，帮助他们归化为"真正的"美国公民，为美国的发展作出贡献。

这一时期的公民教育有两个重大改变。首先，之前强调的对一个广阔而"自由"的国家的爱变成了对一个伟大而强大的民族充满激情的献身。其次，大规模移民引发了公民教育的第二个改变，即移民的"美国化"。

三、1914—1945 年：美国公民教育的勃发期

两次世界大战，美国均免遭战火的侵袭，反而紧抓历史机遇，实现了现代化的高速发展。这也为公民教育理论范畴和实践形式的进一步拓展奠定了基础。1916 年始，美国全国教育协会中等教育改革委员会陆续发布《中等教育中的社会课》（social studies in secondary education）、《中等教育的基本原则》（cardinal principles of secondary education）等报告，提出美国公民教育应由"民主"观念引导，要注重公民的社会参与，把社会课程作为学校公民教育的主要载体，并将胜任公民职责作为中等教育的七大目标之一。该系列报告对美国公民教育影响深远，被认为是美国现代公民教育开始的标志。

当然，公民教育的革命性转变也伴随着传统保守力量的阻碍。一战后，由一些保守的公民和爱国组织发起的，以"反外国、反太平洋、反移民、反改革"为口号的极端民族主义和偏激的爱国主义运动，对新的公民教育的开展产生了不容忽视的消极影响。

四、1945—1976 年：美国公民教育的回落与反弹期

二战结束后，美国成为西方世界的领袖，并开始了同苏联长达 40 多年的"冷

战"。在"冷战"初期,美国教育的国家主义甚至军国主义倾向日趋明显,教育同国家安全、科技发展同综合国力的关系受到了前所未有的重视。这一阶段的美国公民教育受到国际政治格局的影响,更加强调的是意识形态的对抗性,而公民教育的理论、方法途径等方面则被极大地忽视了。

到20世纪60年代,随着大学生校园暴力骚乱的愈演愈烈,美国政府和社会开始对公民教育进行反思。特别是在理论界,公民教育愈来愈成为争论的焦点。最终,这场论战的结果是认为学校公民教育应该更加科学化和社会化,特别是公民教育的教学法研究受到前所未有的重视。有两种公民教育的价值取向及其方式方法最具代表性,分别是"社会科学学科内容方法"(social science discipline' content approach)和"反思性探究/批判思维方法"(reflective inquiry/critical thinking approach)。这两种公民教育的方法在美国公民教育史中具有重要地位,影响了20世纪70年代至今美国公民教育的发展。

五、评价与启示

纵观美国公民教育的发展历程,尽管每个发展阶段的历史任务、主题内容、基本特征等都不尽相同,甚至存在很大差异,但在根本目标上,始终表现为倡导资本主义优越性,维护资产阶级民主政治体制,培养对美利坚国家和民族的认同感,教授"民主"社会政治参与所需的知识和技能。在核心价值观上,始终逾越不了资本主义关于人性解放、自由、平等、民主等思想观念。

美国公民教育历史发展的另一个特点,就是注重与社会、政治文化的发展保持一致。公民教育根据不同历史时期美国社会及政治文化的变化,及时在内容和方法上进行调整、更新,不断在实践中对自身的理论缺陷和偏差作出修正,进而较好地实现了公民教育与社会、政治、经济、文化的协同发展,使得民众对"美国梦"、国家精神及政治体制的认同度长期保持较高水平。

在与美国不同的历史传统、文化积淀、基本国情、政治制度背景下,开展政治认同及其教育的国别与比较研究,坚持"洋为中用,去伪存真,经科学扬弃后为我所用"的原则,有利于揭示和认识政治认同产生与政治认同教育的一般规律和特殊规律,丰富我国思想政治教育学科营养,有利于批判性吸收借鉴外国政治认同教育的有益经验,提升我们对意识形态和思想政治工作的自觉自信,加强和改进新时期以对中国特色社会主义的道路认同、理论认同、制度认同为核心内容的政治认同教育。

(社会反响:论文发表于《武汉大学学报(人文社会科学版)》。截至2022年5月1日,论文被引用18次。论文发表后,被人大报刊复印资料《思想政治教育》2016年第5期全文转载。)

高校科研育人探析

（阮一帆 徐欢《思想理论教育导刊》2019年第8期）

科研育人是以科学研究活动为载体，在进行科学研究的过程中达到育人的目的。科研育人作为一种"润物无声"式的隐性教育模式，是新时期我国高等教育建设发展的必然要求。

一、高校科研育人的重要意义

习近平总书记在全国高校思想政治工作会议上指出，"高校思想政治工作关系高校培养什么样的人、如何培养人以及为谁培养人这个根本问题。要坚持把立德树人作为中心环节，把思想政治工作贯穿教育教学全过程，实现全程育人、全方位育人。"这为高校思想政治教育在新的历史起点和时代方位下不断创新发展提供了根本遵循。

我国高等教育肩负着培养德智体美劳全面发展的社会主义建设者和接班人的历史重任，对于促进青年学生的全面发展、增强中华民族创新创造活力、实现中华民族伟大复兴具有决定性意义。在高校所承载的人才培养、科学研究、社会服务、文化传承等主要功能中，人才培养是核心，其他各方面工作，都要服务于人才培养，并通过服务于人才培养核心任务得到加强。可以说，科研育人是新时代中国特色社会主义高等教育发展的内在要求，也是新时期我国高校思想政治教育改革、发展、创新的重要手段。

二、高校科研育人的内在动力

所谓科研育人的内在动力，其实质是回答科学研究"何以能育人"的问题，这需要首先阐发科研与育人二者之间的关系。在科学研究过程中，研究者必然要遵循一些基本价值取向和伦理规范，如诚实与守信、自由与约束、自主与责任、客观与公益等。科学研究本身即蕴含着丰富而深刻的育人因素，其所倡导的精神伦理是人类完善自身发展的重要力量，因而科研与育人在逻辑上有着高度自洽。

科研活动是一种特殊的认识和实践活动，它对于正在学习从事这一活动的人来说，具有培育良好的思想品德的特殊功能。研究者在科学探索的实践过程中，其思想品德与科研行为间相互作用，易于形成科学的思维习惯以及严谨求实、勤奋好学、百折不挠、诚实守信等精神品质。因而，科学研究本身就具有育人的内在动力，是天然适于人的精神品格的养成途径。科研育人的过程是在科学探索实践中实现育人的目标，因而是一项合规律性与合目的性相统一的教育实践。

在新的历史条件下,要以科研育人的内生逻辑为指引,进一步重视科研在高校立德树人中的地位和作用,要充分挖掘、发挥高校科学研究的育人功能。

三、高校科研育人的时代内涵

高校科研育人的时代内涵,也可称作时代任务,它回答的是高校科研"育什么样的人"的问题。在我国高等教育肩负着促进人的全面发展、增强中华民族创新创造活力、实现中华民族伟大复兴的时代任务下,高校科研育人时代内涵就是依托高校科学研究活动,培养青年学生至诚报国的理想追求、开拓创新的进取意识、严谨求实的思维观念和诚信敬业的人生态度。

(1)培养至诚报国的理想追求。爱国报国是中华民族几千年传承不息的对祖国的深厚情感,是中国精神的核心价值。在当代中国,爱国报国的鲜明主题就是实现中华民族伟大复兴的中国梦。高校科研育人的时代内涵首先就体现为通过科学探索活动在青年学生中厚植爱国主义情怀,培养他们心有大我、至诚报国的理想追求,把爱国之情、报国之志融入中国特色社会主义建设的伟大事业之中,把青年学生个人的理想追求融入建设世界科技强国的伟大征程之中,矢志不渝为实现"两个一百年"奋斗目标、实现中华民族伟大复兴的中国梦贡献自身的智慧和力量。

(2)培养开拓创新的进取意识。人类社会发展规律表明,创新是推动社会进步的根本力量,也是一个国家、一个民族实现自身发展目标的重要途径。推动科学技术不断创新发展,是发展中国特色社会主义事业的必然要求。推进新时代的伟大事业,必须要有开拓创新、进取向上、勇于变革的精神状态。创新创造是科学的本质,勇于探索、敢为人先是人们从事科研活动的根本要求。

唯有勇于创新、敢为人先,才有可能在这波发展浪潮中实现"弯道超车",在世界科技竞争中勇立潮头。因而,高校科研育人的时代内涵又体现在培养青年学生在尊重事实、尊重规律的理性思维前提下,敢于"标新立异",并使开拓创新内化为他们的一种价值导向、思维方式和工作习惯。

(3)培养严谨求实的思维观念。科学探索的新发现都必须建立在可靠的实验基础上,并能经受理论和应用的检验。事实是科学的唯一依据,实践是检验科学研究成果的唯一标准。科学研究活动能够培养科技工作者严谨求实的科学思维。高校科研育人的时代内涵也体现在着重培养学生上,这就是:能够根据实际进行独立的分析和思考,在对问题的认识和解决上形成独到的见解和举措;勇于以批判的态度审视原有的定理,不因循守旧,不墨守成规,不为传统的学说所束缚,不为既定的思维模式所左右;善于根据时间、地点、条件的变化,全面、历史、辩证地分析思考问题,不先入为主,不按图索骥,不固执己见;等等。

培养诚信敬业的人生态度。诚信是中华民族的传统美德,是社会主义核心价值观的一条重要准则。诚信是科学研究中必须遵循的道德伦理,是由探索和追求真理这一活动的性质决定的。科学工作者唯有敬业,才有探索的激情。敬业是对所从事职业的态度,也是一种内在的道德需求。科学研究对科学工作者诚信、敬业的内在要求,使高校科研育人也蕴含着培养青年学生诚实守信、恪尽职守,精益求精的人生态度的丰富内涵。

四、高校科研育人的外在要求

人的思想品德是在一定环境中形成和发展的,育人活动也总是在一定的环境中进行的,人所处的环境对人的思想品德状况以及育人活动有着重要影响。高校科研育人的成效,首先就取决于高校科研环境、学术生态的优劣。良好的科研环境、学术生态既是建设建成世界一流大学和一流学科的必备条件,也是新时代加强高校科研育人工作的根本要求。因此,要充分发挥科学研究的育人功能,实现优良的育人效果,必须把高校科研环境、学术生态建设摆在首位。

首先,要着力构建符合学术发展规律的科研管理机制体制。要充分尊重高校及教师的科研创新主体地位,扩大科研自主权,减少政府主管部门对科研创新和学术活动的直接干预,积极完善公平、合理的高校学术资源配置体制。其次,要着力优化完善科研评价标准体系。提倡严谨治学,反对急功近利,鼓励创新,宽容失败。此外,还要着力构建高校学术诚信体系。应尽快建立终身追究制度,对高校教师严重违背科研诚信要求的行为进行终身追责。

高校科研育人的成效还取决于教师在科学研究中立德树人中功能的发挥。要坚持教育者先受教育的原则,通过宣传、教育、培训引导教师特别是导师垂范引领社会风尚,积极践行社会主义核心价值观,严守学术道德,强化科研自律,严谨治学、求真务实、诚信敬业;要强化导师育人主体责任,导师在对学生(特别是研究生)学术培养全过程中居主导地位,对所指导的学生的思想政治教育和学术培养富有全面责任,导师的思想境界、创新意识、学术水平、指导能力、学术道德和学风直接影响学生的成长成才。导师要牢固树立科研育人意识,要把科研活动与学生思想品德的养成紧密结合起来,把学生科研能力的提高与思想品德的提升紧密结合起来,使学生的思想品德在科学研究过程中潜移默化地形成。

(社会反响:论文发表于思想政治教育研究领域的顶级期刊《思想理论教育导刊》。截至 2022 年 5 月 1 日,论文被引用 17 次。)

论思想政治教育学一般范畴体系逻辑结构的优化组合

(黄少成 傅安洲《湖北社会科学》2011年第7期)

徐志远等学者通过对一般范畴解析、推演、归类、阐述，并列举5个"维"，即基础理论维、价值认识维、教育过程维、对偶范畴维和方法载体维，试图建构思想政治教育学一般范畴逻辑结构体系。"维"是构建思想政治教育学一般范畴体系的重要工具和单位，而且，思想政治教育学一般范畴体系可在此基础上得以优化，并组合成更为科学的逻辑结构。

 一、思想政治教育学一般范畴逻辑结构体系构建的原则

作为思想政治教育学范畴单位的"维"，应是名词，有"维度"之意。将"维"作为思想政治教育学范畴中的一个单位，探索思想政治教育学一般范畴体系的内部结构及其相互之间联系，科学形象地规范了思想政治教育学一般范畴逻辑结构体系中的单元，深刻揭示了思想政治教育学一般范畴内在逻辑联系的复杂性和规律性，成为研究思想政治教育学一般范畴的重要工具。但是，每一个"维"在思想政治教育学一般范畴体系中的位置如何确定、每一个"维"由哪些相互关联的范畴组合而成，是思想政治教育学一般范畴逻辑结构体系建构的关键问题。解决这一问题，必须明确思想政治教育学一般范畴逻辑结构体系的构建原则。

首先，思想政治教育学一般范畴逻辑结构体系的建构必须遵循"逻辑起点—逻辑中项—逻辑终点"运行的基本原则。思想政治教育学的基本范畴，即教育主体与教育客体、思想与行为、疏通与引导、言教与身教、教育与管理、物质鼓励与精神鼓励、内化与外化、个人与社会等8对对偶范畴，也是按照这一原则，构建起基本范畴的逻辑结构体系。为数较多、内容更为具体的思想政治教育学一般范畴只有按照一定规则和顺序，组合成更高一级的单位——"维"，即基础理论维、教育过程维、方法载体维以及价值认识维等4个维度，并通过其聚合、运动、推演、展示，完成"逻辑起点—逻辑中项—逻辑终点"的运行过程，最终构建思想政治教育学一般范畴的逻辑结构体系。

其次，思想政治教育学一般范畴逻辑结构体系的构建必须遵循从抽象上升到具体的基本原则。马克思认为，从抽象上升到具体的方法是构建逻辑范畴体系和系统科学理论的基本方法，是各门学科正确建立和形成各自范畴体系的"科学上正确的方法"。思想政治教育学一般范畴逻辑结构体系的构建，要完成从理智的抽象到达理智的具体的第二条道路，就必须以对思想政治教育现象和关系进行分析、提纯、简略、抽象化后的范畴为基础，并以特定的"维"为单元，最终构成思想政治教育

学一般范畴逻辑结构体系。反之,思想政治教育学一般范畴逻辑结构体系按照这一方式构建起来的时候,作为抽象规定性的范畴就回归于现实,即与思想政治教育的客观现象及其有关的背景、条件相结合,把各个单一的、简单的规定性整合为"多样性的统一",思维的理性就完成了从抽象到具体的一次完整的运行过程。

再次,思想政治教育学一般范畴体系逻辑结构必须遵循与基本范畴逻辑结构相对应关联的原则。这是逻辑与历史相一致原则在构建思想政治教育学范畴体系中的必然要求和深刻体现。按照这一原则,从不同的层次来反映思想政治教育历史与逻辑发展同一过程的一般范畴和基本范畴的逻辑结构存在着必然的对应关联关系。思想政治教育学的基本范畴体系和一般范畴体系从高低不同的层次反映了思想政治教育实践与理论逻辑过程的内容与关系。同时,思想政治教育学范畴体系的逻辑起点、逻辑中项、逻辑终项也分别从高低不同的层次上对应着思想政治教育学基本范畴体系的和一般范畴体系的起点范畴(基础理论维)、中项范畴(教育过程维、方法载体维)、终点范畴(价值认识维)。

二、思想政治教育学一般范畴逻辑结构体系的构建

思想政治教育学一般范畴逻辑结构体系的构建可借助以下两种方式得以实现。

一是借助"维"这一基本单位,架构起思想政治教育学一般范畴体系的逻辑结构。

思想政治教育学一般范畴体系是由逻辑起点、逻辑中项和逻辑终点构建起来的立体动态的逻辑结构。只有以某种规则和顺序组合成一定数量,并存在特定联系的集合体,才可能更好地反映一般范畴体系的逻辑结构。这个集合体就是思想政治教育学范畴体系中的"维"。思想政治教育学一般范畴体系中"维"的拟定与区分,必须有其内在的规定性和客观依据。按照这一原则,思想政治教育学一般范畴组合而成的"维"即是前面提及的基础理论维、教育过程维、方法载体维、价值认识维等4个"维"。其中,基础理论维是思想政治教育学一般范畴体系的逻辑起点,教育过程维、方法载体维是其逻辑中项,价值认识维是其逻辑终点。

二是借助"维"与对应关联的基本范畴之间内在关系确定思想政治教育学一般范畴。

基础理论维作为思想政治教育学一般范畴体系的逻辑起点,与思想和行为这一基本范畴对应关联。思想政治教育一般范畴的基础理论维的第一个范畴——思想政治教育的基本矛盾,由此确定下来。同时,思想与行为和思想政治教育学的研究对象相互规定。研究思想政治教育学研究对象必须首先研究思想与行为这对范畴。因此,思想政治教育学一般范畴体系的基础理论维至少包含了思想政治教育的基本矛盾、思想政治教育学研究对象以及思想政治教育学范畴等3个一般范畴。思想政治教育的灌输原则,是思想政治教育过程中具有指导意义的理论基础,它更多是施教方法和原则上的理论基础,是思想政治教育学的一个具体范畴,而不是包

含于基础理论维的一般范畴。

教育过程维与方法载体维作为思想政治教育学一般范畴的逻辑中项,和疏通与引导、言教与身教、教育与管理、物质鼓励和精神鼓励等思想政治教育学基本范畴体系中的4对中项范畴对应关联。思想政治教育学的这4对中项范畴一方面体现的是思想政治教育的历史发展过程,另一方面反映了思想政治教育的原则和方法。它对应关联的是思想政治教育学一般范畴体系中的两个"维",即教育过程维和方法载体维。教育过程维中包含了思想政治教育过程、思想政治教育的环境、思想政治品德形成发展过程、思想政治教育的内容、思想政治教育的机制等一般范畴。方法载体维主要包括思想政治教育方法和思想政治教育载体两个一般范畴。

价值认识维作为思想政治教育学一般范畴的逻辑终点,同个人与社会这一基本范畴对应关联。按照马克思主义关于人的思维运动的基本方式,人的思维必须经历从"感性的具体—理智的抽象—理智的具体"的过程。作为思想政治教育学基本范畴逻辑终点的个人与社会正是思想政治教育学基本范畴体系中"具有许多规定的丰富的总体"的深刻反映,而价值认识维也体现了这一规定性的特征。思想政治教育的价值最终体现在个人与社会的关系上,个人与社会的关系是思想政治教育价值的最为重要的内容。思想政治教育学一般范畴体系的价值认识维包含了思想政治教育价值、思想政治教育目标以及思想政治教育评价等一般范畴。

三、结论

通过上述对思想政治教育学一般范畴逻辑结构内部关系的梳理,及其与思想政治教育学基本范畴体系逻辑结构的比较,可以获得以下结论:第一,思想政治教育学一般范畴必须以"维"为单位,才能构建其更加符合"逻辑起点—逻辑中项—逻辑终点"原则的逻辑结构体系;第二,思想政治教育学一般范畴的逻辑结构与基本范畴的逻辑结构对应关联,它们在不同的逻辑层次上反映了思想政治教育历史与逻辑发展的同一过程,同时,思想政治教育学一般范畴与基本范畴的对应关联关系,对于思想政治教育学其他相关学科的范畴研究具有启示作用;第三,思想政治教育学范畴逻辑结构体系,将随着思想政治教育实践与理论的发展,以及人的认识水平的提高而不断优化。

(社会反响:论文发表于《湖北社会科学》。截至2022年5月1日,论文被下载280余次,他引3次。论文发表后,被人大报刊复印资料《思想政治教育》2011年第10期全文转载。)

新时代加强学校思想政治理论课建设的三重维度

（黄少成 魏永高 李宾《思想理论教育导刊》2020 年第 1 期）

学校思想政治理论课是党和国家开展马克思主义教育的主阵地、主渠道、主课程，在解决好"培养什么人、怎样培养人、为谁培养人"的根本问题上承载着特殊责任和使命。坚持党的领导、提高课程质量、强化保障体系成为新时代加强思想政治理论课建设的三重维度和应有的题中之义。

一、在方向维度上，坚定不移加强党对学校思想政治理论课的政治引领

方向问题是根本问题，政治方向则是中国共产党生存发展第一位的问题。对政治方向的确立和坚守，不能浮于口头的话语表达和书面的文字游戏，而是要落实在师生的政治认知、教材课程的细节设计以及教育教学引领的具体行动之中。

首先，政治方向是学校思想政治理论课第一位的政治共识。加强学校思想政治理论课的政治共识，体现坚持和发展中国特色社会主义的价值共识；体现思想政治理论课在引导广大师生为实现中国特色社会主义共同理想、共产主义远大理想，以及中华民族伟大复兴而奋斗的使命共识。将思想政治理论课与新时代对青年学生的要求相结合，体现思想政治理论课在引导广大青年学生遵守社会主义道德法律原则，自觉践行弘扬社会主义核心价值观的行动共识。

其次，马克思主义的指导地位体现于学校思想政治理论课全过程。马克思主义是中国共产党和社会主义建设事业的根本指导思想，是党的教育工作最鲜亮的底色。马克思主义理论品格及马克思主义阶级分析法的本质特征，不仅在于引导广大师生关注思想政治理论建构的逻辑自洽性，还要关注用理论自身推动社会向前发展的实际效果，更要善于运用马克思主义的阶级分析方法和阶级理论来观察、解剖、厘清纷繁复杂社会现象背后的利益诉求、政治倾向和价值取向，要通过理论的阶级性和思想的伟力为中国特色社会主义的伟大实践奠砌根基创造财富。

最后，党的政策意志持续、深入、不断地融入学校思想政治理论课教育教学。通过思想政治理论课教育教学，把党的建设和新中国建立、发展的历史逻辑，党带领广大人民群众不畏艰难困苦的奋斗精神，以及创造历史推动历史不断向前发展的主体力量作用展现出来。通过思想政治理论课教育教学更要有力证明，只有中国共产党才能领导中国强大起来，也只有中国共产党才能把中国人民有效地组织起来，汇聚成推动中国特色社会主义现代化强国建设的磅礴力量。

二、在质量维度上，不断创新学校思想政治理论课教育教学的内容方法

在当前社会结构深刻变革、利益格局深刻调整、信息传播技术快速发展、思想观念深刻变化的背景下，思想政治理论课质量建设面临的困难和挑战也不断增加。习近平总书记在学校思想政治理论课座谈会上的重要讲话精神，为学校思想政治理论课教育教学内容质量建设提供了鲜活素材和崭新视角。

一是将马克思主义基本原理有机贯穿到思想政治理论课教育教学。思想政治理论课教育教学重要目的在于从不同视角、维度、领域来反映和揭示马克思主义内涵、特质和精髓，如此才能更好地引导青年学生掌握运用马克思主义的立场、观点和方法。一方面，通过深刻领会马克思主义精神实质、逻辑体系和思想内涵，构建科学、系统、完整的思想政治理论课教材，使不同学段、层次、科目的课程内容既能在横向上相互补充，又能在纵向上相互衔接。另一方面，马克思主义理论必须与实践相结合的内在要求决定了思想政治理论课实践属性和本土化特征。思想政治理论课必须成为具有中国特色的理论体系、话语体系和传播体系的课程，才能更好地"在马言马、在马信马、在马研马、在马传马"。

二是不断赋予思想政治理论课新的时代内容与内涵。要将习近平新时代中国特色社会主义思想贯穿到学校思想政治理论课之中，在课程中善于从青年学生视角出发，沿着历史、理论、价值三重向度，重点将以下观点有机融入思想政治理论课教育教学。即：融入青年学生与中国特色社会主义关系的历史逻辑，融入青年学生与实现中华民族伟大复兴关系的理论逻辑，融入青年学生在实现中华民族伟大复兴中的历史机遇、价值意蕴和实践要求。

三是将思想政治理论课同最新的教育教学方式方法结合起来。要在思想政治理论课中注入鲜活案例和最新话语表达，不断更新思想政治理论课教育教学形式，把系统教学与专题教学、知识传授与思想教育、理论灌输与实践启发结合起来，充分运用网络信息传播特点，及时开设思想政治理论课"慕课"、翻转课堂和在线课堂等，积极构建以思想政治理论课为核心，以专业课程思政为辐射的新型课程体系，推动各门课程在价值引领上与思想政治理论课同向同行，形成思想政治理论课到课程思想政治教育的圈层效应。根据场景不同，灵活建设"理论学习型课堂""参与体验型课堂""网络共享型课堂"等形式多样的思想政治教育特色课堂。

三、在师资维度上，努力打造过硬的思想政治理论课教师队伍保障体系

习近平总书记在学校思想政治理论课教师座谈会上指出，"办好思想政治理论课关键在教师。"教师做的是传播知识、传播思想、传播真理的工作，是塑造灵魂、塑造生命、塑造人的工作。

首先，要进一步坚定学校思想政治理论课教师理想信念。思想政治理论课教

师只有忠于马克思主义信仰、坚定共产主义理想信念,才能在教书育人的过程中展现出自信力、说服力、感染力。坚定理想信念,客观上要求思想政治理论课教师既要深入系统学习研究马克思主义经典著作,也要认识人类社会实现从必然王国到自由王国飞跃的历史必然性、科学社会主义与中国社会发展的历史逻辑的内在统一性,更要在中国特色社会主义伟大实践中去检验、感受和领悟共产主义的远大理想。

其次,要进一步提高学校思想政治理论课教师能力素质。一是政治要过硬。要求思想政治理论课教师始终做到政治信仰坚定、政治纪律和政治规矩严格、对党绝对忠诚,对中国特色社会主义道路、理论、制度、文化充满自信,坚决维护以习近平同志为核心的党中央集中统一领导。二是道德要高尚。思想政治理论课教师首先要成为以德施教、以德立身的楷模,以自己的模范行为影响和带动青年学生。三是专业要扎实。学校思想政治理论课教师要勤于专业学习、拓宽思维视野、夯实知识储备,努力在思想政治理论课上真正做到"八个相统一"。

最后,进一步增强学校思想政治理论课教师的职业获得感。要根据思想政治理论课所在学校、所属学科和职业特征,不断激发不同年龄层次、不同学历层次、不同工作专长的思想政治理论课教师的教育教学热情和动力;引导、鼓励思想政治理论课教师积极参与校际之间的交流学习、国内外考察和社会实践,让思想政治理论课教师切身感受中国特色社会主义建设发展的伟大成就;不断改善和提高思想政治理论课教师收入、地位、待遇,关心思想政治理论课教师身心健康,使思想政治理论课教师在岗位上有幸福感、在事业上有成就感、在社会上有荣誉感,成为让人羡慕的职业。

总之,习近平总书记在学校思想政治理论课座谈会上的讲话,为思想政治理论课注入了新的活力和动能,将进一步激发思想政治理论课教师爱岗敬业、立德树人、教书育人的使命担当,为加强新时代思想政治理论课建设谱写新的篇章。思想政治理论课教师唯有坚定方向、精钻业务、展现魅力,才能与青年学生进行心灵的沟通,学生才能更有信心和收获,思想政治理论课才能实现其应有价值,才能更好地为培养德智体美劳全面发展的社会主义建设者和接班人进一步筑牢政治根基。

(社会反响:论文发表于思想政治教育领域的顶级期刊《思想理论教育导刊》。截至 2022 年 5 月 1 日,论文被引用 3 次。)

高中生价值观的新特征及对策分析——基于9省(区)6887名高中生价值观发展现状的调研

(李蔚然 李祖超 陈欣《教育研究》2018年第7期)

价值观是人们对价值和价值关系的理解和追求,是价值判断的重要尺度和标准,是价值选择和价值行动的持久动力源泉。高中生是青少年群体的重要组成部分。关注并解读现实社会中高中生的所思、所想、所言、所为,是我们全面了解和掌握高中生思想实际的必要前提。因此,探究高中生价值观发展的新特征具有重要意义。本文从影响高中生价值观发展的因素出发,从职业价值观等4个方面对高中生价值观现状进行调查。选取9省份的8410名高中生为调研对象,有效问卷共6887份。

对高中生道德价值观在两因子作用下的指标进行分析,得出以下结论:一是坚守社会主义道德规范是当前大多数高中生的选择。在对一个人取得成功的影响因素的选择上,排第一位的是"刻苦勤奋",被选率45.1%;排第二位的是"善抓机遇",被选率为39%;二者均为促使一个人成功的内部因素,其被选比例合计超过八成。而选择"贵人帮扶""家庭背景"这类影响人成功与否的外部因素的被选率分别只有6.6%、3.5%。二是屈从于非正当道德行为仍是部分高中生作为一种"手段"的倾向。被调查者在"通过打擦边球达到个人目的"的态度选择上,认为"此乃聪明之举,我肯定会这样做""不算违规违纪,我可能会这样做""属于投机取巧行为,万不得已时也会这样做"的选择频率总和达到53.2%,选择"鄙视这种行为,我坚决不这样做"的也占到46.8%。

对高中生人生价值观在两因子作用下的指标逐一分析,得出以下结论:一是"先大我后小我"是大多数高中生的人生价值评价取向。对于"位卑未敢忘忧国""先天下之忧而忧,后天下之乐而乐"这类观点,表示"非常赞同"和"赞同"的二者合计占七成。二是多样化的个人选择是高中生人生价值目标的写照。大部分高中生都将家庭幸福、诚信友善、实现个人价值视为最重要的人生价值目标。此外,爱国敬业、健康长寿、享受自由、奉献社会、开拓创新也是备受高中生重视的人生价值目标。相比之下,"成名成家"和"家财万贯"的受重视程度不高,大多数高中生并未将此视为重要的人生价值目标。

对高中生人生价值观在三因子作用下的指标逐一分析,得出以下结论:一是勤俭节约、理性消费仍是高中生消费观的主流意识。当受访者被问及对消费理念的看法时,倾向"省吃俭用,勤俭节约"人数占总人数的11.6%;倾向"长远计划,理性消费"人数占总人数的67.5%;而倾向"随心所欲,开心就好""月光一族,享受当下""超前消费,享乐为先"这三项的人数仅占总人数的20%。调查高中生对奢侈品的消费态度时,选择"追求奢侈品是缺乏自信的虚荣表现"的人数占总人数的25.1%;选择"经济条件允许会选择购买"的人数占总人数的69.1%。二是唯富为尊、金钱至上成为部分高中生的经济价值观倾向。对"拥有巨额财富是人生赢家的重要标准"的看法,选择"非常赞同"和"赞同"的二者合计人数占总人数的28.6%。

对高中生职业价值观在两因子作用下的指标逐一分析,得出以下结论:一是职业的外在价值仍然是高中生择业的主要考量因素。高中生的理想职业顺序依次是企业家、白领、教师、公务员、医生、作家或艺术家、军人、工程师、科学家、网红明星、个体户、工人、农民。当企业家成为高中生的首选,科学家排位靠后。二是稳定但注定艰辛的职业被高中生避之不及。尽管选择当教师的比例排在第三位,但选择进高校、科研院所、中小学这类单位工作,这类单位的被选率均不到6%,说明当前高中生不太愿意选择这类辛苦的职业。工程师、科学家这类以前被追捧的职业,现在都被高中生排在后面,遇冷的程度仅次于个体户、工人、农民等。

通过价值观描述性分析,我们发现新时代高中生赞同正面道德手段是获得成功的决定因素,却不放弃负面道德手段的助攻作用;人生价值的评价趋同,但人生价值目标各异;消费观念理性,但金钱观念尚不成熟;职业选择考虑的因素未变,但选择内容出现游移。如此种种,归纳起来,高中生价值观具有以下特征:

一是坚守与屈从博弈。当前高中生一方面肯定自身努力在实现道德目标中的决定性地位,不赞同"拼爹""拉关系"等打擦边球的实际功效,另一方面又表明自身在遇到实际问题时依然会选择非正当的道德手段;他们一方面未将"成名成家""家财万贯"作为人生重要的价值目标,另一方面却又认可"拥有巨额财富是人生赢家的重要标准",可见其价值观呈现一种矛盾状态,摇摆不定。当前高中生清晰地认识到实现个人价值的道德手段主要靠自身努力而非外界投机取巧,这一点值得肯定;但不少人也倾向对现实生活屈从,为达到个人目的不惜委曲求全,用自身的行为迎合社会的所谓"规则",这种微妙复杂的心态尚存,似乎两种思想分庭抗礼。

二是聚焦与离散交互。在择业问题上,高中生在考虑就业因素上仍然聚焦于社会评价、薪资福利、稳定程度与发展前景四方面,与传统的择业观相比并未有太大改变;但提及具体选择什么职业时,选项则呈离散状态。社会的发展尤其是网络新媒体的出现,衍生出一些新兴职业,例如网红、微商、酒店试睡员等,且国家倡导的"大众创业,万众创新"又吸引了部分学生加入到自主创业、投资众筹的行列中。这些新兴领域由于其本身的新奇有趣同时投资回报较快而受到部分高中生的青睐,使得既没有出现某一职业扎堆被选的极端现象,也让科学家、工人、农民等职业成了冷门中的冷门。对于新兴事物的是与非、对与错,我们不能武断评判,但是,也要看到这类行业快速的新陈代谢难以持久的事实,应帮助高中生理性应对。

三是开放与迷茫交替。当问及"对于当前网络上出现一些诋毁抹黑英雄人物、道德楷模等方面的流言,你的看法如何?"时,87.9%的高中生表示,"这是不怀好意者蓄意造谣,切莫上当受骗,信以为真。"近八成的高中生回答"什么人生价值在我心目中最有或最无价值?""我该追求什么样的人生价值?""我具备何种价值评价才算是一个有人生价值的人?"等问项时观点明朗。但也有近25％的高中生对"拥有巨额财富是人生赢家的重要标准"这一观点持不确定态度。可见,当前部分高中生对财富多寡呈现出不明朗、不清晰的认识,在高中生价值观尚未定型、仍处摇摆状态时,加以正确引导就显得尤为重要。

针对高中生价值观发展显露的深层问题,促进高中生价值观健康发展可从以下4个方面着手:

首先,以平和心态为起点,摒弃传统固化印象。从此次调研的结果看,新时代高中生价值观表现出积极主导、懒怠尚存的矛盾状况。总体看乐观向上的价值取向明显占据主流。高中生由于处在青春期,容易产生叛逆、逆反等心理,因此,对其教育引导,应以平和的心态为起点,避免激发不适的心理反应,避免出现消极心态。摒弃传统的固化印象与观念,采取积极传递正能量与鼓励为主的做法将有利于增强对该群体价值观教育的时效性。

其次,以课程更新为主导,创新教学内容与形式。高中生的德育,不仅仅限于单一的课堂教学,必须与新时代的新使命、新征程、新理念、新需要和新方法相结合。一是构建中学德育课程的衔接融合;二是打造"校园正能量",实现载体立体交叉,避免"外界负能量"的入侵;三是加强中学课程教学内容创新,开发德育新资源,使教学内容丰富多彩、鲜活生动,富有立体感;四是加强教学形式创新,创新教学方法,使学生成为课堂的主人,让真理越辩越明,使学生在讨论、辩论中明是非、长知识、受教育,避免说教,力戒灌输,达到润物细无声的效果。

再次,以净化环境为手段,分层筛选信息。网络等新媒体大众化已是不能改变的社会存在,其对高中生价值观的影响亦是褒贬不一、共生共存。一方面,网络等新媒体的快捷、便捷让高中生获取信息的渠道变得多样而生动,使教育教学更具鲜活性、趣味性;另一方面,来自网络等新媒体的低俗、恶俗、媚俗信息也对高中生价值观起着负面的荼毒作用。故而,分层筛选信息显得尤为重要。对信息类型进行分层筛选应加强网络管理,净化网络生态环境。

最后,以文化熏陶为目标,营造良好的社会氛围。将优秀中华传统文化和发展现实文化有机统一起来,塑造良好的社会文化氛围,通过耳濡目染引导高中生形成正确价值观是非常有益的。尽管当前社会上依旧存在一些消极、保守、落后、庸俗的观念、"规则"和风气,通过创新中华优秀传统文化的表现形式,让新时代的中国声音、中国方案、中国气质、中国智慧占据社会文化的主流,并使之逐渐深入高中生内心世界,定能为他们健康成长创造广阔的发展空间,提供正确的理论指导。

(社会反响:论文发表于期刊《教育研究》。截至2022年5月1日,论文被引用6次。)

高校拔尖创新人才信息素养培养现状调研与分析

（李蔚然 别雪君 沈田《当代教育论坛》2019 年第 1 期）

本文旨在了解我国高校拔尖创新人才信息素养培养的现状，弄清存在的主要问题及原因，并提出对策建议供决策及实践参考。本文中的调查研究采用随机抽样方法选取样本，在全国东中西部分省份抽样调查了 7 个省份的 27 所高校，选取全国各类高校的创新团队负责人及成员、基地班、实验班等优秀学生等作为样本，调查了解高校拔尖创新人才信息素养培养情况及问题等。调查发放 6200 份调查问卷，有效问卷 5812 份。调查内容包括调查对象的基本情况、信息意识、信息能力、信息道德情况，高校开设信息素养课程相关情况，对高校拔尖创新人才信息素养培养措施的看法及建议等。

一、调查对象的信息意识和信息能力方面

调查对象每天用于上网查找专业资料的时间。每天用于上网查找专业资料的时间在 2 小时以内的占总人数的 42.9%；2~4 小时的占总人数的 32.4%；4~6 小时的占总人数的 18.4%；6 小时以上的占总人数的 6.3%。结果表明，多数调查对象每天上网查询专业资料的时间保持在合理状态。此外，另有部分人主要通过图书馆和资料室的纸质书籍、报纸、期刊等传统媒体收集信息资料，用于网络等新媒体检索资料的时间相对较少。

调查对象对信息素养相关概念的认知度。调查对象对信息素养的概念认知度情况表明，所选各项占比差异较大。对信息检索、知识产权、信息资源、信息系统和信息犯罪比较了解，但对于信息素养、信息污染、信息论和信息生态比较生疏。可见，调查对象对信息素养相关概念认知不全面。高校拔尖创新人才对信息素养概念理应较全面了解，这表明信息素养教育有待加强。

调查对象获取专业研究及事业发展所需信息的途径。使用网络获取专业及事业发展所需信息者占总人数的 81.2%；图书馆仍然是多数人获取信息的主要途径，占总人数的 67.3%。报刊杂志、广播电视和社会调查也是获取信息较重要的途径。伴随智能手机普及程度的日益提高，利用手机获取信息日渐成为最重要的途径（占总人数的 67.7%），且呈迅速上升趋势。随着手机功能的不断拓展，手机传播信息多样化、快捷化的优势日益凸显，智能手机已成为青年人获取信息最主要的途径。

获取专业资料的网络信息平台。调查获取专业资料用什么样的网络信息平

台,81.4%的调查对象选择使用百度、谷歌等搜索引擎,可见搜索引擎的便捷与实用。选择使用CNKI中国期刊全文数据库的占总人数的63.4%;选择使用万方数据库的占总人数的38.3%;选择使用维普中文数据库的占总人数的41.1%;使用超星电子图书的,占总人数的27.5%;使用Nature、Springer等外文数据库获取专业资料的占总人数的21.9%。

二、调查对象的信息道德

有效抵御垃圾信息及有害信息的干扰:8.3%的调查对象认为自己完全有能力抵御不良信息,46.8%的调查对象认为基本能够抵御,36.7%的调查对象认为自己抗干扰能力一般,6.9%的调查对象表示基本不能抵御,1.3%的调查对象认为完全不能抵御。在信息时代,海量信息资源往往鱼龙混杂,大量垃圾信息、有害信息等通过网络、手机等途径四处蔓延。这就需要受众有正确的世界观、人生观和价值观来甄别信息。这对拔尖创新人才信息道德的要求也就显得格外重要。

引用他人具有版权的信息时明确标注。在引用他人具有版权的信息时,仅15.4%的调查对象总是标明出处,43.1%的调查对象表示多数会标注,高达32.2%的调查对象仅偶尔标注,另有5.3%的调查对象从不标注,更有4.0%的调查对象表示不知道引用具有版权的信息时需要标注。这表明高校迫切需要对学生的学术规范进行引导,也反映出部分高校学生知识产权意识不强,信息道德水准有待提高。

对网络黑客的看法。16.4%的调查对象对黑客的危害性比较清楚,认为黑客侵犯他人隐私,严重者构成犯罪行为。30.2%的调查对象认为黑客的行为破坏了互联网秩序,对社会造成不良影响。但是竟然有高达37.1%的调查对象认为,黑客很有才华,是技术高手。还有16.3%的调查对象甚至认为,黑客是促进互联网产业发展的一种推动力。这表明有相当数量的高校学生对网络黑客不仅不批评,反而从内心佩服。这是很可怕的,也预示着某种潜在的危险与威胁。

三、调查对象所在高校开设信息素养课程的情况

(1)信息素养培养课程的类型。有17.2%的调查对象所在高校开设的信息素养培养课程的形式为公共必修课,41.1%的调查对象所在高校开设信息素养培养课程形式为公共选修课。10.2%的调查对象通过在线课程学习信息素养的相关知识,大多数人反映在线课程的约束力及教学效果并不好。高达31.5%的调查对象表示没有学习过信息素养相关课程。这表明有相当数量的高校不重视信息素养课程,未开设相关课程,未将信息素养课程纳入培养计划。

(2)信息素养课程的主要内容有信息检索的基本知识、图书馆馆藏资源介绍、常用数据库的使用方法和技巧、知识产权的相关内容介绍、信息资源的利用、信息法律法规相关知识。另外,极少数高校还安排了信息评价等内容。

四、对高校拔尖创新人才信息素养培养措施的看法

(1)培养高校拔尖创新人才信息素养的关键。55.8%的调查对象认为要完善信息素养培养体系;53.5%的调查对象认为需要优秀的信息素养课程教师;47.6%的调查对象认为需要提升拔尖创新人才个人的信息素养;43.1%的调查对象认为需要与专业培养密切结合;34.7%的调查对象认为需要主管部门的重视;34.3%的调查对象认为经费投入需充足。

(2)培养高校拔尖创新人才的信息素养的方法。63.0%的调查对象认为应该分专业分层次推进,贯穿整个教育阶段;58.6%的调查对象认为用个性化、多样化的培养方法才能提升高校拔尖创新人才的信息素养;58.3%的调查对象认为应该与专业课有机结合;41.5%的调查对象认为应该与科研有机结合;27.2%的调查对象认为应该与基础课程有机结合。

高校拔尖创新人才信息素养培养存在的问题较多,调查发现主要有对信息素养及其内涵理解不深、对获取信息的途径不清楚,系统分析信息的能力不强,通过手机、网络获取的信息多为碎片化,海量信息令人真假难辨,运用信息开展专题研究的能力不强,很难利用有效信息开展创新等问题。

在加强拔尖创新人才信息素养培养方面的对策建议如下:

一是将信息素养教育与专业教育有机结合。建议分专业分层次个性化进行,并贯穿整个教育阶段,将课堂教学作为主要学习形式,学生大部分学习和研究时间在实验室和图书馆度过。结合专业教育及科研进行信息素养培养,不仅能有针对性地调动学生的积极性,而且可以激发学生的科研兴趣,从而培养其创新能力,为培养拔尖创新人才奠定坚实的基础。

二是高度重视开设信息素养培养课程。高校日益重视信息素养培养,大都开设了与信息素养培养相关的公选课和专题讲座等。就面向一般学生开设信息素养培养课程而言,多数高校基本做到了,但针对拔尖创新人才培养的信息素养课程,绝大多数高校都做得不够,有的甚至根本没有这种意识。今后各高校不仅要开设系列信息素养培养公选课,而且要作为必修课开设;要减少信息素养的"水课",全力打造一批"金课"。

三是多方改革高校拔尖创新人才的信息素养培养。培养高校拔尖创新人才信息素养需要国家、社会、高校及个人协同配合与共同努力,多方面进行改革。就政府而言,完善信息方面的法律法规,健全并创新配套制度;加强信息安全管理与教育,对网络电信诈骗从重从严打击与惩处;加大经费投入,建立高校拔尖创新人才信息素养培养平台;建立专业化的信息素养培养机构,针对不同类型的人才确立信息素养培养标准及评价细则;等等。就高校而言,将核心知识与专业成长结合,优化信息知识结构;将课堂教学与学术实践结合,培养创新思维;将信息素养课纳入专业培养计划与实施方案;将信息素养培养与专业学习及科研等有机结合;采用多种形式开展信息素养培养;提升教师的信息素养水平,加强专职队伍建设;为各类

拔尖创新人才提供个性化信息素养培养与个别咨询辅导,助其出创新成果。在网络信息泛滥、信息污染加剧的严峻形势下,提高高校拔尖创新人才的批判性思维能力尤为重要。就社会而言,提倡创办各类信息培训、交流、咨询机构,为提高高校拔尖创新人才的信息素养发挥积极作用;大众传媒机构应加强信息素养的科学普及教育,开办专题讲座、专栏研讨、专家辅导、专业咨询等,努力为提高高校拔尖创新人才信息素养营造良好氛围,加大奖励及宣传力度。就高校学生而言,要紧跟信息科技日新月异的步伐,主动制订信息素养提升计划,加强学习与更新,充分利用新媒体的功能,为提高自身综合信息素养不懈努力。

(社会反响:论文发表于《当代教育论坛》。截至2022年5月1日,论文被引用4次。)

服务学习视角下新时代我国大学生志愿服务机制优化研究

(曹阳 储祖旺《中国高等教育》2019年第3期)

当前,我国正处在由高等教育大国向高等教育强国迈进的新时代。在这样一个催人奋进的新时代里,我们必须对大学生志愿服务进行新的思考与定位,借鉴美国高校服务学习的有益的运行理念和管理模式,优化志愿服务的供给机制、保障机制,满足社会对志愿服务日益多样化的需求,进一步增强我国大学生志愿服务的实践育人功能,培养学生的奉献意识和责任意识,进一步发挥大学生志愿服务在高等教育实现"四个服务"过程中的积极作用。

一、我国大学生志愿服务与服务学习的内涵比较

(1)我国大学生志愿服务的基本内涵。大学生志愿服务是大学生不以获得报酬为目的,自愿奉献时间和智力、体力、技能等,帮助他人、服务社会的公益行为,具有志愿性、无偿性、公益性、教育性等特征。新时代大学生志愿服务要坚持为人民服务、为改革开放和社会主义现代化建设服务,充分考虑大学生多样化的发展需求,整合社会资源,规范工作流程,构建可持续发展的志愿服务长效机制。

(2)服务学习的基本内涵。美国高等教育协会在其系列丛书《学科中的服务学习》中,将服务学习定义为,学生通过有目的、有组织的服务进行学习从而获得发展的一种学习方法。它坚持学生、社区、高校互惠的育人理念,坚持服务与学习并重的育人方式,坚持课程化的育人过程。

(3)我国大学生志愿服务与服务学习之间的关系。服务学习与我国大学生志愿服务均强调学生自愿参加活动,不求回报地为社会提供服务,促进学生全面发展,实现社会和谐进步。两者的主要不同点体现在活动组织方式、保障体系、活动过程等方面。

二、新时代我国大学生志愿服务机制建设面临的挑战

目前,我国大学生志愿服务已基本构建了运行管理机制、认证与激励保障机制、文化传播机制等体系。进入新时代,大学生志愿服务机制如何满足广大人民群众对志愿服务的多样性诉求、如何落实高校立德树人的根本任务等,的确面临一系列新的挑战和问题。

(1)专业化的志愿服务运行机制有待完善。一是管理机制的行政色彩较为浓厚,较少考虑新时代大学生多样性的成长需求和期待。二是往往将志愿服务等同于"无偿服务"的高尚道德实践行为,片面窄化了志愿服务的精神内涵。三是缺少

多样化的激励机制,使得志愿服务活动缺乏持久的生命力。

(2)协同性的志愿服务供需机制有待优化。目前志愿服务需求方日益增长的志愿服务需要和不平衡不充分的志愿服务供给之间的矛盾,是造成新时代我国大学生志愿服务供需机制失调的根本原因。

(3)社会化的志愿服务保障机制比较缺乏。现行的法律法规尚未充分考虑大学生志愿服务的群体特点,高校往往担心会因此冲击学生的课堂学习,企事业单位则担心打乱自身管理进度、增加运营风险,导致志愿服务持续性不强。

三、服务学习对新时代我国大学生志愿服务机制建设的启示

(1)坚持以人为本,规范志愿服务流程。一是调研评估,选定主题。服务学习的顺利开展,充分的前期准备是基础。我国大学生志愿服务应评估学校政策、师资力量、学生需求和企事业单位情况等,确定服务的主题。二是招募甄选,人职匹配。按照志愿服务工作分工,规划岗位设定,确定岗位角色,根据大学生专业背景配置工作任务。三是培训技能,角色认同。服务学习在活动开展前进行课程化的培训,从而保证了服务活动的专业性。我国大学生志愿服务要有效利用各类开放性培训平台,系统开展志愿服务知识技能培训。四是多方参与,重视反思。服务学习支持学生、教师和社区共同设计服务项目,并通过设置反思环节,促进了服务学习的目的达成。我国大学生志愿服务应重视反思要素在整个活动过程中的价值,帮助学生将专业知识内容投射到现实情境中,洞察社会问题发生的根源。五是系统评估,考核激励。系统性评估是服务学习质量的重要保证。我国大学生志愿服务绩效考核评价可分为阶段性评价和总结性评价,并根据参与主体的实际表现,开展考核评估和激励活动。

(2)打造服务品牌,搭建供需对接平台。一是精准志愿服务品牌定位。服务学习的前期准备旨在实现服务内容与社区需求的精准对接。我国大学生志愿服务应结合志愿组织的服务能力和现有资源,与企事业单位深入合作,明确其发展需求,准确定位服务对象和服务内容,树立独特的志愿服务品牌。二是强化志愿服务品牌营销。我国大学生志愿服务可导入企业形象识别系统,设计理念识别、行为识别、视觉识别等内容,强化志愿服务品牌项目营销。二是加强供需对接平台建设。美国许多高校设立了服务学习中心或办公室,在提供和传播服务信息方面发挥了积极的平台作用。我国大学生志愿服务应结合区位优势及品牌特色,广泛建立校内外实践育人共同体,搭建志愿服务供需对接平台,提高志愿服务站点信息系统应用程度。三是提升志愿服务价值定位。越来越多的研究表明,服务学习能够帮助学生获得更强的公民责任感和相信"我能使世界变得不同"的情感。我国大学生志愿服务要注重引导学生在现实性的社会场域中观察、反思和解决社会问题,强化责任意识、规则意识、奉献意识,促使学生从志愿者向社会变革行动者的角色转变。

(3)树立互惠理念,完善社会保障机制。服务学习的最本质特征是坚持服务者与服务对象的双向互惠,也获得了高校、政府及社会的高度重视与积极参与。我国

大学生志愿服务是一项系统工程,需要全社会的共同参与。一是加强政府主导,完善国家立法保障。为鼓励青年学生参与服务学习,美国各级政府制定了系列保障性政策法案。推进我国大学生志愿服务制度化,国家立法制度要率先探索和实践,进一步界定志愿者、服务对象、志愿组织三方的法律关系和活动顶层设计,形成制度合力。二是优化高校管理,完善激励保障机制。服务学习与专业教育紧密融合,充分调动了高校配置物质资源和人力资源的积极性。我国高校要进一步加强大学生志愿服务工作总体规划、组织领导、保障管理等环节。三是发动社会力量,营造良好社会环境。1981年,里根政府曾减少了对社会公共领域包括服务学习项目的政策支持和财政预算,结果严重影响了服务学习活动的正常开展。因此,我国大学生志愿服务要采取社会化的方式募集资金、整合资源,实现学校与社会互惠互利的良性互动。

（社会反响：论文发表于《中国高等教育》。截至2022年5月1日,论文被引用19次。）

学舍协同：美国高校居学社区实践与启示分析——以威斯康星大学麦迪逊分校为例

（曹阳 储祖旺 林晨晨《思想教育研究》2021年第12期）

学舍协同是高校以学生宿舍为教育场域，在全校范围内选拔具有专业兴趣和创新潜质的本科生，整合校院领导力量、管理力量、思想政治教育力量、服务力量等组成导师团队，协同开展综合素质教育、培养拔尖创新人才的教育模式。美国高校居学社区（Living Learning Communities）作为住宿学院制发展形成的极具特色的学舍协同育人模式，无缝链接学生的课堂与生活，充分挖掘学生宿舍教育资源，实现了振兴本科教育和改善学生学习成果的目标，近年来被美国高校广泛运用。美国高校居学社区的育人实践，对我国高校开展宿舍思政、推进"一站式"学生社区综合管理模式改革具有借鉴意义。

一、美国高校居学社区演变历程

美国高校居学社区是学生事务部门与学术事务部门协同合作，通过有目的地设计宿舍教育环境，组织学生、教师和员工围绕某一教育主题共同生活、学习和工作的学舍协同育人模式。随着经济社会发展和高等教育政策变迁，美国高校居学社区呈现出从兴起到低落再到蓬勃发展的总体趋势，现已成为高影响力教育实践。

实验阶段（1927年至1932年）。1927年，美国教育学家亚历山大·米克尔约翰（Alexander Meiklejohn）组建威斯康星大学实验学院（Experimental College）。在这个两年制的学院里，第一年主要探索公元前5世纪希腊民主的根源，第二年主要研究20世纪美国面临的现实问题。实验学院取得了良好成效，不少学生进入世界顶尖大学深造。但由于治学理念与当时的大学价值观和权力结构相冲突，再加上美国严重的经济大萧条，实验学院于1932年暂时关闭。

专业化阶段（20世纪60年代至20世纪90年代）。20世纪60年代，美国高等教育大扩张带来的价值冲突和校园反叛，使高等教育治理成为主要议题，迫使高校开始注重通过优化校园环境来促进学生发展。于1932年中断的居学社区开始在部分高校重新流行，呈现出以下特征：一是注重理论流派的指导。美国教育学家亚历山大·阿斯汀（Alexander W. Astin）的"输入—环境—产出"（IEO）模型作为居学社区的重要理论基础，其具体运用体现在，社区管理人员根据学生的申请信息选拔入住成员，设计素质教育内容，创建共享生活学习空间，引导学生增强互动交流频率、时间精力投入、学习氛围感知等，提高学生的学业成绩、公民参与意识、满意度和保留率等。二是组建教育管理团队。以当时较具代表性的伊利诺伊大学"第一单元"（Unit One）为例。"第一单元"由学术主任、社区主任、办公室主管、视觉艺术指导员和学生兼职人员等构成导师团队,为居学社区发展提供了专业力量保障。三是制定功能领域和管理者的专业标准。美国高校学生事务将学生住宿列为重要功能领域,不断制定完善功能领域专业标准和管理者专业标准。不断完善的标准体系是居学社区专业化的重要标志。

普及化阶段(20世纪90年代至今)。20世纪90年代,为摆脱本科教育质量危机,美国高等教育界呼吁学生事务部门与学术事务部门共同创建无缝链接的学习环境,这促使居学社区在高校中普及开来。一是引入第三方评估,保证运行质量。自2001年起,在美国国家科学基金会(NSF)、国际高校住宿部门联盟(ACUHO-I)和美国学生人事管理者协会(NASPA)等资助下,组建由马里兰大学艾克拉斯(Inkelas)教授领衔的研究团队,持续发布全美高校居学社区调查报告(NSLLP),评估居学社区对本科生学业、社交等的影响机理和改善举措,以不断提高运行质量。二是简化类型划分,实现规范化发展。为了实现居学社区规范化运行,一些学者专门建构居学社区的概念类型学。居学社区类型划分的不断简化,增强了居学社区跨机构跨地域的可比性,进而促进教育实践的创新发展。三是依托专业协会,促进教育模式全球化推广。居学社区紧紧依靠国际高校住宿部门联盟、美国学生人事管理者协会和美国大学人事协会(ACPA)等专业协会,举办系列活动,出版学术期刊,增强学舍协同育人模式的全球影响力。

二、威斯康星大学麦迪逊分校居学社区案例分析

威斯康星大学麦迪逊分校(以下简称麦迪逊分校)作为现代居学社区发源地,已形成较为完善的实践范式,在美国高校居学社区中具有代表性和典型性。本文作者曾实地调查麦迪逊分校居学社区,以期进一步厘清美国高校居学社区的微观运行机制。

一是主题类型丰富多样。目前,麦迪逊分校共组建11个居学社区,分为新生融入类型、兴趣发展类型、专业发展类型、实践发展类型等四种类型。二是学分课程与人才培养目标协同。麦迪逊分校居学社区提供1~3个不等分值的学分课程,授课形式包括圆桌会议和研讨会分享,具有课程种类丰富、课程内容针对学生发展需求、课程目标融合育人使命等特点。三是整合校内外教育资源打造特色活动。麦迪逊分校居学社区与威斯康星大学系统、企业、社区和政府合作,围绕主题举办特色活动。四是多部门协同管理。麦迪逊分校居学社区设有教学主任、教学研究员、社区协调员、区域协调员、宿舍生活协调员和同伴导师等。

三、美国高校居学社区的实施成效与面临挑战

实施成效:一是促进学生全面发展健康成长。居学社区实行跨学科培养体系,通过师生之间有意义的交往互动,改善了学生的饮酒行为、思乡情绪以及第一代大学生的大学过渡问题等。二是提升教职工队伍综合素质。教师能够通过非正式、

多维度的方式更加全面地了解学生,积累的团队合作式教学经验也有利于创新教学策略。员工则更有可能担任社区顾问(66.43%)或获得参加专业会议演讲机会(38.57%),强化业务素养。三是创新高影响力教育实践。历次全美高校居学社区调查报告表明,居学社区已成为协同育人的良好教育工具,被美国学生参与调查(NSSE)确定为本科教育高影响力实践之一。

面临挑战:一是多元化资源保障机制不健全。居学社区不平衡不充分的保障机制,难以满足师生日益增长的多元化发展需要。二是专业化教职工队伍不稳定。居学社区教职员工通常身兼数职、工作强度大,如何激发教职工的内在动力是推进居学社区长远发展的突出瓶颈。三是高期望给学生带来高压力。访谈得知,居学社区给学生带来更低的辍学率、更高的毕业率和教育期望,但也带来更大压力。

四、启示

一是树立学舍协同育人理念。融合学生宿舍环境与学习环境,改善学生学习效果和公民参与的情感、态度和价值观,是美国高校居学社区的核心教育理念。我国高校要重视开发学生生活场域的教育功能,打破学生生活环境与教育场所的藩篱,将学舍协同育人理念纳入人才培养体系,打造主体多元、运行专业、保障有效、开放共享的学舍协同育人格局。

二是构建跨学科教育机制。美国高校居学社区构建跨学科教育的实践范式,实现了培养高素质创新型人才目标。我国高校既要改变宿舍管理与学生教育融合度不高、第三课堂与其他课堂衔接性不强等现状,也要防止宿舍教育演变为学生工作的简单延伸,围绕思想引领、价值引领和特色主题教育,融合跨学科教育教学内容,合理打造不同专业课堂和学生宿舍园区有机融合的育人环境,满足学生个性化发展需求。

三是提高宿舍教育专业化水平。美国高校居学社区依靠专业协会,已成为专业化的学生事务领域,但也面临着导师队伍不稳定等困境。我国高校因此要完善宿舍教育的跨组织领导体系架构,健全多元化资源保障机制,积极吸纳不同学科背景的骨干教师自主提供课程内容,选拔任用一批专兼职宿舍管理队伍。此外,还要协同开展宿舍教育相关理论研究,制定完善宿舍教育的专业标准、道德标准和实践指南。

(社会反响:论文发表于《思想教育研究》。截至2022年5月1日,下载量170余次。)

马克思主义中国化

> 科技创新与绿色发展的关系——兼论中国特色绿色科技创新之路
>
> （黄娟《新疆师范大学学报（哲学社会科学版）》2017年第2期）

科技创新、绿色发展是两大发展新理念，其统一贯彻须科学地认识二者之间的辩证关系。创新是引领发展的第一动力，绿色是永续发展的必要条件，科技创新与绿色发展紧密相关。目前，一些学者探讨了科技创新与生态文明的关系，不少学者研究了绿色科技、生态科技、绿色技术等问题，但研究科技创新与绿色发展关系的成果不多，探讨中国特色绿色科技创新道路的成果更少。本文主要探讨了科技创新与绿色发展的关系，在提出并探讨绿色发展科技化与科技创新绿色化的基础上，分析并探讨了推进中国特色绿色科技创新需要开展的主要工作。

一、科技创新是绿色发展的根本动力

绿色发展就是要解决人与自然和谐发展问题，走一条生态优先的绿色发展新路，通过生态绿色化、生产绿色化、生活绿色化，走向生态文明新时代。绿色发展需要依靠科技创新的引领与支撑，唯有依靠科技创新才能为绿色发展提供根本动力。

第一，科技创新是生态绿色化的动力。科技创新驱动资源节约、污染防治与生态保护。具体而言，科技创新是我国实行能源和水资源消耗、建设用地等总量和强度双控行动，推进我国节能型、节水型、节地型社会建设的根本动力。同时，科技创新在解决环境污染问题、建设环境友好型社会中发挥着重要作用。此外，科技创新还是保护生态、建设生态良好型社会的重要支撑。

第二，科技创新是生产绿色化的动力。科技创新支撑绿色生产、产业优化与绿色产业。具体而言，绿色发展要求形成绿色生产方式，科技创新则是推动绿色生产的重要支撑。同时，依靠科技创新、提高科技含量是解决产业结构落后的重要举措。此外，构建绿色产业新体系必须依靠科技创新驱动。

第三，科技创新是生活绿色化的动力。绿色消费、绿色出行与绿色居住依靠科技创新。具体而言，科技创新是绿色消费的根本动力，在满足人民群众绿色消费方面发挥了积极作用。同时，绿色生活就要绿色出行，绿色出行需要绿色交通。绿色交通相关的科技创新与推广,必将使人们的绿色出行愿望得到更好满足。此外,绿色生活需要绿色居住,绿色居住依赖绿色建筑。建筑科技的绿色创新,一定可以为绿色建筑建材推广、确保人们绿色居住提供有力支持。

二、绿色发展是科技创新的重要方向

绿色发展对科技创新提出了新要求,贯穿于科技创新各方面与全过程,规范和制约科技创新的方向与使命。绿色发展要科技化,科技创新也要绿色化,作为两者最佳结合的绿色科技,正在成为生态文明新时代科技发展的新形态。

第一,科技创新对绿色发展具有双重效应。科学技术是一把双刃剑,科技创新与成果应用正负效应并存。科学技术的双刃剑效应也表现在对生态的正负影响上,既有助于资源、环境、生态问题的解决,也可能成为资源、环境、生态问题的制造者。高新技术不等于绿色环保技术,要警惕其对生态的可能负面影响。

第二,面向绿色发展是科技创新发展的方向。面对科技的双刃剑效应,学术界形成了两个不同学派:科技悲观主义与科技乐观主义。两派的观点与主张各有合理性与局限性,我们不能因科技应用的局限性而因噎废食,也不能因科技应用的合理性而盲目乐观。不是科技进步必然导致生态危机,而是缺乏正确导向的科技创新带来了全球灾难。因此,科技创新一定要有正确的社会导向与价值追求。绿色发展是引领人类可持续发展的重要理念,是加快推进生态文明建设、走向生态文明新时代的根本途径。

第三,绿色科技创新是当今世界大势所趋。绿色科技革命是科技发展的新趋势。绿色科学技术是生态文明新时代的新形态。绿色科技创新是当今世界科技发展的新潮流。

三、中国特色绿色科技创新道路的思考

我们应根据《中共中央国务院关于加快推进生态文明建设的意见》《国家创新驱动发展战略纲要》《"十三五"国家科技创新规划》等重要文件要求,在借鉴国内外绿色科技创新先进经验的基础上,积极探索中国特色社会主义绿色科技创新之路,努力将我国建成绿色科技大国与绿色科技强国。

第一,树立绿色科技创新理念。即从工业文明科技观转向生态文明科技观,重点树立绿色生态科技创新、绿色生产科技创新、绿色生活科技创新,绿色科学技术是第一生产力、绿色科学技术是第一生态力、绿色科学技术是第一生活力,以及绿色科技自主创新、绿色科技创新教育、绿色科技协同创新等一系列新理念。

第二,明确绿色科技创新任务。我们可以根据生态、生产、生活要求布局绿色科技创新任务。避免重生态、生产科技创新,轻生活、消费科技创新,以及绿色生态科技中重环境科技创新,轻资源、生态科技创新;绿色生产科技中重高新产业科技创新,轻传统产业科技创新;绿色生活科技中重绿色出行、居住科技创新,轻日常生

活绿色消费科技创新等问题。照顾到"三生"各自内部的科技创新,如绿色生态科技领域,要有资源科技、环境科技、生态科技的创新,还要有促进绿色生态、绿色生产、绿色生活和谐共赢的科技创新。

第三,推动绿色科技协同创新。由于绿色科技涉及众多领域和部门,需要政府、企业、高校与科研院所等多方合作,努力实现"政产学研"或"官产学研"一体化。其中,政府起引导者作用,引领绿色科技创新方向及其成果转化;高校与科研机构起主力军作用,根据绿色发展需求开展绿色科技自主创新;企业要按照绿色发展要求组织研发、生产、营销活动,实现绿色科技创新产业化。

第四,加大绿色科技创新投资。与一般科技创新相比,绿色科技创新成本高、风险大,需要投入更多的资金。加大我国绿色科技创新投资,要充分发挥政府投资的杠杆撬动作用,鼓励企业增加绿色科技投资,发挥社会投资、民间投资作用,而且更要管好、用好绿色投资与绿色资金,使其在绿色科技创新中发挥最大效益。

第五,建设绿色科技创新队伍。人才是绿色科技创新的关键因素,建设绿色科技人才队伍要求转向生态文明教育、绿色科技教育,把绿色科学精神、绿色创新思维、绿色创造能力、绿色社会责任的培养贯穿于教育全过程。当然,我们也可以采取直接移民、项目合作、相互交流、联合办学等方式引进海外绿色科技人才,吸引国外绿色科技人才服务于我国绿色科技创新事业。

从上述分析可知,科技创新与绿色发展之间关系密切,科技创新需要坚持绿色发展方向,绿色发展需要依靠科技创新驱动。这就要求我们,无论是理论研究还是实际工作,都应共同推进两大发展理念,绿色发展与科技创新不能顾此失彼。当前,我国要重点推动绿色科技创新,积极发挥绿色科技创新驱动作用。为此,我们应以树立绿色科技创新理念为先导,以明确绿色科技创新任务为核心,以推动绿色科技协同创新为重点,以加大绿色科技创新投资为关键,以建设绿色科技创新队伍为保障,探索一条中国特色的绿色科技创新之路。

(社会反响:论文发表于《新疆师范大学学报(哲学社会科学版)》。截至 2022 年 5 月 1 日,论文被引用 70 次。)

"五大发展"理念下生态文明建设的思考

(黄娟《中国特色社会主义研究》2016年第五期)

生态文明建设,是中国特色社会主义"五位一体"总体布局的重要组成部分,美丽中国梦是中国梦的有机构成与重要基础,需要融入经济建设、政治建设、文化建设、社会建设,形成人与自然和谐发展的现代化新格局,走向社会主义生态文明新时代。基于此,本文提出在创新、协调、绿色、开放、共享"五大发展"理念下,生态文明建设应该坚持绿色创新、绿色协调、绿色发展、绿色开放、绿色共享理念,并分析探讨了五大绿色发展新理念在生态文明建设中的地位与作用、主要内容以及问题与对策。

一、绿色创新:生态文明建设的第一动力

发展是解决各种问题的关键,面对经济社会发展动力不足,必须实施创新驱动发展战略。这是因为,在经济结构、技术条件没有明显改变的条件下,资源安全供给、环境质量提升、温室气体减排等约束强化,将压缩经济发展空间。建设生态文明,必须紧紧依靠绿色科技、绿色产业、绿色制度创新,走出一条生态优先的绿色创新发展之路。

第一,绿色科技创新是第一驱动力。引领经济新常态必须把创新摆在核心位置,将创新作为引领经济发展的第一动力,从依靠低成本要素驱动转向创新驱动轨道,充分发挥科技创新,尤其是绿色科技创新,在全面创新中的引领作用。

第二,科技创新驱动绿色产业创新。只有依靠绿色科技创新,抢占绿色科技创新制高点,才能开辟新的绿色产业方向,建立起绿色产业创新体系,进而赢得绿色发展竞争的新优势。

第三,制度创新保障绿色科技创新。绿色科技创新驱动绿色产业创新,最根本的是要破除体制机制障碍,建立健全一系列相关制度,包括科技创新体制、科技创新能力、科技成果转化制度与人才培养制度等。只有改革现有制度、创新制度,才能为绿色科技创新支撑绿色产业发展提供重要保障。

二、绿色协调:生态文明建设的内在要求

协调是持续健康发展的内在要求,发展必须均衡而不能失衡或失调。当前,我国生态文明建设中也存在城乡不协调、区域不协调,以及物质与精神不协调等问题,严重影响了美丽中国的整体性发展。建设生态文明必须坚持城乡一体、区域协同、物质与精神并重,通过加强薄弱环节与落后领域建设,来增强美丽中国的发展

后劲,走出一条生态优先的绿色协调发展之路。

第一,推动城乡之间绿色协调发展。美丽中国由美丽城市与美丽乡村共同构成,建设美丽中国必须实现城乡一体化发展。只有推动新型城镇化与新农村建设双轮驱动,美丽乡村与美丽城市互促共进,实现各美其美、美美与共,才能既让城市生活更加美好,也让乡村生活更加向往。

第二,促进不同区域之间绿色协调发展。我国区域发展极不协调,建设生态文明就是要缩小地区发展差距、推动区域协同共同发展。当前要深入推进西部大开发,大力推动东北地区等老工业基地振兴,促进中部地区崛起,支持东部地区率先发展,加快实施"一带一路"建设,以及京津冀协同发展、长江经济带三大区域协同发展的新战略。

第三,坚持物质文明与精神文明之间绿色协调发展。建设生态文明,既要发展绿色经济,有相应的物质文明做基础;也要发展绿色文化,有一定的精神文明引领。提高绿色文化与精神文明水平,推动绿色经济与绿色文化共同发展,可以有效减轻资源环境生态压力,满足人们日益增长的绿色文化精神需要。

三、绿色发展:生态文明建设的根本途径

建设生态文明的关键是要处理好绿水青山与金山银山的关系,这就要求我们节约能源资源、防治污染、保护生态,构建有利于资源环境的绿色生产方式与绿色生活方式,努力实现人们生产生活与自然资源环境的和谐发展,走一条生态优先的绿色生态、绿色生产、绿色生活和谐共赢的绿色发展道路。

第一,保护绿色资源环境生态。绿色是永续发展的必要条件。必须加大绿色生态环境建设力度,在补齐生态环境短板上取得重大进展,包括资源绿色化、环境绿色化与生态绿色化。

第二,发展绿色生产,构建绿色产业。建设生态文明需要引导传统生产方式转向绿色生产方式,推动生产活动、生产方式、产业结构绿色化,构建资源消耗低、环境污染少、生态破坏弱的绿色生产方式和绿色产业结构。

第三,构建绿色生活方式消费模式。不同生活方式与消费模式是影响资源环境的一个重要因素。因此,建设生态文明必须改变每个人的生活方式,构建节约资源保护环境的绿色生活方式和消费模式,重点鼓励人们绿色出行、绿色居住、绿色消费。

四、绿色开放:生态文明建设的重要条件

开放是国家繁荣发展的必由之路,开放发展就是要解决发展的内外联动问题,绿色开放就是与生态文明建设相关的开放。丰富开放的绿色内涵,推动"一带一路"倡议的绿色合作,承担国际生态责任,走出生态优先的绿色开放发展之路,是提高我国生态文明建设水平的必由之路。

第一,丰富对外开放的绿色内涵。绿色发展是当今世界各国的共同选择,建设

生态文明应立足中国放眼世界,树立全球性的生态绿色视野,实施互利共赢开放战略,发展开放型绿色低碳经济。坚持绿色内需与绿色外需协调、绿色进口与绿色出口平衡、绿色引进来与绿色走出去并重、绿色引资和绿色引技、绿色引智并举,将有力推进我国生态文明建设历程。

第二,推动"一带一路"倡议的绿色合作。建设生态文明,需要加强与"一带一路"建设相关国家在资源能源、生态环境领域的合作共赢。要以绿色发展理念为思想引领,将绿色环保、绿色发展理念融入"一带一路"建设中。

第三,主动承担国际绿色生态责任。建设生态文明是应对气候变化、树立负责任大国形象的重要举措,是中国"为全球生态安全作出新贡献"的庄严承诺。近年来,中国正在承担越来越多的大国责任,在全球绿色发展方面起着重要引导作用。今后,我国要继续勇于承担生态责任,除了做好已有工作外,还须掌握国际绿色发展规则制定的主导权,尽可能维护和争取发展空间;积极参与深海、极地、空天等新领域国际规则的制定。

五、绿色共享:建设生态文明的根本目的

共享发展就是要把增进人民福祉作为一切工作的出发点和落脚点,让广大人民平等参与现代化进程的同时共同分享现代化成果。近年来,资源、环境、生态领域的不公平现象、不公正问题越来越突出,绿色共享就是要解决与这些问题相关的社会公平正义问题,实现生态文明建设成果人人共享,这也是我国建设生态文明的根本目的。

第一,增加生态环境基本公共服务。增加公共服务供给是坚持共享发展、促进社会公平正义、增进人民福祉的重要途径。绿色共享要求坚持绿色惠民,为人民生产并提供更多优质生态产品,增加生态环境基本公共服务供给,让良好生态环境成为提高人民生活质量的增长点。与此同时,重点要增加广大乡村地区、西部落后地区以及广大弱势群体的生态环境基本公共服务,从而缩小城乡、区域、群体之间环境基本公共服务差距,实现环境保护基本公共服务全覆盖。

第二,探索生态扶贫绿色脱贫模式。环保与贫困是全面建成小康社会的两大短板,必须将扶贫开发同环境保护结合起来,积极探索生态扶贫模式与绿色脱贫道路,主要包括绿色产业扶贫、生态搬迁扶贫和生态保护扶贫。

第三,建设生态文明的健康中国。人民健康与生态文明、健康中国与美丽中国紧密相关。大力推进生态文明建设、加快生态文明建设步伐,为广大人民提供良好生产生活环境是确保人民群众身心健康的重要基础。食品安全是健康中国的重要内容,只有建设生态文明、实现绿色发展才能保障食品安全。健康中国也离不开人口健康发展。建设生态文明,就要建设一个人口均衡型、资源节约型、环境友好型社会。

(社会反响:论文发表于《中国特色社会主义研究》。截至2022年5月1日,论文被引用41次。)

社会主义核心价值观的生态维度——生态文明新时代的核心价值观

（黄娟《思想教育研究》2015年第2期）

一个民族、一个国家的核心价值观，必须同这个民族、这个国家的历史文化相契合，同这个民族、这个国家的人民正在进行的奋斗相结合，同这个民族、这个国家需要解决的时代问题相适应。建设生态文明现代化中国，走向社会主义生态文明新时代，需要从生态维度解读我国社会主义核心价值观，为其注入生态文明新元素，形成生态文明新时代的社会主义核心价值观。目前，学术界虽从不同维度对社会主义核心价值观展开了大量研究，但从生态维度来解读的成果很少。本文试从国家、社会、个人层面对社会主义核心价值观进行生态解读，希望能为丰富与深化社会主义核心价值观研究、培育和践行社会主义核心价值观提供新的视角与思路。

一、生态国家：国家价值观的生态维度

绿色文明所要着重解决的是追求目标的转型。生态文明新时代的国家价值观应该包括生态富强、生态民主、生态文明、生态和谐，其最终目标是要建设生态文明的国家（即生态国家）。

第一，生态富强是富强的生态维度。生态富强是经济富强的根本基础，生态富强就是最好的经济富强。因此，生态富强是国家富强的重要内容。我们必须坚持以绿色发展为第一要务、以发展绿色经济、低碳经济、循环经济等生态经济为中心，使经济富强建立在生态富强的基础上，实现生态富强与经济富强的可持续发展。

第二，生态民主是民主的生态维度。现代民主的一大缺陷就是生态向度的缺位，生态环境的破坏在一定程度上就是民主问题的一种表现。生态民主已经成为我国民主政治建设的新目标和新追求。我们必须大力推进生态民主进程，既要保障人人享有清洁空气、洁净水源、安全食品以及各种绿色福利的权利，更要确保人民拥有生态知情权、生态参与权、生态监督权、生态决策权。

第三，生态文明是文明的生态维度。人类必须实现文明与文化的生态转向，文明的生态转向就是生态文明，这是生态与文明的相互融合；文化的生态转向就是生态文化，这是生态与文化的有机结合。建设中国特色社会主义、实现中华民族伟大复兴，必须走生态美丽、生产发达、生活美好的生态文明发展道路。

第四，生态和谐是和谐的生态维度。面对越来越突出的生态民生、生态社会问题，我们必须将生态文明建设与民生建设、社会建设结合起来，将生态文明理念融入到民生建设、社会建设中，高度重视生态民生建设、生态社会建设，使生态和谐成为社会和谐、和谐社会建设的新动力。

二、生态社会:社会价值观的生态维度

生态文明新时代的社会价值导向,应该包括生态自由、生态平等、生态公平、生态法治,四者共同构成了生态文明新时代的社会价值观的重要内容。我们要建设的是生态文明的社会,即生态社会,因而生态社会价值观是我国建设生态社会的核心价值观。

第一,生态自由是自由的生态维度。我们必须尽快走出人与自然对立的工业自由,努力走向人与自然和谐的生态自由。生态自由就是人与自然相统一的自由,是克服了人与自然根本性对立而生成的自由。

第二,生态平等是平等的生态维度。生态文明新时代的平等应该包括人与人的生态地位与权益平等,即在生态领域内实现人与人的平等,确保人民群众平等共享生态文明改革与建设成果。走向生态文明新时代还必须包括人与自然的平等,因为:生态文明的本质就是强调人与自然的平等。人,既生活在社会中也生活在自然中,没有人与自然的平等就谈不上人与人的平等。

第三,生态公正是公正的生态维度。实现生态公正,既要确保农村地区、落后地区、弱势群体的生态利益,努力实现代内生态公正;也要提倡当代人绿色生产与绿色消费,努力实现代际生态公正,确保人类社会可持续发展。

第四,生态法治是法治的生态维度。生态法治,就是国家借助法治手段调节人们之间的生态利益、生态关系,以及人与生态关系的法治过程。生态法治建设的不断完善将为我国走向生态文明新时代提供重要法律保障。

三、生态公民:个人价值观的生态维度

生态文明新时代的个人价值观应该包括生态爱国、生态敬业、生态诚信、生态友善,分别是社会公德、职业道德、人际美德、个人品德的生态体现。因此,培育生态价值观,培养更多生态公民,是生态文明新时代对公民道德行为的新要求。

第一,生态爱国是爱国的生态维度。在生态安全深刻影响国家安全的背景下,生态文明理念必须融入爱国主义,爱国主义必须融入生态文明的内容,具体行动包括节约自然资源、保护生态环境,热爱祖国的大好河山,爱护祖国的绿水青山,为实现美丽中国梦作出贡献。

第二,生态敬业是敬业的生态维度。生态敬业精神不仅是相关行业职工的职业道德要求,做到"干"生态文明、"爱"生态文明、"钻"生态文明,为切实解决影响群众生产生活的突出环境问题作出应有贡献;而且也是我国所有生产劳动者的职业道德基本要求,形成节约资源、保护环境的绿色生产与劳动方式。

第三,生态诚信是诚信的生态维度。建设生态文明、走向生态文明新时代,要求我们不仅要对他人讲诚信,也要对自然讲诚信。生态诚信就是把诚信从人际扩展到种际,就是人对自然诚实无欺的态度和行为准则。

第四,生态友善是友善的生态维度。生态文明新时代的友善,既包括善待自己,又包括善待他人和社会,还包括善待自然,只有人、自然、社会的友好相处才能构建和谐社会。其中,善待自己可以形成和谐的身心关系,善待他人可以形成和谐的人际关系,善待社会可以形成和谐的社会关系,善待自然可以形成和谐的生态关系。

我国社会主义核心价值观与生态文明紧密相关,需要放在一起思考并一起推进。本文站在生态文明新时代高度,这样来解读社会主义核心价值观:生态富强、生态民主、生态文明与生态和谐是国家价值观的生态维度,其目的是建设生态国家;生态自由、生态平等、生态公平与生态法治是社会价值观的生态维度,其目的是建立生态社会;生态爱国、生态敬业、生态诚信和生态友善是个人价值观的生态维度,其目的是培育生态公民。这就回答了我们要建设什么样的生态国家、什么样的生态社会、什么样的生态公民。生态文明核心价值观是我国建设生态文明、实现美丽中国梦、走向生态文明新时代的重要思想基础和精神动力。

(社会反响:论文发表于《思想教育研究》。截至 2022 年 5 月 1 日,论文被引用 27 次。论文发表后,被人大报刊复印资料《中国特色社会主义》2016 年第 4 期全文转载。)

"我国发展仍然处于重要战略机遇期"：判断依据和应对理路

（郭关玉 高翔莲《中州学刊》2021年第9期）

对中国发展环境做出全局性和根本性的判断，是中国共产党（以下简称党）制定发展战略和发展目标的前提条件。党的十六大首次提出，二十一世纪头二十年中国发展处于重要战略机遇期。党的十九届五中全会再次明确："当前和今后一个时期，我国发展仍然处于重要战略机遇期，但机遇和挑战都有新的发展变化。"那么，党的十九届五中全会判断中国仍然处于重要战略机遇期的依据是什么？与二十一世纪头二十年重要战略机遇期相比，新的重要战略机遇期到底发生了哪些变化？中国又该如何继续利用好新的重要战略机遇期全面建设社会主义现代化国家？弄清楚以上问题，对我们"准确识变、科学应变、主动求变，善于在危机中育先机、于变局中开新局"具有重要意义。

一、判断依据

判断中国发展仍处于重要战略机遇期，基于以下事实：

第一，中国仍具有和平的发展环境和广阔的发展空间。一方面，世界多极化趋势更加明显，中国仍具有和平的发展环境。世界百年未有之大变局的逻辑起点和主要表现是，世界力量对比越来越呈现出"东升西降"态势，多极化趋势越来越明晰。世界多极化将更加有效地制约霸权主义和强权政治，维护世界和平。另一方面，推动中国经济发展的动能依然强劲，中国仍具有广阔的发展空间。这是因为，中国拥有全球最大、最有活力的消费市场。中国拥有全球最齐全的产业链，仍然具有出口竞争优势。而且，中国通过深化供给侧结构性改革、推动经济高质量发展等举措，收到了显著成效。因此，恰如习近平总书记所言，经济新常态"没有改变我国发展仍处于可以大有作为的重要战略机遇期的判断"。

第二，中国拥有抓住重要战略机遇期的强烈意识。党一直高度重视抓住重要战略机遇期，以实现社会主义现代化和中华民族的伟大复兴。党的十八大以来，以习近平同志为核心的党中央一如既往地重视抓牢重要战略机遇期。2017年10月，习近平在党的十九大报告中号召全党抓住重要战略机遇期，团结带领全国各族人民决胜全面建成小康社会。强烈的战略机遇期意识推动全党和全国人民接续奋斗，最终克服全球经济危机和新冠肺炎疫情肆虐等多重挑战，如期完成了2020年全面建成小康社会的奋斗目标。也正是因为具有强烈的战略机遇期意识，党的十九届五中全会又提出再抓住新的重要战略机遇期，开启全面建设社会主义现代化国家新征程。

第三,中国拥有抓住重要战略机遇期的能力和实力。首先,党同时具备强有力的领导能力和凝聚能力。党强有力的领导能力,源自于党持之以恒地加强自身建设和自我革命,使自身学习本领、政治领导本领、改革创新本领、科学发展本领、依法执政本领、群众工作本领、狠抓落实本领和驾驭风险本领均得到稳步提升。党不断增强的执政本领和领导能力是中国能够抓住新的重要战略机遇期的最关键因素和最可靠保障。党坚守共同富裕的社会主义本质,秉持共享发展理念,故能调动全国人民的主人翁精神。其次,中国具备强大的综合实力基础。经过中华人民共和国建立以来七十余年的发展,中国已经具备了抓住全面建设社会主义现代化国家重要战略机遇期的实力基础。

二、新机遇和新挑战

建设社会主义现代化强国的新机遇。在二十一世纪头二十年重要战略机遇内,中国迎来的是"求富"机遇。而在新的重要战略机遇期内,中国获得的是"求强"机遇。一方面,这是中国自身不断向前发展的逻辑结果。"强起来"以"富起来"为基础,又是对"富起来"的质的跃升。在新的重要战略机遇期,中国将站在"强起来"的起跑线上,奔向建设社会主义现代化强国新目标。另一方面,这是西方发达国家相对衰落的必然结果。"强起来"也是指中国在硬实力和软实力上都成为世界领先国家。总体看来,西方的相对衰落为中国更加快速地走近世界舞台中央、建设社会主义现代化强国提供了历史契机。

第四次科技革命为发展带来新动能。全面建设现代化国家重要战略机遇期刚好处于第四次科技革命浪潮中。以信息技术、生物技术、新材料技术和新能源技术为核心的第四次科技革命成果,引发了以绿色、智能、泛在为特征的群体性技术革命。信息技术的运用不仅能大幅提高经济社会发展效率,而且能有效缓解我国劳动力短缺的难题和减轻发展对资源和环境的压力。第四次科技革命为我国解决资源能源短缺和劳动力不足的痛点提供了有效的技术支撑和应对方案。第四次科技革命将为中国全面建设社会主义现代化国家提供新的强大动能。

中美矛盾升级和世界经济复苏困难给中国带来新挑战。在政治方面,中美结构性矛盾凸显。尽管中国一直坚持走和平发展道路,但是美国"认定"社会主义中国一定会通过武力挑战其霸主地位,两国必然会陷入到"修昔底德陷阱"。美国从2016年开始明确将中国定位为竞争对手。即便以后美国政府调整对华政策,也不可能改变视中国为竞争对手和敌视中国的主基调。在新的重要战略机遇期,中国必须面对世界经济在较长时间内都比较困难的现实。

三、应对理路

辩证看待机遇和挑战。中国要成功抓住战略机遇期,必须坚持辩证思维,用普遍联系和永恒发展的眼光来看待重要战略机遇期内所面临的机遇和挑战。首先,全面认识重要战略机遇内的机遇和挑战。必须一分为二地分析问题,既看到"机"中藏"危",又看到"危"中育"机",既不盲目乐观,又坚定必胜信心。其次,必须用联系的眼光看问题,既积极创造条件使机遇变为现实,又尽全力促进挑战向机遇转化。最后,清醒认识重要战略机遇期内机遇和挑战的不断变化。用发展的眼光看问题,始终保持与时俱进的心态,及时精准识别各个阶段的新机遇和新挑战,并有针对性地采取新的应对方略。

抓住重要战略机遇期,必须提升两种意识和两种能力。一方面,必须同步提升机遇意识和风险意识。即由经济大国迈向经济强国、由科技大国迈向科技强国的机遇意识;中国道路、中国制度、中国理论和中国文化国际认同度提升的机遇意识;构建新型国际关系和人类命运共同体的机遇意识;中国对外经济合作环境较长时间得不到改善的风险意识;西方国家结盟对中国施压的风险意识;传染性疾病和全球气候变暖等非传统安全威胁影响全球安全和发展的风险意识。另一方面,还必须同步提升抓住机遇和应对挑战的能力。包括:科学谋划,打有准备之仗的科学决策能力;坚持党的集中统一领导,确保党能总揽全局、协调各方的行动协调能力;敢于斗争,又要善于斗争,防范和化解重大风险和挑战的能力;为建成社会主义现代化强国提供安全保障和动能源泉的科技自主创新能力。

统筹国内和国际两个大局。在抓住新的重要战略机遇期过程中,中国必须继续坚持统筹国内和国际,做到国内和国际双向用力。首先,同步推进平安中国建设和世界共同安全。在国内继续推进平安中国建设,继续保持国内的安全与稳定;同时,在国际上加强国际安全合作,促进世界共同安全。其次,同步推进国内高质量发展和世界共同繁荣,促进国际国内双循环。再次,同步推进国内文化强国建设和世界文明互鉴互荣。在国内毫不动摇地坚持马克思主义的指导地位,建设文化强国,同时推进世界文明的互鉴互荣。最后,同步推进美丽中国建设和世界环境保护工作。在国内需要继续秉持"两山"理论,深入推进生态文明建设,持续推进美丽中国建设;同时,在国际上要积极推进世界环境保护工作,为构建清洁美丽的地球家园作出更大贡献。

(社会反响:论文发表于《中州学刊》。截至 2022 年 5 月 1 日,下载量 1300 余次。)

共享发展：中国特色社会主义的本质要求

（郭关玉 高翔莲《社会主义研究》2017 年第 5 期）

共享发展，是指"让广大人民群众共享改革发展成果"，以便形成发展为了人民、发展依靠人民的良性循环，最终实现共同富裕。习近平总书记指出，坚持共享发展，"是社会主义的本质要求"。中国特色社会主义的本质要求到底包括哪些具体内容？共享发展又是如何体现或回应这些本质要求的？弄清楚以上问题，对于深入理解和贯彻落实共享发展理念具有十分重要的意义。

一、共享发展的基本内涵

共享主体是全体人民。共享发展是要在提升人民整体共享水平的同时，精准且较大幅度地提升贫困人群和弱势群体的共享水平。既要重点关注、帮助暂时还未进入小康社会的群体实现小康，又要扩大中等收入阶层的发展空间并继续保护高收入人群的合法利益。

共享客体是全面共享。习近平明确指出，共享发展是要实现"全面共享"。全面共享之"全面"，首先指人民要共享国家经济、政治、文化、社会和生态各方面的建设成果。

实现途径是共建共享。共享发展是"追求发展与共享的统一"。一方面，有共建才有共享，要以发展为基础，实现发展水平与共享水平的同步提升。另一方面，共享是发展的目的、归宿和动力源泉。共享发展不仅始终以人民共享为目的和归宿，更能调动人民发展的主动性、积极性和创造性。共建与共享是共生关系，以共享引领共建，以共建促进共享。

共享过程是渐进共享。共享发展具有持续性，共享发展的最终目标是不断提升人民的共享水平，直至达到共同富裕。共享发展更具有阶段性，我国仍将长期处于社会主义初级阶段的基本国情，决定了共享发展必然经历"从低级到高级、从不均衡到均衡"逐步向前推进的过程。共享发展需要经历从部分人民到全体人民、从部分地区到全国所有地区的过程。

二、中国特色社会主义的本质要求

坚持一切为了人民。科学社会主义是马克思和恩格斯为了无产阶级的解放事业而创立的理论。为人口占绝大多数的人民服务，而不是为少数有产者服务，是社会主义区别于奴隶社会、封建社会和资本主义社会的重要标志。一切为了人民既是党的根本宗旨的集中体现，也是建设中国特色社会主义的根本目的。新中国自成立以来,一直坚持一切为了人民。

坚持人民主体地位。这不仅指在政治上要保证人民当家做主,而且在经济社会生活中要始终坚持把人民作为发展主体和发展成果的享受主体。唯物史观认为,历史活动是群众的事业,人民群众是推动发展的根本力量。中国共产党无论是在革命战争年代,还是在和平建设时期,都始终将人民群众作为力量源泉。中国特色社会主义一直坚持的是发展为民、促进人的全面发展。

坚持解放和发展生产力。解放和发展生产力在中国显得非常迫切。邓小平将解放和发展生产力确定为社会主义的本质,并把工作重心转移到经济建设上来。江泽民强调必须把发展作为执政兴国的第一要务,并要求党始终代表先进生产力的发展;胡锦涛强调解放和发展生产力是中国特色社会主义的根本任务,并践行科学发展观以大力促进发展。

坚持维护社会公平正义,逐步实现共同富裕。马克思和恩格斯认为,维护社会的公平正义和保持生产与需求平衡具有内在统一性。中国特色社会主义致力于追求社会的公平正义和共同富裕。邓小平将消灭剥削、消除两极分化、最终达到共同富裕确定为社会主义的本质。江泽民强调"实现共同富裕是社会主义的根本原则和本质特征,绝不能动摇。"胡锦涛将公平正义纳入和谐社会建设的范畴。习近平则不仅将公平正义上升为中国特色社会主义的"内在要求",而且将促进公平正义作为全面深化改革的"出发点和落脚点"。

三、共享发展对中国特色社会主义本质要求的反映和回应

共享发展是以人民为中心发展思想的具体体现。以人民为中心的发展思想,就是要坚持发展为了人民、发展依靠人民、发展成果由人民共享。共享发展清晰体现了发展为了人民。共享发展要求在全面促进发展的基础上,全面提升人民各方面的共享水平,保障人民各方面的合法权益,其目的正是为了增进人民福祉、促进人的全面发展。共享发展清晰体现了发展依靠人民,实现"两个一百年"目标,必须紧紧依靠人民。共享发展既以共享引领共建,让发展成果更多更公平地惠及全体人民;又以共建促进共享,让人民日益增长的物质文化生活需求能得到及时满足,充分调动人民的内生动力。共享发展清晰体现了发展成果由人民共享。共享发展的主体正是全体人民,这与发展成果由人民共享中的"人民"范畴完全吻合。共享发展的长期目标,是要让全体人民的共享水平在全面小康的基础上继续稳步提升,直至实现共同富裕。总之,共享发展是发展成果由人民共享的具体体现和实践推进。

共享发展是促进社会公平正义和逐步实现共同富裕的必由路径。共同富裕以发展为基础,社会的公平公正同样以发展为基础。共享发展不仅是一个财富再分配过程,也是一个财富再创造的过程,是共建与共享的统一。因此,共享发展是同时在为社会的公平正义和共同富裕奠定物质基础。与此同时,共享发展是一个渐进共享过程。社会的公平正义和共同富裕必须在物质基础还不完全具备时就逐步

推进，到物质基础完全具备时才能顺利实现。在此过程中，国家一方面更加注重解决社会的公平正义问题，一方面则根据现有条件，"把能做的事情尽量做起来，积小胜为大胜"，不断推动全体人民朝着共同富裕的目标迈进。因此，共享发展过程就是不断推进社会公平正义和共同富裕的过程。共享发展是我国在生产力仍不发达阶段逐步推进社会公平正义和共同富裕的必由路径。

四、共享发展对中国特色社会主义道路和理论体系的意义和价值

共享发展深化了对共同富裕内涵的认识。共同富裕是社会主义的本质，也是中国特色社会主义的奋斗目标。共享发展仍以实现共同富裕为最终目标，但同时强调共享是包括政治、文化、社会和生态文明建设成果的全方位共享。这就提醒人们，共同富裕应是一个综合有机体。

共享发展丰富了中国特色社会主义发展理论。发展是人类社会的永恒主题。在共享发展理念提出之前，对如何体现发展为了人民、如何实现发展依靠人民的具体路径仍没有清晰阐述。共享发展明确提出发展成果由人民共享，清晰阐释了共享发展的具体路径。即通过发展成果由人民共享来体现发展为了人民，又通过发展成果由人民共享来调动人民发展的积极性、主动性和创造性，从而实现发展依靠人民。这使我国发展既具有充足动力，又始终保持以人民为中心的价值取向。

共享发展推动了与共享发展相关制度的改革。当前，我们既要解决影响共享发展的具体问题，更要完善共享发展制度。自党的十八大以来，已经就如何促进共享发展做出了一系列制度安排。如，建立扶贫工作督查制度确保精准扶贫落实到位；健全覆盖城乡居民的基本医疗卫生制度和分级诊疗制度让人民能共享更好的医疗服务；等等。以上制度既是推动共享发展的保障，也丰富和完善了中国特色社会主义制度。

（社会反响：论文发表于《社会主义研究》。截至 2022 年 5 月 1 日，论文被引用 17 次。）

以人为本：构建和谐社会的发展观

(郝翔 严世雄《中国地质大学学报(社会科学版)》2011年第3期)

以人为本的科学发展观的提出是中国共产党对社会主义发展规律认识的深化和提高，是对唯物史观认识从物到人的发展，是中国共产党的发展观由注重生产力中物的因素向注重人的因素的转化。确立以人为本的新发展观标志着中国共产党的发展观实现了从以生产力为本到以人为本的飞跃，这是党的发展观的质的飞跃。

一、以人为本发展观的确立

以人为本的发展观的确立，是建立在对唯物史观和对马克思主义人学理论的重新认识的基础上，是建立在对中国传统民本思想的重新发掘的基础上，是建立在对过去的发展道路和发展理念反思的基础上，同时也是构建社会主义和谐社会的新的实践的需要。

第一，唯物史观论述人类社会发展的动力，探讨生产力和生产关系、经济基础和上层建筑的矛盾运动对社会历史的推进作用。在马克思看来，生产力中包含物的因素和人的因素两个方面，而人的因素是最活跃的决定性因素。中国共产党重新发掘了马克思主义关于人学的理论，在对唯物史观的理解中加入了对人的因素的强调，把人看作生产力的决定性要素，把人当作推动社会发展进步的真正动力，把人的发展作为社会发展的根本内容，从而对唯物主义的理解实现了从物到人的转变，这是对唯物史观的新认识。因此，它既是马克思主义理论本身的要求，也是对马克思主义理论的创新和发展。

第二，中国传统文化中包含了丰富的民本思想，对传统民本思想的重新发掘，成为中国共产党以人为本的发展观的又一理论来源。中国共产党扬弃传统民本思想，并与马克思主义的唯物史观相结合，否定传统思想中把人民当作工具和手段，以民为本实质是以皇帝为本的主张，抛弃过去对"民"的概念的抽象理解，强调人民群众是国家的主人，是社会发展的真正动力。在当代，以民为本的实质就是要以人民群众为本，结合构建社会主义和谐社会的实践要求，提出了新的以人为本的发展观。

第三，改革开放初期，邓小平同志提出了以经济建设为中心，大力发展社会主义生产力的理论。应该说，这一理论对于改革开放之初的中国是切合实际的，三十多年的发展成果也证明了邓小平发展理论的科学性。

第四，在全面建设社会主义小康社会的新的历史时期，中国共产党提出了构建社会主义和谐社会的战略设想。要实现这一新的设想，必须寻找新的深层次的社会发展的动力和动因,而以人为本的发展观的提出,解决了构建社会主义和谐社会的内在动因和动力。改革开放30多年来,我国的生产力水平有了长足的发展,生产力与人民的物质文化需求的矛盾在很大程度上得到了平衡,但是在取得这种平衡的过程中又出现了新的不平衡。以人为本为核心的科学发展观正是注意到了不平衡中的人的关键因素,看到了人的发展的强大推动力,通过解决人的发展的不平衡来实现社会的和谐,因此,以人为本的发展观是构建和谐社会实践需要的产物,是构建和谐社会的发展观。

二、正确理解以人为本发展观的科学内涵

从哲学上讲就是要以人为本位。人类是迄今为止宇宙中唯一能进行有意识、有目的活动的动物,人不但能够主动认识客观世界,主动改造客观世界,而且还能把自身当作认识对象,主动地认识和改造主观世界。从这一层意义上说,人是世界上最有价值的,要认识世界必须从认识人开始,把人当作世界的本位。

从经济上讲就是以满足人的需要为目的。经济生产的主体是人,其目的也必须是为了人的需要,在经济建设中坚持以人为本就是要对经济建设的结果从人的角度去评价,主要是人与自然的和谐发展问题,包括经济建设是否满足了人的全面需要,是否节约了资源和人力,是否破坏了人的生存环境,是否满足了当前的需要又可以保持未来的发展,等等。

从政治上讲就是要以人民为主人。在政治文明建设中坚持以人为本,关键就是要解决人与社会和谐发展的问题,就是在发展中要协调好人与人的利益关系,要兼顾国家、集体、个人三者的利益;要注意普遍受益和共同富裕问题,防止扩大地区和阶层贫富差距,防止两极分化;要协调好群体间的社会矛盾,保持社会稳定,防止出现新的社会对抗;等等。

从伦理道德上讲就是要把人当人看,要尊重每个个人。在社会层面上讲,以人为本,尊重个人,要求每个人都享有法律赋予的权利,每个人的合法权益都应该受到保护和尊重,不能借口群体利益而损害个人利益。另外,在强调社会主义社会中不同利益主体的根本利益一致的前提下,也要看到不同主体利益之间的不一致性,看到不同主体利益之间的冲突和对立。协调这种不一致性,尽量维护各个群体的根本利益,是当代中国社会面临的重要任务,也正是以人为本构建社会主义和谐社会的题中应有之义。

三、全面、协调、可持续的科学发展观是以人为本的实现形式

以人为本是科学发展观的本质和核心,其目的就是做到经济、社会和人的全面发展,而其中人的发展是最终极的目的。全面、协调、可持续的科学发展观从发展的全面性、协调性与可持续性三个方面对以人为本的实现作出了具体的规定和要求,是贯彻实现以人为本的具体形式。

从全面性要求看以人为本,就是发展不是某一领域、某一方面、某一环节的发展,而是包括以经济发展为手段,以社会发展为载体,以人的发展为目标的全方位、多层次的综合发展。结合构建和谐社会的具体实践来说,就是要全面抓好物质文明、精神文明和政治文明建设,在重视发展社会生产力的同时,要同样重视政治、经济、科技、教育、文化、卫生等各方面的体制建设和改革,注重制度建设和体制创新,以及人的精神世界的现代化建设,全面提高人的科学文化素质、人的身心健康素质、人的思想道德素质以及人的思维方式的现代化。

从协调性要求看以人为本,就是要正确处理好现代化建设中的各种利益关系,其实质就是人与人之间的关系。要协调人与人之间的关系,在现实工作中就要深入研究改革发展中出现的利益关系和利益格局调整,正确处理中央和地方、地方和地方、部门和地方、部门和部门之间的关系,正确处理局部和全局、当前和长远的关系,正确处理不同群众之间的关系。

从可持续性要求看以人为本,就是要处理好当代人的发展与未来人的发展之间的关系,当代的发展不能以牺牲未来的发展为代价。要树立人和自然和谐相处的观念,自然界是包括人类在内的一切生物的摇篮,是人类赖以生存和发展的基本条件,保护自然就是保护人类,建设自然就是造福人类,要尊重自然规律,发展经济要充分考虑自然界的承载能力和承受能力,把自然界纳入到经济发展的评价体系,建立和维护人与自然相对平衡的关系。

(社会反响:论文发表于《中国地质大学学报(社会科学版)》。截至 2022 年 5 月 1 日,论文被引用 2 次。)

全面建成小康社会与解决相对贫困的扶志扶智长效机制

（李海金《中共党史研究》2020年第6期）

在决战决胜脱贫攻坚和全面建成小康社会的进程中，贫困治理的深层次问题日益凸显出来。其中，扶志扶智长效机制或脱贫内生动力成为一项核心议题，即：如何调动贫困人口主体性，激发贫困人口内生动力，实现扶贫同扶志、扶智相结合，提升贫困人口自我发展能力。解决相对贫困的扶志扶智长效机制，是实现巩固拓展脱贫攻坚成果同乡村振兴有效衔接的关键环节，也是实现全体人民共同富裕的内在基础。

 一、建立扶志扶智长效机制的重要性、紧迫性

脱贫攻坚在我国的扶贫开发历史上具有重要、独特的地位，是确保如期全面建成小康社会的决定性因素。2020年之后，长期困扰中国农村发展的绝对贫困问题将基本终结，但是这并不意味着农村贫困问题的终结，自此以后将进入相对贫困治理阶段。在解决相对贫困的进程中，贫困问题将呈现出长期性、多维性、动态性等新特征，扶志扶智问题也会面临新的背景和条件。

第一，在绝对贫困问题得到历史性解决之后，贫困的群体、空间分布以及表现、成因、特征等基本样态都将发生结构性调整和根本性变化，这对扶志扶智长效机制问题具有重大而深远的影响。支出型贫困或消费型贫困替代收入型贫困成为贫困的重要类型，多维贫困和相对贫困等特征更加明显，以个人及其家庭为单位的贫困形态成为贫困治理的主要对象。

第二，与贫困样态变化相伴随，贫困治理机制必将进行结构性调适，相对贫困治理将逐步取代绝对贫困治理，成为未来贫困治理的基本框架，并相应规定了扶志扶智长效机制的总体思路。在相对贫困治理阶段，我国的贫困治理体制机制将面临结构性调整和基础性转变，从运动式治理转向制度化、常规化治理，从一般性的扶贫到专业化的减贫策略，建立具有地方特色的多样性的防贫减贫机制，对脱贫攻坚阶段单一化、碎片化的贫困治理体系进行制度结构层面的改造，开展扶贫制度的供给侧改革，并着力构建一套综合性、复合型、专业型的贫困治理体系。

第三，在脱贫攻坚成果巩固拓展、乡村振兴全面推进、共同富裕扎实推动等宏观指引下，以自治、法治、德治"三治融合"为导向的基层社会治理体系也势必会迎来全新的嬗变契机，从而决定了扶志扶智长效机制的基本面向。作为一项基本的民生福祉，脱贫攻坚、全面小康既与民众（尤其是低收入人口和困难群体）的生计紧密相关，也与基层治理体系和治理能力现代化具有逻辑一致性、内在关联性。

在上述背景下,制约民生福祉和共同富裕的深层次难题与挑战凸显出来,解决难题和迎接挑战最重要的就是建立扶志扶智长效机制。在从全面脱贫攻坚转向推进乡村全面振兴的过渡时期,以脱贫地区、脱贫农户以及欠发达地区和低收入人口为中心的扶志扶智长效机制就正好回应了乡村振兴在人的要素上所面临的突出难题,并提供了有效的应对方式和机制。

二、扶志扶智长效机制的内在逻辑与总体框架

在贫困治理的结构框架中,扶志扶智长效机制蕴含着三个逻辑和论题:一是高度重视欠发达地区和低收入人口的主体地位与主观能动性,实现在政策设计、实践探索和理论研究三个层面的有机联结与总体均衡。二是将"脱贫"这一底线目标拓展到"致富"这一发展追求,通过外部扶持和内部努力阻断贫困代际传递、激发内生动力并提升自我发展能力,脱贫地区和欠发达地区形成高质量发展格局和保持经济社会发展活力的支撑体制机制,脱贫人口和低收入人口实现可持续生计与可持续发展能力。三是在建立解决相对贫困的长效机制过程中,亟须将贫困群体带回到相对贫困治理中来,以脱贫发展内生动力为目标导向,将探索建立扶志扶智长效机制作为未来贫困治理新的实现路径和基本面向,为其构筑深厚的民众基础和文化根基。

从时间维度上看,中国贫困治理的实践、政策和历程具有明显的时段性和阶段性特征,这些特征既直接体现为具有独特历史意涵的某个时间节点或某一段时间区间,也蕴含着丰富、动态的贫困治理要素、工具、过程和效应。扶志扶智长效机制就属于贫困治理中的长时段现象,对解决相对贫困的影响更为深远、深入和深层。

从空间维度上看,基于贫困的空间分布及其相应的治理格局,中国贫困治理主要体现为纵向、横向两大维度以及上下、左右、内外三对关系。与扶志扶智长效机制直接相关的主要是横向维度的左右关系。贫困治理的构建路径主要在于编织贫困治理的组织之网,通过组织化提升县域贫困治理能力和贫困人口或低收入人口自生能力。贫困治理组织之网的核心要义在于正确处理脱贫攻坚中政府、市场、社会和贫困人口或低收入人口之间的关系,构筑互动式治理的新型治理格局,打造脱贫发展共同体。

三、扶志扶智长效机制的路径创新

在巩固拓展脱贫攻坚成果和建立解决相对贫困长效机制的新导向下,贫困治理的内涵也逐渐从宏大、直观、外在层面向细微、隐性、内在层面转变。为此,应着力提升低收入人口和困难群体的内生动力与发展能力,探索建立扶志扶智长效机制,为贫困治理体系和治理能力建设奠定扎实、稳固的群众基础和社会基础。

能力提升层面:优化益贫带贫机制,强化公共参与机制,实现低收入人口的可持续生计。通过支持发展特色产业、转移就业、提供公益性岗位等方式,确保有劳

动力的低收入人口及其家庭至少有一项稳定增收发展项目,引导其争做美好生活的创造者。进一步创新和优化产业益贫带贫机制,在扶贫龙头企业、农民专业合作社、创业致富带头人产业、扶贫公益性岗位的运行和监管中,探索益贫带贫的有效实现机制。同时,以权利贫困和能力贫困理论为观照和指引,畅通与拓宽公共参与平台和利益表达渠道,激活低收入人口和困难群体的潜能,通过自身的力量来解决困境。

政策执行层面:聚焦低收入人口需求,调整帮扶方式,提升减贫发展政策与欠发达地区实情的契合度。为此,需要对贫困治理和基层发展的政策执行过程进行调适与重构。一方面,调整以前不利于调动贫困人口积极性的帮扶方式,摒弃直接发放扶贫物资、慰问金等帮扶方式,创新具有激励、带动作用的政策措施,提倡采取以工代赈、生产奖补、劳务补助等方式,根据各地的资源禀赋等实际情况,重点组织实施产业扶贫、小额信贷和资产收益扶贫等项目,将低收入人口和困难群体的发展意愿、经济收益与扶贫资源、脱贫项目及其运行机制有机关联起来,建立具有可持续性的利益共同体。另一方面,聚焦低收入人口的致贫返贫原因、资源禀赋和发展需求,提升扶贫发展政策的针对性和有效性。对低收入人口和困难群体进行精细化分类,并建立差异化的政策清单,精准、辩证施策。

精神文化层面:教育培训与行为干预并重,激发低收入人口脱贫致富的自主性与能动性。通过扶观念、扶思想、扶信心,改变低收入人口的精神面貌,帮助他们树立起追求美好生活的信心和勇气。

社会治理层面:依托基层社会组织,重建低收入人口与乡村社会的社会联结。通过组织再造和创新,重建低收入人口与乡村社会之间的社会联结是一条可行途径。

在解决相对贫困的新背景和新框架下,我国贫困治理机制势必将发生显著性变化。其中,较突出的就是更加聚焦低收入群体乃至个体,并强化其在减贫发展中的动力培育和能力提升,探索个性化、精细化、常规化的贫困治理机制。在实现共同富裕和推进乡村振兴的过程中,扶志扶智长效机制是一个亟须重点关注的问题,也是一项长期而艰巨的任务,需要从组织化与主体性并重、物质激励与精神激励兼顾、正向激励与负向惩戒结合、行为调适与能力建设统筹等层面,开展政策创新和实践探索。

(社会反响:论文发表于中共党史党建研究领域的顶级期刊《中共党史研究》。截至 2022 年 5 月 1 日,论文被引用 5 次。)

改革开放以来中国扶贫脱贫的历史进展与发展趋向

(李海金 贺青梅《中共党史研究》2018年第8期)

2018年2月12日,习近平总书记在四川省成都市主持召开打好精准脱贫攻坚战座谈会时强调:"我们加强党对脱贫攻坚工作的全面领导,建立各负其责、各司其职的责任体系,精准识别、精准脱贫的工作体系,上下联动、统一协调的政策体系,保障资金、强化人力的投入体系,因地制宜、因村因户因人施策的帮扶体系,广泛参与、合力攻坚的社会动员体系,多渠道全方位的监督体系和最严格的考核评估体系,形成了中国特色脱贫攻坚制度体系,为脱贫攻坚提供了有力制度保障。"可见,立足于中国的扶贫开发制度、政策与实践,梳理中国扶贫脱贫的发展脉络和内在机理,提炼具有推广性的经验与启示,具有重大的学术价值和现实意义。

一、经济增长、经济发展与减贫的关系

以经济增长和经济发展促进贫困地区扶贫开发和贫困农民脱贫致富,是引起世界瞩目的中国保持快速减贫进程的基本动力,也是中国减贫的基本经验。一般来说,有关经济发展与减贫关系的讨论往往是被放在经济增长的话语体系下。经济发展与减贫的关系可以细分为两个层面:一是经济增长与减贫的关系,一般以收入增长与减贫的关系来呈现;二是基于经济增长的质量和性质等,着眼于收入分配状况与减贫的关系,一般以收入差距或不平等状况与减贫的关系来呈现。已有研究主要有两种代表性观点:一种观点认为,经济增长的减贫效应具有普适性和自发性,即经济增长能够使包括贫困者在内的所有人受益,进而达致绝对地减少贫困甚至消除贫困,这也被称为经济增长的"涓流效应";另一种观点认为,经济增长的减贫效应具有不确定性,经济增长如果不能使所有人尤其是贫困者平等受益,反而会导致贫困恶化,因此经济增长的"涓流效应"也受制于经济环境、文化习俗、制度安排等多重因素的影响。这两种观点在一定程度上意味着从不同历史时段来考察经济增长对贫困减少的影响,或者从不同维度和评判指标来探究经济增长的减贫效应。

二、政治社会稳定与减贫的关系

毫无疑问,贫困首先是经济意义上和物质层面的,从而使得经济发展与贫困和减贫具有高度的相关性。与此同时,贫困也具有政治社会意涵,对贫困人口而言,政治社会层面的致贫因素相比经济层面的致贫因素恐怕更不易消除,这就导致政治、社会是否稳定与贫困、减贫也存在很强的关联性。换言之,贫困及贫闲问题毫

无疑问是一个经济问题,但更是一个复杂的社会、政治乃至文化问题;贫困的存在与产生不仅与自然因素有关,而且与一个社会的发展战略、政策框架及治理体制有关。

政治社会体制对减贫的支撑。事实上,政治社会体制对减贫的支撑及其相应的实现机制,正是中国的减贫效果如此显著、减贫进程如此快速的重要原因之一,亦是中国改革开放以来减贫经验的核心要点之一。对于中国而言,改革开放以来,不管是政治系统运转还是社会运行基本上都保持着一种稳定、有序的状态。在这种有利的政治社会状态下,逐渐构建了专项扶贫、行业扶贫、社会扶贫三位一体和政府、市场、社会协同推进的大扶贫开发格局,这一扶贫开发格局强调三种扶贫类型和三方扶贫力量在扶贫战略、策略、政策等多个层面上的相向而行、协同推进,由此就形成了政府主导型扶贫、市场导向型扶贫和社会参与型扶贫三种扶贫机制的多元协同架构。

作为一种政治社会稳定机制的减贫。当前,中国扶贫仍面临着解决温饱和巩固温饱的双重压力,以及消除绝对贫困与减少相对贫困的双重任务。为此,扶贫开发工作就不能仅仅满足于改善不利于人生存的自然环境或解决温饱问题,还应关注人的发展权和社会的公平正义。减贫不仅具有经济功能,还具有很强的政治社会功能,它对于政治稳定和社会安定有着不可或缺的安全阀和稳定器的作用。

在功能定位上,减贫实质上是一种有效的政治社会稳定机制。鉴于此,党和国家一直将扶贫脱贫作为一项政治任务,并将贫困、富裕与社会主义制度联结在一起。因此,将贫困问题和减贫工作及时、有效地纳入国家权力的运转体系并上升到国家层面的政治行动,甚至在必要的时候对行政系统进行适应性的改造,提升减贫政策的执行能力和效果,亦是国际减贫事业的基本经验之一。在国家权力和行动的支持下,减贫战略和政策体系所内含的社会安全网也就能够承接政治社会稳定机制的功能需要。

农民致贫的政治社会因素。贫困是经济和非经济因素共同作用的结果,有其产生的历史、社会背景及发生、发展的变化规律。它不仅是一个人口问题、经济问题,也是一个政治问题和社会问题。贫困的产生、延续、传递和消除与一个国家的政治结构、权利格局和社会变迁等具有高度的关联,贫困在内涵和类型上不仅有收入贫困,也有权利贫困和能力贫困,而且后两种贫困在当下急剧的政治社会变迁中更应该引起我们的关注。为此,笔者着重从制度视角、权利视角和社会排斥视角来考察与分析农民致贫的政治社会因素。

制度视角是贫困研究的基本视角之一,即从社会制度及其操作化的体制政策安排等角度探讨贫困的成因和特性。将权利理论和社会排斥理论引入贫困研究领域,很大程度上就实现了贫困研究视角的转换,即从宏观的结构、制度层面转向的贫困者个体和家庭层面,关注作为个体的人的发展和权利以及个体与社会的互动关系。

在现代社会,人们对贫困的理解已经逐步从收入或消费等物层面扩展到健康、机会、能力、权利等领域,贫困的概念也从狭义、单一维度的物质贫困扩展为广义、多维的贫困。在中国新阶段的精准扶贫精准脱贫进程中,相对贫困越来越凸显,农民尤其是贫困农民在市场转型和社会变迁中所遭遇的自然风险、市场风险、技术风险、社会风险等,以及所经受的能力弱化、权利受损、社会排斥及相对剥夺感等,将对反贫困进程和政治社会稳定构成很大的内在冲击。为此,我们应注重从政治社会稳定与减贫相关联的角度,预判减贫脱贫的宏观形势和发展动向,探寻更有针对性的应对策略。

三、对中国未来扶贫脱贫发展趋向和策略的初步研判

市场化背景下贫困人口的风险应对能力和自我发展能力不足。在现代化和市场化向纵深发展的背景下,机遇与挑战并存的双面性对拥有不同资源禀赋和发展能力的贫困人口的影响与冲击差异迥然,其可能的结果是农民群体内部的收入和贫富差距等分化程度也越来越高。

为此,我们着重从以下三个层面研判中国未来扶贫脱贫的发展趋向和策略。

首先,推动贫困地区的可持续发展,构建稳定脱贫的长效机制,将是一项核心议题。由于农村、农业在地理区位、资源禀赋、产业效益等方面的绝对或相对劣势,抑或"三农问题"具有一定的历史延续性,贫困或发展滞后仍将是农村和农民尤其是贫困地区和人口的关键难题。

其次,以城乡公共物品均等化和社会保障一体化为导向,架构一套城乡统筹和一体实现稳定脱贫的体制机制。基于中国经济社会背景,城乡、区域等的发展差距是贫困产生和存续的重要因素之一。城乡统筹减贫与发展自然成为破解贫困难题的关键性策略,其实施主要从以下三方面着力。一是从体制、内容、工具等多个角度,彻底改造城乡二元公共物品和公共服务供给体系,着力实现城乡公共服务均等化并推动农村民生事业发展,实现改革开放和经济社会发展成果的公平公正享有。二是消解妨碍城乡互动和融合的体制机制,进一步打破不利于城乡人口、劳动力流动的分割式、差异化、不公平的户籍制度和就业制度,化解城乡社会保障制度之间的差距性和非均衡性,保障农民的基本生存发展权利。三是探索以工促农、以城带乡的城乡发展模式,贫困农村稳定长效脱贫机制的建立需要城市和二、三产业的辐射与带动,推动贫困地区的产业化发展和城镇化建设。

最后,以转型贫困群体和潜在贫困群体为关照对象,实现从开发式扶贫向保护性扶贫转变,建立联结城乡居民、益贫性的社会保护政策框架和体系。

(社会反响:论文发表于中共党史党建研究领域的顶级期刊《中共党史研究》。截至2022年5月1日,论文被引用17次。论文发表后,被《中国社会科学文摘》2019年第7期全文转载,人大报刊复印资料《中国特色社会主义理论》2018年第12期全文转载,《党史博览》2019年第2期摘登,并收入国务院扶贫办编写的《脱贫攻坚前沿问题研究》(中国出版集团研究出版社2019年版)。论文获得湖北省高等学校哲学社会科学研究优秀成果奖(2020年)、武汉市第十七次社会科学优秀成果奖二等奖(2020年)。)

中国现代地学家群体特征分析

(陈炜 张明明《科学技术哲学研究》2014年第1期)

中国现代地学家群体特征一定程度反映了中国近现代地学发展的特色,同时也体现了社会环境对地学人才成长与成功的影响。本文以中国现代地学家群体为考察对象,以中国科学院地学部院士(学部委员)为样本,统计分析了从1955年中国科学院院士(学部委员)评选,到2011年间13次院士(学部委员)增选过程中当选的中国科学院地学部的223位院士(学部委员)的基本情况,力图显现出我国现代地学家群体的总体面貌。

一、出生年代分析

地学部院士(学部委员)出生于1880—1889年与1960—1969年这两个年代的人数最少。这与我国实施院士(学部委员)制度的时间、地学学者成长并获社会承认的年龄相关,出生于19世纪80年代及以前且成就突出的地学家在中华人民共和国实施院士(学部委员)制度时大多已不在人世,而出生于20世纪60年代的地学家获得重大成就并得到承认的,当前为数尚少。

地学部院士(学部委员)出生于1910—1919年与1930—1939年这两个年代的人数呈现出高峰,原因一方面与1980年、1991年两次院士(学部委员)增选人数较多相关。另一方面与社会环境因素相关,这两个年代出生的地学家,其青年时代正好是20世纪30年代与50年代。20世纪30年代,许多有志青年为抗日救国选择了能带来实效的地质学专业并为之努力。同时这一时期地学教育中通才模式的有效实施,突出表现为西南联合大学培养了一大批优秀的地质学者。而20世纪50年代正是中华人民共和国建立初期,在基于国家实际需要的宏观调控下,实施了地质教育改革,地质院系规模空前扩大,为培养优秀地质人才提供了重要的基础。

二、出生地域分析

地学部院士(学部委员)出生的地域分布呈现出不均衡的特点。其中以江苏、浙江、上海为最多,其次为河北、山东、河南,再次为安徽、北京、湖南、湖北。较为集中于江浙一带与华北、华中地区。近现代这些地区传统的人文文化氛围浓厚,对教育的重视程度较高;同时经济社会发展迅速,科学文化的影响逐渐显现。从小受到良好教育并能够选择地学专业的学者众多。以我国院士(学部委员)制度走向制度化与规范化的1991年为界(包括1991年),之前与之后地学部院士(学部委员)的出生地域中,江浙沪及华中地区人数较多;但1991年前当选的院士(学部委员)出生于河北与北京的也较多,其原因大约在于20世纪20—40年代,北京大学地质学系名师众多,声誉卓著,实业救国思想使得人们希望通过开发矿产资源以富国强兵,很多青年学生报考地质学系及相关院系。中华人民共和国建立后我国高等教育蓬勃发展,各地高等院校纷纷建成,学科门类逐渐丰富,青年学生选择院校与从事的专业呈现出分散性特征。

三、当选年龄与性别分布分析

地学部当选院士(学部委员)的平均年龄为61.1岁。1955年、1957年当选的31位院士(学部委员)中,60岁以下的有27位,可见中华人民共和国建立初期的这一批院士(学部委员)年轻有为,成就突出。1980年与1991年当选的106位院士(学部委员)中,60岁以上的达到76人,这与当时我国院士(学部委员)制度的实施状况及历史原因有关。从2003年开始,当选院士(学部委员)平均年龄逐渐呈下降趋势。近几年当选院士的年龄均低于60岁。这既表明地学家成长并取得重要成果的速度逐渐增快,也说明了地学家获得学术界与社会承认的时间开始相对缩短。地学部女院士(学部委员)共8人,占全部地学部院士(学部委员)人数的3.59%,略低于中科院女院士(学部委员)所占全部院士(学部委员)人数的比例4.78%。女院士(学部委员)当选的平均年龄为59.6岁,略低于地学部院士(学部委员)的平均当选年龄。获得博士学位者5人,高于地学部院士(学部委员)获得博士学位的比例。女性科技工作者人数较少的现象在中西方科学界都普遍存在,地学研究的艰苦性与传统观念中对女性形象的认定更是对女地学工作者的极大挑战。

四、教育经历分析

就本科教育而言,北京大学、南京大学(早期为中央大学)、西南联合大学、北京地质学院及清华大学六所大学培养了近60%的地学部院士(学部委员)。可见中国近现代地学人才的培养具有集中化与承继性明显的特色。地学部院士(学部委员)中拥有博士学位者占全部院士(学部委员)人数的35.4%。新中国成立初期当选的地学部院士(学部委员)很多有西方留学经历并获得了博士学位,地学人才培养体现出国际化与本土化相结合的特征。20世纪80年代之后,我国地学专业开始培养自己的博士研究生,同时与西方的科学交流与教育交流逐渐恢复,获得博士学位的地学研究者逐渐增多。

地学部院士有国外留学经历并获得学位者占全部院士人数的40.8%。求学国家中,美国占比最大,其次为苏联,再次为英国、德国等。留学于欧美国家在各个时间段都有,留学于苏联的时间则集中于20世纪50—60年代,这与当时我国地学高等教育套用苏联模式的时代特色密切相关。

五、所在机构与所在地分析

地学部院士(学部委员)所在机构主要集中于科研院所与高等院校,可见当今科研单位与高等院校仍是地学研究创新的坚实基地与地学人才培养的重要摇篮。地学部院士（学部委员）所在地以北京为最多，占全部院士（学部委员）的63.68％；其他直辖市与省会城市占32.74％，其中以南京、武汉为最多。这些地域科研院所众多，学术交流条件便利。院士（学部委员）所在机构与所在地呈现出马太效应，既有利于学科资源的集中利用、学术交流的开展及人才的培养与学术传统的传承，也可能造成地区间学科资源的不平衡与学科文化传播与普及的差异性。

六、专业方向分析

据统计，从事地质学研究的地学部院士（学部委员）数量最多，但也存在下降的趋势。从事地理学、土壤学和遥感、地球化学、地球物理学和空间物理学、大气科学和海洋学的地学部院士（学部委员）比例均有上升，其中从事地球化学、大气科学与海洋学的人数上升最多。地质学门类中，从事传统的地层学、矿物学、矿床学、岩石学等院士人数比例有所下降，而人数增加的既包括构造地质学、第四纪地质学、前寒武纪地质与变质地质学等基础性方向，也包括与资源、能源或新方法相关的方向如石油及天然气地质学、水文地质学、地热地质学及数字地质学等。可见，伴随着人类实践活动范围的拓展和对生存环境的关注，地学中新兴学科门类在不断崛起。地质学内部的新发现、新理论的提出会进一步夯实某些学科方向的基础性地位，社会需求的变化与新技术新方法的应用更是学科方向重点调整的原因。越来越多的地学工作者选择这些方向的研究并取得了较大的成果。

七、启示

对地学家的统计分析表明，我国地学学科发展的历史特征与当代特色决定了我国地学人才群体的整体特征，而社会历史环境、地域文化氛围、国家政策、教育状况等因素对地学人才的培养也起到了重要的影响作用。在当前从传统地学向现代地球科学转变的关键时期，调整我国的地学学科结构、进行地学教育体制改革、完善地学交流机制以及推动地球科学的普及等都有利于培养基础扎实、具有创新思维的现代地学人才。同时，不断加大对科学研究的投入、建立保障科学自主化的体制及创造良好的学术创新与争鸣的氛围等，是培养更多优秀科技人才的必要措施。

当今地学学科不断涌现出新型学科分支，与资源、能源、环境及新技术新方法密切相关的新方向越来越受到重视，从事这些学科专业的地学工作者取得较大成就、获得社会承认的时间相对缩短，地学人才在学科内部的流动明显受到了社会需求、国家政策导向与社会认可度的影响。而整个地学学科的发展既需要新兴学科的崛起，也离不开基础性学科的突破。这就要求国家的科技政策导向与学科内部的评价机制，都要兼顾基础与前沿、理论与应用，实现我国地学学科的整体繁荣，最终推动我国由地学大国发展成为地学强国。

（社会反响：论文发表于《科学技术哲学研究》。截至2022年5月1日，下载量100余次。）

关于欧盟科技政策若干问题的思考

(方新英 胡维佳《中国科技论坛》2013年第7期)

欧盟是一个仍处于演进中的区域一体化组织,在其制度框架中既有一定的超国家成分,又保持着大量的政府间性质,是二者的混合体。每一个科技政策成果的取得,均是全体成员国基于国内政治、经济和社会发展需求深度博弈的产物,是既竞争又合作的结果。认识欧盟科技政策的这种独特性不仅是深入了解欧盟科技政策本质及其特征的重要途径,也对透视全球化时代国际科技合作具有参考价值。本文主要探讨欧盟科技政策中的欧洲附加价值、卓越与聚合、基础研究与应用研究问题。

一、欧洲附加价值

研究欧盟科技政策必须回答如下问题:各成员国为什么要在欧盟制度框架内进行科学技术合作?欧盟制度框架内的科学技术合作与其他双边或多边欧洲科学技术合作,以及成员国独立资助的科学技术活动的根本区别是什么?欧洲附加价值概念可以帮助理解上述问题。

欧洲附加价值是欧盟科技政策的价值基础和价值追求。欧盟科技政策本质上是成员国基于共同需求既合作又竞争的产物。共同需求作为一种价值目标具有高度稳定性,满足共同需求的过程就是对欧盟水平科学技术活动产生的欧洲附加价值的追求过程。一旦共同需求不存在,或欧盟水平的科学技术活动不能创造欧洲附加价值,相关活动就会因得不到成员国的支持而陷入困境。因此,欧洲附加价值直接决定着欧盟科技政策的存在和发展。在不同历史时期欧盟水平科学技术活动的法律文件中,在共同研究计划与项目的目标、选择及评价标准中均能找到关于欧洲附加价值的规定。

作为欧盟科技政策的核心指导原则和价值目标,欧洲附加价值以什么样的形态存在、其实现途径如何也是理解欧盟科技政策的一个关键方面。欧盟委员会认为欧盟预算在研究领域形成了如下欧洲附加价值:达到临界规模;克服国家边界障碍;促进研究人员与工业界的对话与联系;实现世界范围的卓越性;建立强大的研究基础设施;实现投资的杠杆效应。它们标志着欧盟科技政策至今取得的主要成就,也是未来需要持续推进的重要政策目标。欧洲附加价值主要通过以下途径实现:汇聚与动员稀缺资源,达到临界规模;既合作又竞争,促进欧洲科学技术卓越发展;建立网络联系,促进知识扩散及其开发利用;完善与优化协调机制,实现政策投入的协同效应;欧盟投资形成的杠杆效应。

由于欧盟在研究领域的支出规模有限,近 90% 的研究资源仍掌握在成员国手中,要最大化地实现欧洲附加价值,还有赖于制度的进一步突破及实现各国在政策层面的协调。

二、卓越与聚合

这一问题源于《马斯特里赫特条约》中的双重规定。第 130F 条拓展了科技政策的目标,要求不断提高欧盟科学技术的卓越性,并促进科技成果的扩散利用;共同条款 B 条则将经济与社会聚合上升为联盟的一个基本目标,意味着共同体的所有政策从形成阶段就要考虑聚合目标。这就造成了彼此冲突的政策目标和原则,前者以竞争和效率为基本特征,后者以团结为基本特征,二者兼容吗?对聚合目标的要求会不会影响科学技术卓越目标的实现?

卓越原则是欧盟科技政策的一块基石。卓越原则是加强欧洲工业的科学和技术基础的必然要求,欧盟 RTD 框架计划为实现这一目标做出了持续努力。第四框架计划首次明确提出了卓越原则,要求"研究项目的选择应该以它们的科学技术卓越性为基础"。经里斯本战略推动,卓越原则在欧盟科技政策中的地位进一步提升,目前正在实施的第七框架计划凸显了对卓越原则的坚持和追求。在欧盟第二个整体发展战略——"欧洲 2020 战略"中,研究与创新依然是新战略的核心支撑要素。追求卓越是欧盟科技政策的重要目标。

聚合是多样化欧盟必须面对的问题。随着欧盟的不断扩大,欧盟内部不同国家、地区之间经济与社会发展水平不一致问题更加突出,严重制约着欧盟在各项政策领域的深化与发展,在科学技术政策上同样如此。一些经济实力雄厚的国家在 R&D 投入上早已超过或接近里斯本战略确立的 3% GDP 投入指标,而一些落后成员国距此目标的完成还路途遥远。当前这一任务主要通过结构基金与聚合基金实现。

卓越与聚合追求的目标不同,遵循的政策原则及项目选择标准也不相同,二者能否兼容?如何兼容?《马斯特里赫特条约》生效以后,在研究计划的设计与实施阶段均融入了聚合目标。第一,以研究团队选择上的一定倾斜促进聚合,即在研究项目满足卓越原则的前提下,优先考虑包含来自聚合国家研究人员的研究团队。第二,通过促进中小企业参与,支持研究人员的培训与流动,以及创建研究人员与机构间的网络关系促进经济与社会聚合目标的实现。第三,在欧盟框架计划资金分配中适当加大对穷国的资助力度。

卓越与聚合,二者既相冲突又具有内在一致性,均关乎欧盟整体发展战略的实现。从政策运行效果看,它的实现需要不同政策工具的协同作用。

三、基础研究与应用研究

基础研究与应用研究这一问题主要涉及欧盟科技政策的定位问题,即在科学技术领域,欧洲水平公共干预的领域应如何确定？在欧盟科技政策史上,不同时期的战略需求不同,对基础研究与应用研究的侧重也不相同,产生了各不相同的政策效果,折射出各自在科技政策中占有的地位。

20世纪90年代之前,欧盟科技政策的定位表现出明显的探索性特征。欧洲原子能共同体的联合核研究展示了大科学时代基础研究在欧共体资助下的成功发展。从1958年至20世纪60年代中期顺利实施了两个五年计划。但好景不长,随着原子能共同体从研究计划转向工业计划——发展新型核反应堆,原子能共同体深陷危机之中。但核聚变研究在共同体的资助与协调下保持了稳定发展。进入20世纪80年代,欧洲的RTD政策变得更加倾向一种市场相关的宗旨。在欧共体的资助下,以欧洲信息技术研究与发展战略计划为代表的一批项目成功实施,促进了预竞争研究的繁荣。

随着里斯本战略的提出及欧洲研究区计划的确立,欧盟科技政策进入到一个比较积极主动的发展阶段,开始谋划积极的欧洲科学技术发展战略,大力发展基础研究,为最具活力的知识经济奠基。这一战略经第六框架计划的初步发展,到第七框架计划时期更趋成熟。第七框架计划专门设立了支持基础研究的原始创新计划,以增强欧洲研究在知识前沿领域的活力、创造力和卓越性。原始创新计划占第七框架计划总预算的14.9%,是第七框架计划的第二大行动领域。尚处于形成阶段的"地平线2020计划"进一步强调了要"增强欧洲科学卓越性,促进高水平研究的发展",提出将约30.8%的预算用于增强欧洲科学的卓越性。

经过漫长的讨价还价,欧盟2014—2020年财政框架终于在2013年春季峰会上达成共识。与上一个财政框架相比,用于竞争力、增长和就业领域的预算规模增长了约40%。这对"地平线2020计划"是一个良好的信号。根据以往经验,将在更广泛的范围内为欧洲知识经济与知识社会建设拓展知识基础,并与应用研究、技术发展及创新形成协同效应。

欧盟独特的制度架构使之拥有在超国家水平进行公共干预的权力,同时又对超国家权力形成严格制约,欧洲附加价值、卓越与聚合、基础研究与应用研究等问题无不源于此。在财政紧缩的背景下,欧洲附加价值的最大化、卓越与聚合及基础研究与应用研究的冲突与均衡问题将更加突出,围绕这些冲突与均衡所进行的博弈将继续存在甚至加强。

(社会反响:论文发表于《中国科技论坛》。截至2022年5月1日,论文被引用3次。论文发表后,被人大报刊复印资料《创新政策与管理》2014年第1期全文转载。)

论生态文明建设的普遍性与特殊性及其统一

（方新英 黄娟《成都工业学院学报（社会科学版）》2016年第3期）

党的十八大报告把生态文明建设纳入"五位一体"总布局,标志着我国的生态环境治理从过去以单一问题和行政界限为单元的阶段过渡到以文明发展模式根本变革为依托的系统治理阶段。这就要求生态文明建设既需要从"五位一体"总布局出发进行战略规划和统筹安排,又需要兼顾多部门、多区域经济社会发展的具体情况,因地制宜、分工协同、渐进有序地实施。也就是说,生态文明建设要坚持普遍性和特殊性的有机统一。本文从历史唯物主义视角出发,从全国和区域两个层面探讨生态文明建设中普遍性与特殊性的内涵、表现及其辩证统一关系。

一、生态文明建设的普遍性及其表现

生态文明建设的普遍性是指贯穿生态文明建设始终的共性和整体性要求,是基于对生态文明建设基本规律和特征深刻认识而确立的基本理念、目标、道路和保障措施,它引导并规范各地区的生态文明建设。"五位一体"总布局是对生态文明建设普遍性的自觉践行。加快推进生态文明建设,需要将"五位一体"总布局具体化为生态文明建设的核心价值观、现实起点、发展道路、社会支持系统和监测评估基础指标体系,为生态文明建设提供统一的思想指南、目标引导和行动协调。

第一,大力培育以提高人民生态幸福为目标的生态文明核心价值观。生态文明是人类对传统工业文明的批判与超越,其核心价值目标是提高人民的生态幸福。生态幸福包括狭义和广义两个方面。狭义的生态幸福是生态文明建设的初级目标,通过提供更多的生态产品实现。广义的生态幸福构成生态文明建设的长远目标和高级形态,其实现有赖于经济社会发展方式的全面生态化。因此,需要确立以提高人民生态幸福为目标的生态文明核心价值观,作为经济社会发展的优先价值目标和价值评价原则。

第二,把实现人与自然关系和谐作为生态文明建设的现实起点。人与自然关系本质上是一种否定性关系。当前我国经济社会发展中高投入、高消耗、低效率、空间布局不合理等问题严重破坏了自然生态系统的内在均衡,导致人与自然关系日益紧张。有效协调人与自然关系,既是保护生态环境的基本要求,也是全面实现人与自然、人与人、人与社会关系和谐的内在要求,是我国生态文明建设的现实起点。

第三,坚持绿色发展道路。21世纪上半叶,我国面临着全面建成小康社会和实现中华民族伟大复兴的时代任务,必须探索符合中国国情的现代化道路,即坚持

绿色发展、低碳发展和循环发展，走出一条生态文明的现代化道路。坚持绿色发展，就是积极推动人与自然交互作用方式的绿色化，从源头上扭转生态环境恶化趋势，这是我国生态文明建设的内在要求和必由之路。

第四，逐步建立健全生态文明建设社会支持系统。建设生态文明，实现绿色发展，需要建立有利于节约能源资源和保护生态环境的社会支持系统，包括生态化文化体系、生态化产业体系、生态化技术体系、生态化消费方式、生态化制度体系。从历史和现实看，生态文明建设的社会支持系统不会自发形成，也不可能一蹴而就，需要国家层面持续系统地规划引导。

第五，逐步建立健全生态文明建设监测评估基础指标体系。生态文明监测评估基础指标体系是从宏观整体分析生态文明建设现状、诊断生态文明建设中存在的问题、优化生态文明建设路径的必要途径和依据。鉴于我国所面临生态环境问题的压缩性特征，生态文明建设监测评估基础指标体系的进一步完善应遵循系统性原则、生态安全优先原则、分类分层原则。

二、生态文明建设的特殊性及其表现

不同区域由于自然生态禀赋、现有经济社会发展水平和所面临生态环境问题的差异，生态文明建设的起点、任务、路径和具体进程也互有差异，从而形成生态文明建设的特殊性。具体体现在以下5个方面。

第一，不同区域生态文明建设起点不均衡。区域现有生态文明建设水平构成区域生态文明建设的战略起点。总体上看，东部地区在资源能源节约与综合利用及环境保护方面明显领先于中西部地区，且在某些指标上存在巨大差异。加快推进生态文明建设必须客观面对这种不均衡，合理制定区域发展战略。

第二，不同区域生态文明建设具体目标和任务不对称。不同区域生态文明建设还面临着特定经济-社会-自然生态复合系统内部的结构性差异，从而决定了区域间生态文明建设具体目标和任务的不对称。承认上述不对称，是因地制宜推进生态文明建设的内在要求。

第三，不同区域生态文明建设指标体系呈现鲜明地域特征。区域生态文明建设指标体系是推动区域生态文明建设的必要途径和工具，其构建应充分体现区域生态文明建设的特殊目标和任务，因而具有鲜明地域特征。

第四，不同区域生态文明建设路径多样。我国幅员辽阔，不同区域生态文明建设的具体目标和任务不同，具体措施具有地域特色，从而决定了区域生态文明建设路径具有多样性。探索适合本区域的生态文明建设路径是区域生态文明建设的重要内容。

第五，不同区域生态文明建设进程不统一。生态文明建设是一项复杂的系统工程。目前，我国形成了包含生态建设示范区、全国生态文明建设试点、国家生态文明先行示范区在内的既相互联系又循序渐进、标准逐级提高的生态文明建设格局。然而，无论是从空间布局还是从已有成果来看，地区间生态文明建设进展并不均衡。我国生态文明建设尚在起步阶段,区域间生态文明建设进程的不统一将长期存在。

三、生态文明建设是普遍性与特殊性的有机统一

全面建设小康社会背景下的生态文明建设,既具有普遍性,又具有特殊性,是普遍性与特殊性的有机统一。

第一,生态文明建设目标的统一性。党的十八大明确了到2020年全面建成小康社会时我国生态文明建设的总体目标,如期实现这一总体目标,一方面需要中央政府做好顶层设计,同时需要各地区因地制宜稳步推进实施。区域在生态文明建设具体目标和任务上的多样性恰恰是我国生态文明建设总目标和任务的具体化,其形成的协同效应就是逐步建成美丽中国。生态文明建设的普遍性与特殊性在目标上是根本统一的。

第二,生态文明建设监测评估指标体系的统一性。作为从宏观整体上监测评估生态文明建设状况工具的生态文明监测评估基础指标体系具有全国范围的普遍有效性。区域生态文明建设指标体系的多样性本质上是结合区域条件对生态文明建设普遍性的贯彻、落实和进一步丰富完善。二者是内在统一的,并随我国生态文明建设的深化而同步演进。

第三,生态文明建设道路的统一性。从特殊性层面看,不同区域的经济-社会-自然生态复合系统条件不同,区域主体功能各异,适宜的生态文明建设路径多种多样。然而,无论选择何种发展路径,均应坚持以区域生态环境承载力为边界制约、以可持续发展为目标,坚持生态优先,这本质上是绿色发展在不同区域的具体贯彻和实现,是普遍性与特殊性的有机统一。

第四,生态文明建设进程的统一性。由于历史和现实原因,我国不同区域生态文明建设虽然进程不一致,但都是以建设美丽中国为旨归,是我国生态文明建设的全方位展开,其结果就是美丽中国目标的逐步实现。生态文明建设的普遍性与特殊性,在进程上是统一的。

生态文明建设是新生事物,没有现成的经验可供借鉴。当前,我国生态文明建设既面临着国家经济实力持续提高、党和国家高度重视的有利条件,也面临着诸多困难。坚持生态文明建设普遍性与特殊性的有机统一,加快深化相关的体制机制改革,建立和完善生态文明建设的社会支持系统与考核评价体系,是加快推进生态文明建设应优先考虑的问题。

(社会反响:论文发表于《成都工业学院学报(社会科学版)》。截至2022年5月1日,论文被引用2次。)

文化再生产抑或文化流动：中国中学生学业成就的阶层差异研究

（马洪杰 张卫国《教育与经济》2019 年第 1 期）

本文基于全国性教育调查数据，致力于回答以下几个问题：第一，不同类型的文化资本，对学业成就的作用是否存在显著差异？第二，文化资本对学业成就的作用，是否存在阶层差异？通过回答以上问题，一方面可以丰富我们对中国社会背景下文化资本不同类型作用方式的认识，另一方面有助于了解文化资本在社会分层中发挥怎样的作用。

文化资本概念最早由布迪厄提出，用来分析社会不平等是如何在代际间进行传递的。他把文化——特别是以文凭形式存在的文化——视为一种特殊的资本类型，这种资本可以通过时间、精力、金钱获得，然后用来获得具有高地位、高收入的职业。文化资本以三种不同的状态存在，即身体化状态、制度化状态以及客体化状态。文化资本的身体化状态是一种身体和心灵的持续性倾向；文化资本的制度化状态主要是指教育文凭；文化资本的客体化状态是指文化产品（图画、书籍、字典、乐器等）。

对已有研究的回顾发现，文化资本研究经历了一个概念操作化日益精细，对其作用方式的探讨愈加全面细致的发展过程，多数研究发现文化资本对学业成就和教育获得发挥积极作用，并对文化资本发挥作用的过程和机制进行了探索，但也存在一些缺陷和不足：一是对文化资本概念的操作化莫衷一是，二是具体结论上的有所差异甚至相互矛盾。这诚然有不同国家的教育系统特征不同，社会分层模式和社会开放程度差异等原因在其中，但是对于同一国家，比如中国的研究，其结论也呈现出显著差异甚至明显矛盾，就十分耐人寻味了。

研究结论的差异和相互矛盾，可能来自：①对文化资本的操作化存在显著不同。这源于许多研究基于对大型调查数据的二手分析，研究主题和问卷设计大多并非围绕教育，可用的变量和指标有限，导致无法对文化资本的作用进行充分详细的探讨；即使运用了专门的全国性教育调查数据，但对文化资本的操作化方法具有争议性。例如有的研究将客体化文化资本和身体化文化资本整合为同一个因子，是否考虑到文化资本的不同类型，其对学业成就的作用的正负差异相互抵消所带来的偏差？②所用模型的差异。以往学者对于文化再生产和文化流动模式的研究，有两种操作化方法，一是在模型中纳入家庭社会经济地位与文化资本的交互项，二是按社会经济地位高低分为两个群体，分别建立回归模型，比较两个模型中文化资本自变量回归系数的高低。两种方式也都为中国学者沿用，但第二种处理方法存在删截问题，所得结论并不可靠。

为此,本文采用具有全国代表性的中国教育追踪调查(CEPS)数据,研究不同类型的文化资本对中学生学业成就的作用及其机制。首先,结合中国教育制度的独特性,就制度性文化资本、客体化文化资本和身体化文化资本如何分别影响学业成就,各自发挥怎样的作用进行研究,这是本文关注的首要问题;第二,通过分析客体化文化资本、制度化文化资本和身体化文化资本与家庭社会经济地位的交互项分别对学业成就的作用,探讨文化资本的效应在社会经济地位不同的家庭中是否存在差异,以此研究文化资本在中国究竟发挥了阶层稳定器的作用,还是促进阶层流动的作用。

本文采用多元线性回归模型进行统计分析,针对上述问题,文章得出以下结论:

首先,文化资本对学习成绩的解释力有限,仅能解释学习成绩方差的 0.4% 左右,其对学业成就的提升作用也比较小。因此,对于文化资本在教育分层中的作用,不可高估。

第二,文化资本对学业成就的影响要一分为二地看。各类型的文化资本中,对学业成就发挥作用的主要是制度化文化资本,而客体化和身体化文化资本对学生的学业表现无益,身体化文化资本中的亲子参加文化活动甚至还有负面作用。这可能源自中国教育制度的特征:中国在升学过程中的选拔是以基于学习成绩的客观标准为主,而客体化和身体化文化资本主要旨在提升子女文化素养,对考学作用有限。家庭旨在提升孩子身体化文化资本的努力(亲子参加文化活动)因为挤占孩子的学习时间和分散孩子的精力,而对其学业表现有不利影响。

第三,文化资本对社会经济地位不同的家庭发挥作用存在较大差异。这种差异有三种体现:对于能够促进学业的文化资本(制度化文化资本),家庭社会经济地位越高,其对孩子学业成就的促进作用越大;对于整体作用不显著的文化资本(客体化文化资本以及身体化文化资本中的亲子参加阅读活动),其对社会经济地位较高的家庭仍能够发挥一定作用;对于不利于学业的文化资本(身体化文化资本中的亲子参加文化活动),家庭社会经济地位越高,越能够规避其消极影响,甚至可以变不利为有利。总之,家庭社会经济地位越高,越能够扬文化资本之长、避文化资本之短。文化再生产理论认为家庭社会经济地位越高,掌握的文化资本在数量和种类上越具有优势,文化资本对子代发挥作用就越大,这与本文的研究发现一致。文化再生产模式在我国得到了一定程度的验证,而文化流动模式并未得到支持。从布迪厄对资本的定义来看,各种非经济的资本事实上是"经济资本的转化和伪装形式"。一方面,较高社会经济地位的家庭可用各种经济资本的投入丰富子女的客体化文化资本;另一方面,这类家庭拥有较多的经济资本,使对孩子时间的投资成为可能,便于家长在社会化过程中将特定的身体化文化资本传递给子女;此外,社会经济地位较高的家长一般具有较高的教育程度,便于对孩子进行言传身教。总之,社会经济地位较高的家庭能够更好地利用文化资本这种手段,促进孩子的学业成就。

上述结论在理论方面的启示在于:首先,不宜夸大文化资本在中国社会分层中的作用。文化资本作用的充分实现,需要满足以下前提:社会已经形成明显的文化和生活方式的区隔,中上层形成稳定的文化品位和生活方式,且这种文化品位为学校环境(包括教师)所重视,而转型的中国社会显然并不符合上述特征。有研究发现,当前很多中国的中产阶层只是收入上较为富足,但在态度、习惯方面并未显示出阶层独特性。此外,我国目前教育体系选拔人才的标准仍然比较单一,以标准化考试为主。因此,文化资本在我国对学业成就的作用有限。其次,文化资本的不同类型发挥的作用也存在着差异,甚至在作用方向上截然相反。因此,考察文化资本在社会分层中的作用,应将其分为不同类型,切不可一概而论。第三,不同类型文化资本的作用有正负,但中国的中上阶层却可以扬长避短,更好地发挥文化资本的作用。这说明文化再生产模式更适合解释中国的现实。要缓和这种社会不平等的代际传递,需要通过各种制度设计促进教育资源的均衡以弥补家庭文化资源和教育资源的分化,通过缩小学校之间在质量和阶层构成上的差异,为不同阶层学生通过后天努力获取文化资源实现向上流动创造条件。

本文所做的研究还存在如下一些局限性:首先,没有引入教育制度变迁的动态视角来考察文化资本在不同时期作用的变化趋势。期待以后能够利用多轮次的教育追踪调查数据,来检验未来中国社会中文化资本的作用的变化趋势。其次,众所周知,学校环境是影响学生成绩的另一个重要因素,要全面考察学生成绩的影响因素,更合适的方法是采用多层线性模型,同时将学校、家庭的作用纳入考察,而本文只是通过在学校内部对学生的学习成绩予以标准化来对学校因素进行控制,单独探讨了家庭因素的影响。未来的学业成就和教育获得研究还需要进一步考察学校因素对个人学业成就和教育获得的影响。

(社会反响:论文发表于《教育与经济》。截至 2022 年 5 月 1 日,论文被引用 10 次。)

> # 乡村振兴视域下政党组织社会的机制与运行空间
> ## ——基于S省J镇党建创新实践的考察
> （王惠林《南京农业大学学报（社会科学版）》2022年第1期）

一、乡村振兴视域下基层党组织与乡村社会的关系

基层党组织与乡村社会的关系问题是中国政党研究领域的一个重要议题。既有研究主要将政党组织社会纳入国家政权建设的研究视域，着重探讨在革命和建设时期，国家如何通过"政党下乡""党支部下乡"等方式，实现了对乡村社会的政治整合。与服务于国家赶超战略不同，推进乡村全面振兴，助力于"两个一百年"奋斗目标和中华民族伟大复兴中国梦的实现是当前及今后较长的一段时期，乡村最为重要的战略任务。与此同时，当前乡村社会的人口、资源、文化结构都与此前存在较大的不同。与既有研究视域不同，本文结合现阶段乡村所处的时代背景及国家对乡村的战略定位，将其纳入了乡村振兴的研究视域，并结合实证案例，探讨乡村振兴视域下基层党组织组织乡村社会的运行空间、机制及其效果等问题。

二、乡村振兴视域下乡村社会的组织性缺失

在实践层面，一般农业型地区村庄面临着组织性缺失的困境，深刻影响到乡村振兴的顺利推进。主要表现为：

首先，基层党组织与农民群众关系的疏离。村干部职业化以及村级组织与农民群众之间制度性连接纽带的松散是造成党群关系疏离的主要原因。近年来村干部职业化及由此带来的村级组织行政化在全国不同农村地区已呈普遍化趋势。由此，村干部逐渐成为行政科层体系中的一员，村级组织的社会属性也逐渐被剥离，同时村庄内部原有的动员体系也遭到破坏。村级组织与农民群众基于税费收取而形成的制度性连接纽带逐渐松散。农业税费取消以后，由于治理资源不再来自农民群众而主要来自上级政府，村级组织的行为逻辑也发生了较大改变，其突出的表现之一是治村动力的不足。

其次，村庄社会结构的变化对政党组织社会的方式提出新要求。随着工业化、城镇化的快速推进，一般农业型地区村庄普遍形成了以中老年人为主体的社会结构。在以中老年人为主体的社会结构之下，日常生活成为了主要内容。生活领域的治理体现出两个特征：一是日常性和反复性。该工作涉及农民日常生活习惯的养成和重塑，并不是短时间内聚集人力、物力，以突击的形式就能完成。二是多样

性和精准性。该工作的推进需要与千家万户的村民打交道,不同的村民会提出差异化的诉求,需要根据治理对象和事务精准施策。

再次,部分基层党组织组织能力弱化,难以担负起引领乡村振兴的重任。当前农村基层党组织建设仍存在一些薄弱环节。主要体现为部分党建工作的表面化和文牍化以及党员队伍结构的分化。党员队伍结构的分化削弱了基层党组织的凝聚力和战斗力。农村基层党组织的上述状况使得在不少农村地区,它还难以担负起引领乡村振兴的重任。与上述组织性缺失困境形成鲜明对照的是我国乡村所面对的艰巨性振兴任务。乡村振兴以对农村的全方位建设和系统性改造为主要要求,以对农业、农村、农民的重塑为目标,且对目标任务的完成进度做了明确的时间限定。因此,对于农村基层党组织而言,其面临的首要问题是如何通过加强自身组织能力建设,以凝聚资源、激活动力,使乡村社会各方面的积极因素都参与到推进乡村全面振兴的事业之中。

三、乡村振兴视域下政党组织社会的运行机制

首先,以区域化党建整合治理资源,推进公共服务下沉。在S省J镇的党建创新实践中,基层党组织以区域化党建的方式最大限度地整合资源,推进公共服务下沉,以更好地适应村庄社会结构特征。S省J镇于2001年在乡镇下设工作区层级,每个工作区负责管理10~15个行政村。2018年该镇将原工作区改为党建示范区并在示范区层级设立一级党委组织。在组织结构上,示范区党委形成了"班子成员＋老乡镇＋村干部"的复合型结构。这种复合型的治理结构有助于发挥资源的聚集效应,将问题解决在基层。资源的聚集效应主要源于示范区党委配置资源的能力。示范区党委主要通过两条路径配置资源:一是在横向上将所辖片区各行政村书记吸收为党委成员,以整合各村优势资源;二是在纵向上配置层级资源。资源配置的多样性使示范区成为了一个综合性的治理层级。示范区承担的功能或职责主要包括服务职能、治理职能以及推动乡镇中心工作和各条线事务在辖区内各行政村顺利落实。

其次,集体统筹机制。集体统筹机制本质上反映的是基层党组织对农村经济工作的领导权,它体现了中国共产党在促进农村经济发展中的根本性地位。J镇基层党组织对村庄经济工作的领导权主要通过两种形式表现出来:首先,以村党支部领办合作社的方式,深入农业生产、治理的具体过程,将农户组织起来;其次,提升基层党组织对村集体经济收入的再分配能力。基层党组织以集体经济再分配的形式强化村民与村集体之间的关联,对在村群体的日常生活给予支持。

再次,党员联户机制。党员联户是贯彻党的群众路线的一种重要方式。它借助普通党员的力量,推动基层党组织体系向乡村社会进一步延伸,直至深入村民的日常生活。除了上传下达信息之外,党员联户更为重要的作用在于以信息上传的压力,促使党员主动靠近村民,倾听民声并身体力行地解决村庄中的小微事务。党员联户实践所产生的党员与村民在日常生活中的紧密联结,有助于此类小微事务

的解决,提升党组织在农民群众中的形象和威望。

四、政党组织社会下乡村振兴的全面推进

首先,提高了农村基层党组织的凝聚力和战斗力。党员联户为基层党组织考核党员提供了评价标准,提高了党员的身份意识和主动性。同时,党员联户也为党员整合提供了媒介。以利益相连的公共事务为媒介,能够重塑党员队伍的组织性。基层党组织也可以以一定的机制引导,形成以先进带动后进的氛围,提升党员队伍的整体素质。

其次,重塑乡村社会的组织性,促进有效治理。示范区党委的设置和实体化运行,强化了乡镇党委对村党组织的领导和监督,激活了村干部的治村动力。对农民群众的组织动员主要体现在三个层面:一是以党支部领办合作社和集体经济收入的再分配机制,增强了村集体对农户的统筹能力;二是通过提供精细化服务和推动公共服务下沉,缩短了农民群众与政府职能部门打交道的物理距离,适应了农村常住人口老龄化的发展趋势,也提高了普通农民群众与现代化办事流程的对接程度;三是以生活治理为切入点,引导村民创造和谐有序的生活环境。

再次,推动区域协调发展,提升公共服务的均等化水平。在产业发展上,J镇以中心村为支点,形成了以先进村带动后进村的发展格局,促进资源的均衡分配。J镇将资源先打包到示范区层级,再由示范区党委结合区域内各村的发展情况进行统筹安排,以实现区域协调发展。J镇将公共服务下沉到中心村,通过中心村以点带面的方式提升基层公共服务的均等化水平。

五、小结与启示

现阶段,一般农业型地区村庄面临的最大挑战是人口、资源的疏散化。在这样的基础性条件下推进乡村振兴,需要充分发挥基层党组织总揽全局、协调各方的功能,以凝聚各方面资源、激活振兴动力。应加强基层党组织对集体经济发展和收入分配的统筹能力,充分调动普通党员走群众路线,以重塑乡村社会的组织性。中国地域广阔,各地区之间存在较大的发展差异。同一地域内的不同村庄之间也可能存在发展不平衡的问题,可尝试区域化党建的做法,以发掘各村潜力、集中优势资源推动区域协调发展。

(社会反响:论文发表于《南京农业大学学报(社会科学版)》。截至2022年5月1日,下载量770余次。)

村干部流动性任职的生成机制及其困境超越

（王惠林 李海金《学术论坛》2019 年第 2 期）

一、村干部流动性任职现象的兴起

近年来，村干部的流动性任职现象率先在东部沿海发达地区兴起，并逐步向中西部农村蔓延。流动性任职是指村干部突破了由户籍在本村的村民担任的条件限制，其作为调剂性资源，在镇域范围内流动。流动方向共分为两种：一是垂直流动，包括乡镇干部下派到村里担任村干部和村干部上调至乡镇部门任职；二是水平流动，是指村干部跨村交叉任职。现有研究普遍认为村干部的流动性任职主要缘于外力的形塑和驱动。学界集中讨论了江苏、上海、广东等东部发达地区村庄村干部流动性任职的实践，而鲜有学者关注农业型村庄村干部的流动现象。笔者在全国不同农村地区调研发现，一般农业型村庄与发达型村庄由于经济发展程度、村庄利益密度、人口流动情况等方面的差异，在村干部流动性任职的形成机制上也呈现出差异化特征。农业型村庄的村干部流动性任职虽然也体现出一定的行政化逻辑，但是其治理逻辑更为突出。内生动力在这一实践探索中占主导位置，村干部流动的主要目的是为了填补因村级治理主体缺位而造成的基层治理不足。

二、治理主体缺位、治理事务转型与流动性任职的形成

首先，传统型治理主体的退场。这里的传统型治理主体是指既充当"国家代理人"又充当"村庄当家人"的"非脱产"村干部。传统型治理主体的治村动力主要来源于社会性激励和经济性激励两种途径。然而，当前无论是正式激励还是非正式激励均处于失衡状态，造成传统型治理主体的退场。主要原因有：村干部的职业化变革造成经济性激励机制的失衡及市场化条件下社会性价值及激励机制面临难以再生产的问题。

其次，经济机会空间的压缩与新兴治理主体的离场。工业化和城镇化在造成大量农村青壮年流向城市及引起农村社会结构分化的同时，也意外地腾出了适当的土地资源和农村市场获利空间，使得一部分无法外出或无动力外出的村民成为坚守在村庄的"中坚力量"，以此填补了农村人、财、物流出所留下的农村社会秩序的真空。"中坚农民"是指以适度规模经营为主体的，主要收入在村庄、社会关系在村庄，且收入水平不低于外出务工又可以保持家庭生活完整的村民。这部分农民具备的两项重要特征使其能够成为合格的治理主体。其一，利益关系深嵌于村庄，

具有强烈的维护农村生产生活秩序的动力;其二,社会关系高度嵌入村庄,与村民有紧密的人情关系和社会互动。"中坚农民"之所以能留在村庄,与农村自发的土地流转秩序和基层市场的获利机会紧密相关。然而,随着近些年以龙头企业、种养专业大户为代表的资本化经营主体的下乡,农村的经济机会空间被大量挤占,"中坚农民"因此失去了生存的土壤,进而无法转化为新兴的治理主体。

第三,农村治理事务的转型。在事务的量化结构上,农业型村庄青壮年的大量外流使村庄整体呈现出留守型、"空巢社会"的特征,村庄内生性事务呈不断萎缩化的状态,在数量分布上也较为稀薄;在事务的质性结构上,村治事务的规范化程度在不断提高。这些事务有两个重要特点:一是以外生性事务为主,即大部分事务与农村社会内的各种利益关系、人情关系无过多的关联,而主要派生于行政意志;二是村治事务的"痕迹化"、文牍化对村干部提出了年轻化、知识化的要求,一定程度上倒逼了传统"泥腿子"干部的退出。对农业型村庄而言,村干部流动性任职的最主要目的是要解决村级治理主体的继替。"流官"构成基层政府培养、选拔村级治理主体,维护农村治理秩序的重要方式。

三、村干部流动性任职的治理实践困境

首先,与既有村庄社会结构的张力。流动性任职的村干部必须首先融入农村社会,这是它实现有效治理的前提和基础。然而,它往往会遭到来自既有村庄社会结构的阻挠。这一阻力主要来源于同一行政村或自然村的村民所产生的"自己人"认同。在"自己人"单位以外达成互助、合作的成本较高,其首要的是解决基本的信任问题。虽然受市场经济和现代国家政权建设的影响,实体的基于血缘、地缘和社会交往关系而形成的"自己人"认同遭到一定程度的破坏,但是,观念层面的"自己人"认同却依然存在,并影响农民的日常行为,这种认同在面对陌生人、"他人"时会得到进一步强化。

其次,"流官"村干部的"去权威性"。传统型村干部治理村庄的合法性主要来源于自上而下的国家授权和自下而上的村民认可。村民在日常的生产、生活互动中积攒社会威信,从而被推举为村干部。社会威望的积累主要通过两种途径:一是先赋性的血缘关系;二是通过红白仪式、村庄公益性事业积累权威。内生于村庄之中的传统型村干部具备整合与调动资源的优势,而"流官"村干部只具备自上而下的国家授权,却缺乏生长于村庄内部的社会性权威。

第三,规则化治理方式与传统型事务的错配。村干部的流动性任职也是现代国家公共规则向农村社会的渗透和输入过程。总体上看,农村治理事务的规范化程度在不断提高,然而,传统型治理事务,如矛盾纠纷调解、计划生育、村庄发展,却并未完全消逝。这类事务具有连带性、偶发性和弥散性的特征,并不适应遵循普遍主义、精细化程度很高的公共规则化治理方式。规则治理还会消解"流官"村干部回应农民需求的动力,即在处理事务时只遵照程序办事,遵循不出错的逻辑,而并不关注农民的内在需求及其满足程度。

四、困境超越：精英吸纳与群众路线

流动性任职的村干部要嵌入村庄，推进农村社会的有效治理，必须要实现村级组织内的整合与动员以及赢得农民的认可，提升村级组织处理农村事务的能力。要解决上述问题，必须积累和调动社会性资源，而威望和社会资本的积累可通过精英吸纳和群众路线两条路径实现。

首先，精英吸纳。农村社会中的老党员、老干部、老教师群体是农村基层组织可以动员以协助"流官"村干部有效治理村庄的社会性资源。可根据对象的不同综合采取正式与非正式的动员机制。担任过村干部及其他职务的老党员、老干部一般具有较高的思想觉悟和社会责任感，以基层政府和村级组织为主体的正式动员方式往往能发挥较好的动员效果，尤其是在当前农村社会价值生产能力趋于弱化，非正式激励机制作用有限的情况下。同时，可将社会精英整合和吸纳到理事会、乡贤会等民间社会组织之中，并赋予这类组织以一定的治村合法性，使其在村"两委"的指导下参与村庄治理。

其次，群众路线。群众路线是"流官"村干部积累社会威望、获得村民认可的主要途径。一方面，"流官"村干部在深入群众、为农民提供公共服务中获得群众基础；另一方面，群众基础直接转化为村干部的社会治理资源。因此，社会威望的积累和治理能力的提升与群众基础之间是一个相辅相成、相互强化的过程。"流官"村干部可通过常规和分类治理的群众工作方法践行群众路线。

（社会反响：论文发表于《学术论坛》。截至 2022 年 5 月 1 日，论文被引用 2 次。）

典型"福利国家"老年长期照护服务的国际比较与价值启示

(罗丽娅 丁建定《经济社会体制比较》2021年第1期)

2019年,《国务院办公厅关于推进养老服务发展的意见》(国办发〔2019〕5号)明确提出,针对当前我国养老服务存在有效供给不足、发展失衡和质量不高的问题,要努力建立健全高龄、失能老人长期照护服务体系。老年人作为特殊群体,更容易面临疾病、失能、贫困等多重风险。照护比例与年龄之间呈现正相关:年龄越大的,照护需求越高。受经济发展和人口流动影响,家庭结构呈现少子化、小型化,空巢老人家庭的比重增加,一直备受老人认可和首选的家庭照护纽带面临崩断的压力。面对需求激增与有限供给之间形成的巨大张力,如何保障国家、家庭与个人科学合理地参与其中,促进我国老年长期照护服务可持续高质量发展已成为现阶段关注的重点议题。基于此,本文拟尝试从老年长期照护服务的由来与演变出发,对典型"福利国家"荷兰、英国、西班牙老年长期照护的服务实践进行阐述和比较,进而揭示不同服务实践产生差异的影响因素和价值启示。

一、老年长期照护服务的由来与演变

长期照护服务是指,以一批人和物连接着需求端与供给端,重点为失能群体提供长时间的健康护理、生活照料以及社会服务。长期照护服务始于早期英国福利体系中对穷人的救助,为了满足穷人的照护需求而演化出某些专业的服务内容和评估方式。伴随着社会发展,长期照护服务逐渐成为公共政策的讨论议题,国家、家庭和个人都需要参与其中,这使得它在政治经济层面超出公共供给范围,也超出私人领域涵盖范围,是一种私领域向公领域的延伸。在此过程中,照护活动必然受到家庭观念、福利文化以及福利体制等多重影响,同时内嵌于既定的社会阶层、权利关系之中,照护服务既与文化观念有关,又与社会制度相关。而家庭作为生产和递送福利服务的重要组织却一直被学者忽视,很多女性主义学者就认为埃斯平·安德森的"福利三体制"划分忽视了女性忙于免费家务劳动而无法进入劳动力市场的尴尬处境。随后学者们在欧洲国家照护安排的研究中达成一致共识,认为南欧国家呈现出明显的以私人免费照护为主导的"家庭主义福利"特征。本文拟引入这一概念,将三种经典福利体制之外的众多南欧国家归为"家庭主义福利体制",进而在"福利三体制"基础上努力完善典型"福利国家"类型。

二、典型"福利国家"老年长期照护服务实践与比较

基于福利国家类型学,对典型"福利国家"老年长期照护服务实践进行具体分

析,可以发现以荷兰为代表的"国家主导型",老年长期照护服务绝大部分是由国家负责向所有国民提供,政府公共资金投入规模最高,充分发挥国家责任;以西班牙为代表"家庭主导型",老年长期照护服务绝大部分是由家庭成员负责提供,政府公共资金投入规模最小,非常注重家庭责任;以英国为代表的"个人主导型",老年长期照护服务绝大部分是由个人自主安排,通过向市场购买或家庭成员帮扶,政府公共资金投入规模较小且只发挥安全网的作用,强调个人责任。虽然三国都努力在改革中持续完善照护服务的"可获得性、可持续性与可负担性",但就目前的政策设计与实践效果来说,它们仍具有显著的国别特征与福利特色,以下将从目标对象、责任主体、消费者选择、照护支出与照护范围比例、市场化程度五个维度进行比较分析。

第一,目标对象是指老年长期照护服务受益对象范围和评估条件,即服务申请者需要达到何种标准才有资格享受公共资金支持的长期照护服务。这一维度意味着人们在服务前期是否享有同等进入照护服务范畴的权利。荷兰的目标对象覆盖范围最为广泛,仅仅进行需求评估,具有普遍性特征;英国和西班牙的目标对象覆盖范围由于财政资金的约束而优先选择部分群体,需求评估之外纳入家计或资产调查环节,具有选择性特征。第二,责任主体是指老年长期照护服务的财政责任和管理责任。三国老年长期照护服务的筹资来源都是政府资金和个人付费,管理责任都是地方政府,而政府资金的构成和具体筹资比例存在较大不同。地方政府在三国老年长期照护服务中都是非常重要的责任主体,由于英国和西班牙地方政府的筹资负担相对于荷兰较重,区域发展差异化明显。第三,消费者选择是指老年长期照护服务对象可自主选择的服务内容和形式,主要包括实物福利和现金福利。每个国家照护服务使用者的待遇种类存在差异,虽然荷兰的机构、居家等传统实物服务水平相对较高,但西班牙发放现金津贴待遇的形式不仅可以扩大消费者的主体选择,还可以通过购买形式督促照护服务供给方提升质量。第四,照护支出与照护范围比例代表着老年长期照护服务的投入产出比。荷兰是高投入-高覆盖,西班牙和英国都是低投入-低覆盖,而后两者的内部特征却有所差别。英国旨在将有限的资源完全投在最需要的人手中,从经济学意义上来说它是一种微观效率较高的服务类型。西班牙的"分权制"导致地方政府极力提高照护服务价格和降低照护待遇,进而老年长期照护服务的微观效率不高。第五,市场化程度是指老年长期照护服务供给中的私人部门参与程度。荷兰的市场化程度较高,一方面民众更为偏好正式照护服务,另一方面长期护理保险基金和政府税收投入保证照护服务资金的可持续性,这些都推动着私人部门的参与实现良性循环。

三、典型福利国家老年长期照护服务实践评价和启示

荷兰政府在老年长期照护服务中的参与性强,明确责任主体,及时制定并调整顶层设计,切实保障每一位有需要的公民都能获得高质服务,但作为政府投入为主的正式照护服务型代表国家,长期居高不下的照护成本已成为国家努力突破的困

境。英国作为最早建立的福利国家,建立了"从摇篮到坟墓"的社会保障制度,却并未建立专门的老年长期照护服务制度,其老年长期照护仍零散于健康照护和社会照护体系之中,健康照护由国家卫生部门管理,现金待遇由劳动保障局负责发放和社会照护由地方政府具体负责提供,这样一来多重部门之间可能存在利益冲突,长此以往呈现出地方性不均衡态势。西班牙在正式照护发展有限的前提下,政府通过向个体发放免税的老年长期照护现金待遇以鼓励家庭非正式照护,一定程度上既可肯定女性家务劳动的经济价值,又可较好地延续"家庭非正式照护"传统,但受"分权制"政治特征影响,西班牙老年长期照护服务的区域发展失衡,服务均等化矛盾较为突出。

福利文化的内生作用和风险属性的认知影响共同导致了多国老年长期照护服务的差异。因此,中国应借鉴典型福利国家的发展经验,从以下三个方面完善老年长期照护体系。一是重新审视福利文化因素,奉行"适度普惠"的照护服务理念。当前我国应逐步加大政府财政投入,整合公私领域照护服务资源,实现由"兜底补缺"向"适度普惠"的照护服务理念渐进型过渡,逐步从低收入严重失能老人向有诉求的普通失能老人进行扩张型覆盖。二是充分协调央地政府间关系,明晰不同层级政府的专属责任。中央政府应发挥顶层设计作用,制定相关的法律法规并做好服务项目的评估工作,更要充当长期照护各部门之间的桥梁,有效联结政府、社会福利和医务部门,实现各部门间的良好合作;地方政府负责具体执行各项老年福利政策,广泛动员专业社会组织力量,鼓励民间资本进入长期照护服务领域,保障照护服务项目的有效实施。三是丰富照护服务给付方式,扩大消费者选择权利。加大政府对长期照护服务津贴的财政投入,根据实际制定多种照护给付方案,实行与经济发展水平相配套的津贴动态调整机制。既要保证津贴水平的适度,又要将津贴制度的进入、退出与当前残疾人补贴等相关政策进行有效衔接。

(社会反响:论文发表于《经济社会体制比较》。截至 2022 年 5 月 1 日,下载量 650 余次。)

中国近现代史基本问题研究
（党史党建）

论道路自信的社会心理认同

（岳奎《马克思主义与现实》2019年第2期）

中国特色社会主义道路自信产生于中国共产党带领人民选择、探索、建设和发展社会主义的伟大历程中，是中国人民对中国特色社会主义发展道路的高度肯定和确信。但道路自信不是一个单维度的实践认证，是自信主体对中国特色社会主义道路及其指引下的中国社会产生正面认知和积极评价后才能形成和持续存在的良好精神状态和心理，它强调的是自信主体对自信客体的认识和看法，并且这种看法是正面、积极和向上的，是一种社会心理的反映，有着健康且深厚的社会心理认同基础。

其一，道路自信是近代以来中国人民选择中国发展道路的心理认可与情感肯定。中国特色社会主义道路是近现代中国人民在充分认识个体需要和民族需要的基础上，基于中国的实际国情对自我行动所作出的自主选择。事实充分证明，在近代以来中国社会发展进步的壮阔进程中，历史和人民选择了中国共产党，选择了马克思主义，选择了社会主义道路，选择了改革开放。历史和人民选择社会主义道路，必然会引导人民群众全身心投入中国特色社会主义的伟大实践中，并在中国道路发展的反思中形成了对道路的高度自觉和深信不疑，进而上升为对中国发展道路的自信。这种"反思性"自觉超越了简单的"知性思维"，是"主体对'中国道路'采取的一种'创造性思维'"，是中国人民在新时代的自主选择。从纵向比较看，新中国成立以来，特别是改革开放40多年来，中国取得的巨大发展成就，尤其是综合国力的增强和人民生活水平的提高，充分证明了中国特色社会主义道路在中国共产党的领导下，其发展的正确性和与中国国情的高度契合性。在坚持中国特色社会主义发展道路的伟大实践中，人民群众不断积累起越来越多的积极情感反应，并在对中国历史的比较与反思中，不断增强对中国发展道路的心理认可与情感肯定。从横向比较看，从总体上看，尽管当前中国的经济社会发展水平包括科技总体水平与西方发达国家相比还略显落后，但就中国特色社会主义道路的活力而言，与当代西方相比，我们明显处于优势，特别是推动"中国道路"发展的关键因素——中国共产党的坚强领导、社会主义制度的巨大优越性、充分发挥社会主义市场经济"两只手"的作用,得到国际社会充分认知和肯定。

其二,道路自信是人民群众对中国特色社会主义伟大建设成就的心理认同与情感确认。中国道路是自鸦片战争中国开始沦为半殖民地半封建社会后,历经旧民主主义革命、新民主主义革命、社会主义革命、社会主义建设和改革,探索在一个发展落后的人口大国,实现民族解放和国家现代化、巩固和发展社会主义的发展道路,是实现中国人民从站起来、富起来到强起来的发展之路,也是中国人民从挨打、挨饿到在中国共产党的领导下解决温饱、再到决胜全面建成小康社会并实现中华民族伟大复兴之路。中国人民正是在坚持自己所选择的道路发展中,自信心不断积累,积极情感不断生成,进而自觉主动形成了中国特色社会主义的道路自信。人们通常总是被自己亲身所见到的道理说服,更甚于被别人精神里所想到的道理说服。在道路自信的生成和发展中,中国人民不断受益并享受中国特色社会主义道路巨大成功所带来的实践成果,也坚定了对这一发展道路的勇气和信心。可以说,道路自信就是中国人民对近代以来发展道路历经挫折,最终在中国共产党的领导下坚持走中国特色社会主义道路所取得的伟大成就的社会心理的集中反映,是对党领导人民探索中国道路过程和结果的高度肯定和认同。

其三,道路自信是广大人民群众对中国共产党实现中华民族伟大复兴目标的心理期待与情感要求。进入新时代,党的十九大站在中华民族伟大复兴的高度,对中华民族伟大复兴中国梦的实现进行了深度谋划和顶层设计,科学规划了中国特色社会主义道路发展的"两个一百年"奋斗目标,指出实现这一发展目标的路线图和时间表,把中国特色社会主义道路的发展图景融入人民群众的未来生活,既提升了中国道路目标的实效性,也拉近了坚持道路自信与人民群众之间的距离,满足了人民群众对未来发展的心理预期和情感期盼,强化了广大人民群众对中国道路的认同和感知,也必将更加坚定中国人民走中国特色社会主义道路的自信步伐。

总的来说,道路自信是中国人民在半殖民地半封建社会自发思考和选择中国道路,以及在中国共产党的领导下推翻"三座大山"过程中自觉选择和理性思考中国道路的深刻总结,是对中华人民共和国成立以来的社会主义建设成就,特别是改革开放40多年取得的伟大建设成就的情感表达,更是对中国未来发展方向和发展前景的坚信,对"中国特色社会主义道路是实现社会主义现代化的必由之路,是创造人民美好生活的必由之路"的高度自信。同时,道路自信还与理论自信、制度自信、文化自信构成了中国人民选择中国道路的严密的社会心理表达体系。其中,理论自信构成了道路自信的理论指南,是中国人民对中国特色社会主义理论体系科学性、正确性的自信,是确保全党和全国人民坚定不移走中国特色社会主义道路的理想信念和行动指南;制度自信是中国人民对走中国道路自身制度优势的自信,呈现的是中国道路自信的历史"轨迹"和前进的"内容",是道路自信在理论自信指导下的对象化、现实化和具体化,是中国人民在中国共产党的领导下,结合中国具体国情,以人民利益为中心,坚持道路自信的历史实践结果,是道路自信在发展目标与人民群众需要之间维持紧密联系,确保道路自信成果能够被人民群众充分分享的制度保障;文化自信是道路自信的精神支撑和精神基因,是道路自信越走越远、越走越宽广的文化认同和精神源泉。由此可见,道路自信厚植于广大人民群众的土壤里,具有深厚的社会心理基础,不仅是中国共产党人的核心使命,也是中国共产党把国家、民族和个人凝聚在一起,以更加统一的意志、更强大的凝聚力和向心力同心同德、"撸起袖子加油干",早日实现中华民族伟大复兴中国梦的重要源泉。

(社会反响:论文发表于马克思理论学科的权威期刊《马克思主义与现实》。截至 2022 年 5 月 1 日,论文被引用 5 次。论文发表后,被《新华文摘》2019 年 13 期转载,人大报刊复印资料《中国共产党》2019 年 7 期全文转载。)

"不忘初心"与自觉抵制西方非意识形态化错误思潮

(岳奎《马克思主义研究》2018年第9期)

非意识形态化既是西方现代资产阶级政党掩盖其阶级本质的面纱,也是西方"和平演变"社会主义制度的重要手段。自苏联解体、东欧剧变以来,非意识形态化思潮以所谓"新自由主义""民主社会主义""消费主义"、历史虚无主义"普世价值"等多重面孔渗入,企图从"演化"我们的核心价值入手,达到摧毁党的意识形态体系甚至颠覆社会主义政权的目的。强调"全民党""超阶级""中间化",不加选择地以西方政党转型理论简单评判中国共产党也是西方非意识形态化的重要表现形式。

党的十八大以来,习近平总书记多次强调要"不忘初心"。这不仅是对我们党的历史责任和使命的重申与强调,也是我们认识和批判非意识形态化思潮的有力武器。"不忘初心",就是要求坚定共产主义信仰,高举马克思主义伟大旗帜,在实践中自觉抵制各种所谓"非意识形态化"思潮,确保党的红色基因血脉相承。这里所说的基因就是,一个政党在建设和发展过程中所形成和积累的具有自己特征的信息单元,支持着政党的基本构造和性能,储存着政党的基本特性和基本信息,决定着此政党不同于彼政党的根本特性。阶级性是政党基因的根本属性。政党基因是政党形态和行为模式的最根本塑造力量,也是政党始终代表本阶级利益,保持党的性质和宗旨不变,并在过去、现在和未来时空中传承、传播政党理念的基本单位。意识形态是党的基因内在"标的",意识形态的丧失必然导致党的基因异化,势必威胁党的领导,危及党的执政地位。

其一,应严禁党的阶级属性遭到模糊。马克思主义认为,政党的根本属性是阶级性。任何政党都建立在一定的阶级基础之上,代表一定阶级的利益。政党的阶级性决定了一个政党代表何种利益,以何种姿态站在世人面前践行何种政治理念、立场、信仰和价值取向。因此,政党的阶级属性没有中间地带,没有模糊空间,既不存在所谓的"全民党""超阶级"政党,也不存在所谓的"中间化"道路;套用这些理论来评判中国共产党,都是试图达到淡化甚至抛弃我们党的无产阶级红色基因的目的。

其二,应警惕党的红色基因受到污染。从政治生态学的角度来看,每个政党都有自己的"生态位"。"生态位"决定了政党在政治环境中适合生存的不同环境变化的区间范围。事实上,每个政党在长期的生存竞争中都拥有一个最适合自身生存的特定时间、空间位置和功能定位,即"生态位"。最佳的生态位须因环境变化而不断调整。西方政党转型的理论与实践就是西方资产阶级政党不断调整"生态位"以维护自身统治和利益的真实写照,其在转型过程中提出的"全民党""超阶级""中间化"等非意识形态化思潮,非常具有迷惑性,成为欺骗选民、提高执政合法性和维持执政地位的重要手段。正是由于西方资产阶级政党这种转型极具迷惑性和欺骗性,也就成了西方敌对势力从外部污染中国共产党的红色基因的重要切入点。习近平总书记多次强调"不忘初心",不仅要求全党做到守土有责、守土负责、守土尽责,及时发现和解决宣传思想领域出现的重大问题等,还着力推进"打铁还需自身硬",所有这些都是为了防止党的红色基因受到污染。

其三,应谨防党的红色基因发生变异。政党的阶级性决定了政党基因同样具有很强的坚定性,可以使政党长久维持某种过程或状态。政党意识形态是政党发展过程中持续的基因表达,不仅传递着政党基因"编码",还表现为对政党阶级属性的传承与坚守。西方资产阶级政党在转型过程中,提出"全民党""超阶级""中间化"理念,表面上是意识形态趋同和淡化,本质上依然是提高执政合法性维持执政地位,资产阶级政党的基因并没有改变。这些理念也成为敌对势力消解中国共产党的主流意识形态、变异党的红色基因,甚至颠覆社会主义政权的重要武器。苏联共产党作为一个拥有近2000万党员的大党,之所以在一夜之间就土崩瓦解,其核心原因就是苏共意识形态的全面崩溃,苏联共产党的红色基因发生了变异,我们必须深刻汲取这一教训。

习近平总书记关于"不忘初心"的重要论述,不仅为我们观察和识别西方非意识形态化思潮提供方法论,为我们批判和揭露各种非意识形态化思潮提供了有力武器,也为我们进行伟大斗争、建设伟大工程、推进伟大事业、实现伟大梦想提供了内在依据。我们一定要坚定共产主义理想信念,使党的红色基因血脉相承,自觉抵制各种非意识形态化思潮的侵袭,勇于直面问题,敢于刮骨疗毒,消除一切损害党的先进性和纯洁性的因素,清除一切侵蚀党的健康肌体的病毒,始终成为时代先锋、民族脊梁,永远保持马克思主义执政党本色。

(社会反响:论文发表于马克思理论学科的权威期刊《马克思主义研究》。截至2022年5月1日,论文被引用9次。论文发表后,被人大报刊复印资料《思想政治教育》2018年第12期全文转载。)

论中国共产党发展观的历史演进——从阶级斗争到以人为本

（严世雄 郝翔《湖北社会科学》2012年第2期）

中国共产党的发展观是中国共产党对于发展问题的根本看法和观点,具体地说,这一问题包括什么是发展,采取什么形式发展、发展的目的是什么、发展的动力是什么、发展的标准是什么、为谁发展、依靠谁发展,等等。党的每一代领导集体对发展的问题,都有自己的解读和回答,在此基础上,创立了自身的发展观,为中国共产党的发展观的创立和发展作出了应有的历史贡献。从毛泽东到邓小平、江泽民和胡锦涛,党的领导集体对党的发展观进行了不懈的探索,使得党的发展观也经历了与马克思主义中国化一样不断深化不断创新的历史进程。具体来讲,中国共产党的发展观的创立和发展经历了三个阶段的演进,即:以阶级斗争为核心—以生产力为核心—以人为本。

一、毛泽东以阶级斗争为核心的发展观

毛泽东以阶级斗争为核心的发展观的内涵主要包括以下四个方面。第一,阶级属性是最重要的社会属性。毛泽东对社会成员的认识主要从其阶级属性开始,把社会成员的阶级属性当作最根本最重要的属性,在这一基础上开展其对社会和社会成员的分析和解剖,这也是历史唯物主义的必然要求。第二,阶级分析是最基本的社会分析方法。毛泽东认为社会调查的最基本的方法就是阶级分析的方法,社会调查的最主要的内容也是阶级调查。第三,阶级斗争是社会发展的基本动力。以毛泽东同志为代表的中共第一代领导集体强调阶级斗争作为社会发展的基本动力,把阶级斗争作为其实行社会变革的基本武器,就是必然的选择。第四,阶级斗争观点是历史唯物主义的核心内容。在毛泽东同志看来,坚持历史唯物主义就是要坚持阶级斗争,抛开阶级斗争就会陷入唯心史观的错误中。

毛泽东同志以阶级斗争为核心的发展观具有一定的历史必然性。阶级斗争理论是马克思主义的理论基础;阶级斗争理论是列宁主义的理论特色;阶级斗争理论也是近代中国国情和民主革命实践的需要所决定的。在长期领导武装斗争的实践中,毛泽东采取阶级分析的方法来分析中国革命的基本问题,并以阶级斗争作为基本的价值取向就具有了历史的必然性,而这也必然导致以毛泽东同志为代表的中共领导人在形成其革命理论的过程中以阶级斗争的价值取向来统领整个理论体系,从而把阶级斗争作为推动社会进步和发展的主要手段。

二、邓小平以生产力为核心的发展观

"文革"之后,邓小平成为中共第二代领导集体的核心,他对新中国30年社会主义建设的经验和教训进行总结和反思,开始了在思想路线上的拨乱反正和行动路线上的改革开放。正是在这一过程中,邓小平抓住了当时中国社会的主要矛盾即生产力发展落后于生产关系的矛盾,强调以发展生产力作为解决社会矛盾的总钥匙,创立了中国特色的发展理论,也确立了中国共产党以生产力为核心的新的发展观,实现了中国共产党的发展观由阶级斗争向发展生产力的转化,完成了党的发展观的质的飞跃。

首先,社会主义本质理论是以生产力为核心的发展观的集中体现。从社会主义本质理论来看,邓小平同志从生产力和生产关系两个方面界定了社会主义,但是由于生产力的决定性作用,再加上当时中国社会的主要矛盾中生产力居于矛盾的主要方面,所以邓小平同志的社会主义本质理论的核心在于生产力,解决了生产力落后的问题才能建立先进的生产关系。其次,"三个有利于"是检验以生产力为核心的发展观的标准。"三个有利于"的标准的实质其实是生产力标准。第一个标准直接指向社会生产力;第二个标准是综合国力标准;第三个标准是人民生活水平的标准。再次,以经济建设为中心是以生产力为核心的发展观的具体形式。在以生产力为核心的发展观的具体实现形式上,邓小平同志提出了"一个中心两个基本点"的理论论述,强调在发展生产力中经济建设的中心地位。最后,科学技术是以生产力为核心的发展观的主要工具和手段。邓小平同志强调科学技术在现代生产力发展中的重要作用,把科学技术由过去的间接生产力上升为直接生产力而且是第一生产力,这不仅是对马克思主义科学技术观的新突破,更是对现代社会生产力内涵的新的深刻认识。

三、江泽民对以生产力为核心的发展观的深化和发展

以江泽民同志为核心的党的第三代领导集体,提出"三个代表"重要思想,把中国化马克思主义理论推进到新的高度。江泽民同志指出:"我们党所以赢得人民的拥护,是因为我们党在革命、建设和改革的各个历史时期,总是代表中国先进生产力的发展要求,代表中国先进文化的前进方向,代表中国最广大人民的根本利益。""三个代表"重要思想是在世情、国情和党情发生了根本变化的基础上,重新判断中国共产党的历史方位后提出的战略构想,是对邓小平理论的继承和发展。在发展观上,"三个代表"重要思想蕴涵了邓小平的以生产力为核心的发展观,同时,又是对邓小平的以生产力为核心的发展观的深化和拓展,特别是对"三个有利于"标准的深化和发展。

首先,代表先进生产力对生产力内涵的深化和发展。在当代条件下,先进生产力突出表现为它的构成要素及其结合方式以及最后形成的结果产生了质的飞跃,

突出表现为现代生产力越来越依靠科学技术的进步。其次,代表先进文化对发展生产力的价值导向的深化和发展。发展生产力,进行社会主义现代化建设,实现中华民族的伟大复兴,要求物质文明和精神文明共同发展,而社会主义先进文化是社会主义精神文明的载体。最后,代表最广大人民的根本利益是对发展生产力目的的深化和发展。中国共产党要代表中国最广大人民的根本利益,正是体现了党领导人民发展生产力是为了人民的发展这一根本目的。

四、胡锦涛以人为本的发展观

以胡锦涛同志为核心的党中央提出了坚持以人为本、树立全面协调可持续的发展观、促进经济社会和人的全面发展的重大战略构想。科学发展观是在准确把握世界发展趋势、认真总结我国发展经验、深入分析我国发展阶段性特征的基础上提出的。以人为本的科学发展观是对经济社会发展一般规律认识的深化,是马克思主义关于发展的世界观和方法论的集中体现,它是对马克思列宁主义、毛泽东思想、邓小平理论和"三个代表"重要思想关于发展思想的继承和发展,是对历史唯物主义的认识的深刻和发展,标志着中国共产党的社会发展观在新时期的进一步突破和发展,即从以生产力为核心到以人为本的突破和发展。以人为本的发展观的确立是对传统发展模式的深刻反思,是对唯物史观和马克思主义人学理论的重新发掘,也是构建社会主义和谐社会的新的实践的需要。以人为本的发展观的科学内涵从价值哲学上讲就是要以人为价值本位;从社会发展上讲就是以人的发展为目的;从政治上讲就是要以人民群众的利益为本;从伦理道德上讲就是要把人当人看,要尊重每个个人。以人为本的实现形式则是全面、协调、可持续的科学发展观。

总体上看,中国共产党成立九十年来,社会发展观认识经历的四个主要阶段的演进,反映了党在不同历史时期面临不同的环境和任务。马克思主义关于发展的世界观和方法论的不断中国化的理论和成果,反映了党对社会发展规律的认识的深刻和进步。对党的发展观的历史分析,对于我们今天正确理解中国共产党确立以人为本的科学发展观的历史必然性,以及对于探索中国共产党未来更高形态的发展观的演变,应该说是有积极的借鉴意义,也是必不可少的。

(社会反响:论文发表于《湖北社会科学》2012年第2期,截至2022年5月1日,被引4次。论文发表后,被人大报刊复印资料《思想政治教育》2011年第10期全文转载。)

马克思主义大历史观下的新时代:历史、理论及实践

(李敏伦 李霞玲《潇湘论坛》2019年第6期)

马克思主义的大历史观是一种辩证科学的历史观,其目的旨在构建一种整体化的历史意识。中国特色社会主义进入了新时代是习近平总书记在中国共产党第十九次全国代表大会作出的重大政治判断,此判断是根据中国当下的历史坐标已经发生新位移而作出的。本文旨在从马克思主义大历史观理解中国特色社会主义新时代的历史责任、理论要务及现实选择。

一、历史责任:超越、证明与重构

中国特色社会主义新时代在历史维度上承担着三个角色:文明实践主体、世界意识形态实践主体、中国意识形态实践主体。由此角色系统引出的历史责任如下:

首先,中国特色社会主义新时代必须使中华民族复兴到超越历史最高发展水平。民族复兴既是自身纵向发展历史曲线的描述,也是定位于不同历史坐标上的横向的民族比较结果,中华民族复兴的意涵之一就是中华民族应该作出与自身体量相当的世界性贡献。当前,我国国内生产总值居世界第二位,在世界事务中,中国的话语权日渐增大,这表明当今的中华民族正接近历史最高发展水平。然而,中华民族行于此处,国内国际压力都会更大,不进则必然会带来大退步。基于此,中国特色社会主义新时代只有坚持发展,一鼓作气超越中华民族发展史上的最高水平,从而引领世界的发展,中华民族才能最终实现伟大复兴。

其次,中国特色社会主义新时代必须通过中国的实践向世人证明社会主义更具优越性和正向性。中国的社会主义是从封建主义发展阶段跨越了资本主义发展阶段而直接进入到社会主义阶段的社会主义,这就决定了中国要完成"证明优越性和正向性"的发展要务,在社会主义发展阶段就必须逐步完成四个阶段的历史任务,即资本主义发展阶段、革命转变阶段、不发达阶段、比较发达阶段。新中国成立至今,前两个阶段的历史任务已基本完成,中国正处于建成社会主义现代化强国并为进入比较发达的社会主义阶段作准备的时期。这是一个社会主义的制度优越性和道路优越性已初步显现、理论优越性和文化优越性还待世人认同的时期。在此关键时期,中国必须通过自身实践进一步向国人和世界证明社会主义的确比资本主义更具有优越性和正向性,才能有力驳斥一切质疑。

再次,中国特色社会主义新时代必须引领世人重构对社会主义和共产主义的信心和毅力。共产主义既是人类对公平、自由、和谐社会的持续崇尚和恒久价值追求,更是人类先进分子根据人类社会的历史演化规律而作出的对未来美好社会形

态符合逻辑的合理设计。然而,东欧剧变、苏联解体、冷战结束,多数国家的共产党被边缘化,共产主义从一个正在实现的社会理想变成了"笑话"。在此国际背景下,中国的社会主义实践不但坚持了下来,而且短期内即取得让世人惊叹的成就。这使越来越多的人相信:共产主义不是幻想,也许只有中国的发展模式和理念才能救纷乱的世界和分裂的人类。因此,中国特色社会主义有责任和义务通过自身的理论和实践探索,展现自己的独特优势,使世人对社会主义和共产主义的信心和毅力更加坚定。

二、理论要务:引领与扬弃

从理论维度上看,中国的社会主义建设需要在生产力和生产关系两方面都证明社会主义的优越性。

首先,中国特色社会主义新时代在生产力层面必须实现从"跟跑""并跑"向"领跑"世界、继续探索增强人类认识和改造自然能力的转变。进入21世纪,中国已基本与世界最先进水平同步。这表明中国在扩大自然范围的认识能力、人与自然关系的认识能力、人类改造自然能力等方面正进入一个由追赶者转变为并行者的新时代。然而中国在一些领域依然与世界最先进水平还存在一定差距。基于此,党的十九大报告提出要逐渐普及高中阶段教育,以提升民众认识自然的能力。

其次,中国特色社会主义新时代在生产关系层面必须扬弃落后因素,强化社会主义因素。一种生产关系是否能更好服务于人们的生活需求,既要看其为人们提供产品的数量和质量选择,也要看其提供的产品是否符合人们的真实生活需求。在资本主义生产关系调节下,生产和生活被异化。在共产主义生产关系调节下,生产重回服务于生活这一本位职能,人与人相互依存和协作,健康和谐关系是其自然结果。比较两种生产关系下的人际关系状态,显然,共产主义生产关系应是人类长期追求的合理且正确的发展方向。中国的社会主义建立在落后的生产力基础上,此现实决定了中国一方面要按照社会主义国家性质的要求进行生产关系方面的改造和调整,另一方面也要遵循现代社会的经济运动规律,在中国共产党的领导下,既要用市场的办法丰富人们的生活,提高生产力,增强其与其他资本主义国家的竞争力;又要继续逐渐强化社会主义生产力份额,为向共产主义社会过渡做准备。

三、实践选择:规划与构建

历史是理论的素材,理论是实践的向导,实践是正在实现的历史。中国特色社会主义新时代的历史责任和理论要务最终都必须落在实践上。从实践维度看,中国的国内选择和国际选择至为关键。

就国内而言,中国特色社会主义新时代作出的选择是继续立足新的国内社会主要矛盾对未来发展展开规划。基于新的国情和社会主要矛盾的变化,中国特色社会主义新时代必须对未来发展方向、发展依靠力量、发展步骤等给予进一步的明确和规划。中共十九大明确我国将继续坚持社会主义发展方向、未来发展的依靠力量依然是人民,同时,对未来30年发展目标设置了新的"两步走战略",这既是国家发展的路线图,也是社会各界在中国特色社会主义新时代聚力解决社会主要矛盾的宣言书。

就国际选择而言,中国特色社会主义新时代是立足新的国际发展现状,通过与国际社会合作,努力引领世界整体逐渐进入相互依存的新阶段,构建人类命运共同体,树立共商共建共享价值观。近年来,通过"一带一路"倡议及中国政治模式所呈现出的优势等现象表明,世界经济和政治体系运行正多层面呈现依赖中国引领的新时代的迹象。在价值取向方面,坚持集体主义价值取向的国家在政治、经济、民生等领域都呈现出稳定、持续向好的局面和趋势。对此,习近平总书记发出了"新时代"的号召,呼吁世界各国有识之士引领本国"坚持多边主义,谋求共商共建共享,建立紧密伙伴关系,构建人类命运共同体"。

四、结语

以马克思主义大历史观观察,中国特色社会主义新时代承担着特定的历史责任,负载着独特的理论要务,需要作出复杂的实践选择,更必须继续艰苦地为进入更高阶段的社会主义作准备。由此决定了中国特色社会主义新时代无论是对中华民族的发展而言,还是对社会主义和共产主义意识形态而言,乃至对人类社会未来走向而言,都具有关键意义,是一个不进则意味着大倒退的阶段。处于这样一个阶段之中,中国社会全体人民、社会各阶层和各团体都必须对这个阶段的历史责任、理论要务、实践选择等有清晰而冷静的认识:既不能盲目满足于已取得的发展成就,也不能困惑于过去已经走过的弯路和现实存在的问题与不足;既不能想当然地认为新时代会是一个短暂而轻松的发展时期,也不能不以为然地认为其只是一个新瓶装旧酒的宣传口号;既不能在实践中盲目自大、莽撞行事而致乱,也不能在自卑反思中畏首畏尾无原则让步,而应该从成就中获得更多的自信和动力,实事求是、具体问题具体分析地解决实践中存在的问题,立足长期,重视变化和变革,谨慎应对实践中一切内外矛盾和摩擦。只有实践中的同舟共济,才有理想中的美好未来。

(社会反响:论文发表于《潇湘论坛》。截至2022年5月1日,论文被引用8次。)

论抗日战争时期中国共产党对国家认同重构的影响

(朱桂莲《湖北大学学报(哲学社会科学版)》2016年第3期)

国家认同是现代民族国家存在和发展的重要条件和心理基础,也是其主权合法性的来源。尽管中外各政治学流派在研究现代国家建立、演进及现状时,对国家认同的具体内涵的理解存在争议和分歧,但总体来说,国家认同主要表现为两个方面:一是得到国际社会承认的国家主权及在此基础上的国家形象认同;二是国民或因为对所属国家的文化传统和历史经验的共享,或因为对领导人、政策、制度、法律等公共形态权威的认可和接受,而构建出的归属于这个国家的身份感,即"确认自己属于哪个国家,以及这个国家究竟是怎样一个国家"。

自秦汉以来,中国就作为统一的多民族的中央集权国家不断发展壮大。与此同时,儒家社会伦理与明君贤臣政治理想开始在国家层面汇集,并在文化上超种群地推进,逐渐形成了一种文化和国家政权的合法性紧密联系的国家认同,延续着古代中国社会的稳定性。但这种国家认同的核心在近代西方文明的冲击下,以批孔反儒的方式轰然坍塌。此后,中国国家认同重构就一直伴随着中国社会的现代化和民主转型的整个过程。作为推动现代民族国家建立的最重要环节,抗日战争虽然没能完成中国现代国家认同的重构重任,但中国共产党在这一时期的工作,却为中华人民共和国成立以后的国家认同重建产生了前所未有的正面影响。

一、推进建立抗日民族统一战线,重构中华民族的共同体意识

"九一八"事变特别是华北事变以后,日本帝国主义亡华野心日益彰显,中国共产党在深刻分析了当时的政治形势之后提出要建立广泛的抗日民族统一战线,凝聚全民力量共同抗日,挽救民族危亡。正是由于中国共产党以民族利益为重,积极努力建设最广泛的抗日民族统一战线,最终形成了全面抗战局面,保证了抗日战争的胜利。而民族统一战线和全面抗战共识的确立,也强化了中国现代国家认同所需要的中华民族"共同体"意识。

一是突出中日民族矛盾的主要地位,强化了中国人民在抵御外敌侵略中的命运共同体意识及归属于其中的身份感。国家认同需要在主权国家间的互动中才能产生和强化,换句话说,国家认同感就是在与其他国家交往中所感受到的差异感,这种差异感通过"他者"和"我者"的身份概念来识别和强化。抗日战争时期,中国共产党对中日民族矛盾的强调和宣传,客观上使中国人民感受到了作为"他者"的日本帝国主义与作为"我们"的中华民族的差异感,并更加确认"我们"之间的相同,

从而形成一种共同抵御外敌侵略的中华民族"命运共同体"意识及归属于其中的身份感。

二是突出抗日战争的全民抗战性质,强化中国人民的抗日救国的中华民族意识。面对日本旨在灭亡中华民族的侵略战争,中国共产党积极主张全民族团结抗战。为了争取和达成抗日民族统一战线,中国共产党不仅通过揭露日本帝国主义的残暴和野蛮来激发人们同仇敌忾的团结意识,还通过强调抗日战争的全民抗战性质,强化中国人民的中华民族观念和抗日救国的民族意识。

三是通过深入各个层面的爱国主义教育,激发全国各族人民的民族自尊心和民族国家意识的觉醒。民族国家意识是国家认同产生的必要条件,而国家认同作为人们对其所属国家的认可而产生的归属感,离不开民族自尊心和自信心。为了争取广大民众的支持,形成全民族抗战的局面,中国共产党深入到各层面开展多途径的爱国主义教育,激发全国各族人民的民族自尊心、自信心,成功地唤醒他们的阶级意识和民族国家意识。

二、推动民主改革,重构公民主体意识

现代国家认同构建离不开社会成员政治参与热情和公民主体意识的培育。抗日战争时期,为达成团结全国之力抗日,中国共产党在敦促国民党改变政治、文化独裁和经济垄断统治的同时,也在各根据地进行政治、经济、文化的民主改革,以调动和保障全体军民积极参与抗战救亡,在客观上培育了中国国家认同重建所需要的公民主体意识和政治参与热情。

一是进行旨在改良人民生活的经济改革,激发人民支持抗战的热情。中国共产党通过各个经济方针政策的制定和执行,使社会各阶级、阶层的经济利益得到了最为广泛的照顾,在一定程度上调动了一切要求抗日的人们的抗战积极性,为战胜日本侵略者发挥了重要作用的同时,也培育了中国国家认同重建所需要的公民主体意识和政治参与热情。

二是推动政治民主建设,增强人民群众的抗战和政权建设的责任感和使命感。中国共产党在根据地开展了广泛的民主政治建设,保障各族抗日民众平等的政治参与权利,提升广大人民当家作主的责任感和参加抗战及各项建设事业的积极性。各政治民主政策和措施的执行,不仅强化了各抗日阶级、阶层的团结合作,也极大地调动了广大人民群众对根据地政权建设的关心和热情,激发了他们当家作主的责任感和参加抗战及各项建设事业的积极性。

三是推动新民主主义文化教育,提高民众政治觉悟和政治参与水平。中国共产党在各根据地从实际出发,在教育中采取灵活多样的文化教育方式,把文化建设与战争、生产结合起来,不仅极大提高了人民群众的文化水平,丰富了他们的文化生活,而且增强群众的民族凝聚力和爱国热情,提升了他们发展生产和支持与参加抗战的热情。

三、提出新民主主义国家理论,重构新的国家形象

现代民族国家虽然是强调以民族为基础的政治组织形态,但由于绝大多数现代国家都不是单一民族构成的,文化传承和价值选择的多样性和复杂性,使得政治社会所需要的基本共识很难依靠血缘文化意义上的集体认同来达成,因而需要创设一个制度来提供社会需要的基本政治价值。从这个意义上说,国家认同重建首先要对提供社会基本政治价值认同的国家制度进行重建。中国共产党在总结抗日民族统一战线和边区民主政权的实践经验的基础上,提出新民主主义国家理论并推动宪政民主政治运动,为苦难中的中国民众的国家认同重建确立了新的国家形象和价值追求。

一是新民主主义国家政权和民主制度理论为中国国家认同重建奠定了社会制度认同的价值诉求。中国共产党随着根据地的民主实践与发展,不断进行理论探讨与创新,最终形成了新民主主义的国家政权和民主制度理论,并阐明新中国民主政治建设的价值追求。中国共产党的民主政治建设包容了各抗日民众的政治权利诉求,体现了最广泛的民主,因而也成为抗日民众所认同的社会制度建设目标,成为塑造中国国家认同重建的社会制度认同的价值诉求。

二是构建新民主主义民主政治内涵并引导国统区民主运动,促进了中国国家认同重建的民主制度和价值的社会政治文化心理构建。抗战时期,中国共产党审时度势,提出新民主主义宪政,并支持和引导国统区的民主运动。首先指出新民主主义宪政是反帝的民主,是抗日民族统一战线的民主,是能保证除了汉奸卖国者之外的一切社会民众的民主,是反封建、反官僚、反贪污腐败的民主,是能保证全体抗日民众都充分享受人权、财权、政权、以及言论、出版、集会、结社等政治自由的权利的民主,同时呼吁人们冲破国民党的禁锢,推进真正的民主、宪政。随着国民党倒行逆施的加剧及国统区中间势力的左转,中国共产党提出的新民主主义共和国主张和政体模式,也日益得到全国人民的认同并成为他们的奋斗目标,客观上也促进了中国国家认同重建的民主制度和价值的社会政治文化心理构建。

(社会反响:论文发表于《湖北大学学报(哲学社会科学版)》。截至 2022 年 5 月 1 日,论文被引用 4 次。论文发表后,被《高等学校文科学术文摘》2016 年第 5 期摘编。)

论抗日战争时期毛泽东对中华民族命运共同体现代建构的贡献

（朱桂莲 高翔莲《理论月刊》2019 年第 9 期）

民族的形成是一个历史的过程。14 年的抗日战争虽然没有最终完成中国的现代民族和国家的双重建构，但抗日战争的胜利，使中国国内各民族获得独立解放和自治，为中华民族命运共同体的现代建构创立了条件。在这一时期，毛泽东竭力主张并推动国共合作，号召全民族团结抗战，并在争取全民族抗战胜利的过程中，从领导核心、思想基础、主体内涵、制度保证等方面，为推动中华民族命运共同体的现代建构作出了重大贡献，并对新时代铸牢中华民族命运共同体意识带来深刻的启示。

一、奠定中华民族命运共同体现代建构的核心政治力量基础

现代国家意义上的中华民族命运共同体建构的最基本条件是拥有主权独立的共同生活的地理空间。"九一八"事变之后，日本全面侵华野心日益膨胀，严重威胁了中华民族共同体生存发展的现实空间。面对整个民族的生死存亡，毛泽东及其领导的中国共产党以民族大义为重，积极推动建立抗日民族统一战线，并主动提出在国民政府的领导下，团结全国人民一致抗日，以维护中华民族命运共同体的现代建构的现实空间。

一是明确中国共产党的政治领导责任，推动中华民族命运共同体现代建构的历史进程。毛泽东强调，共产党员落实抗日民族统一战线、统一的民主共和国等政治口号，使之成为全国人民一致行动，并以此为基础发展和巩固同盟者，保持党的队伍在思想上的统一性和纪律上的严格性，以保证对全国人民的政治领导。通过这些论述和实践推进，毛泽东有力地推进了中华民族命运共同体在共产党的领导和统一的民主共和国的框架视野下建构的历程。

二是加强党内团结，形成中华民族命运共同体现代建构的坚强核心。毛泽东强调，一方面要通过马克思主义理论教育来提升共产党员的理论素养和政策水平，要用先进的价值理念来提升共产党员的党性修养。另一方面要加强党内民主制度建设，巩固、发展和增强党的纪律性和战斗力。在毛泽东主导和推进的马克思主义理论教育和党内民主制度的建设中，中国共产党在思想认识和精神觉悟上都得到了大大提升，实现了党内空前团结，形成了中华民族命运共同体现代建构的坚强核心。

二、巩固中华民族命运共同体现代建构的思想文化基础

抗日战争时期,毛泽东深入思考中国革命,对中国共产党领导的新民主主义革命实践经验进行全面总结,最终形成了中国的马克思主义——毛泽东思想。毛泽东思想是中国革命的共同的思想理论和价值遵循,也是中华民族命运共同体现代建构的共同的思想文化基础。

一是毛泽东思想始终坚持"实事求是"的原则,巩固了中华民族共同体现代构建的共同认识论基础。毛泽东思想总结了近代以来中华民族共同体聚散离合的惨痛教训,以及中国共产党领导的新民主主义革命的实践经验,用马克思主义的认识论观点揭露和批判党内的教条主义、经验主义等主观主义错误,强调中国共产党要有实事求是的态度,一切从实际出发来认识和解决问题。有了实事求是这条思想路线的指导,中国共产党才能带领全国人民走向胜利,中华民族命运共同体才得以重新凝聚。

二是毛泽东思想主张在马克思主义中国化中重塑中华民族文化传统,巩固了中华民族命运共同体现代建构的共同文化基础。在毛泽东思想的指引下,中国共产党在延安和各抗日根据地创造性地对中华民族文化进行重塑,在中华民族精神中注入实事求是、全心全意为人民服务、群众路线、独立自主、自力更生等马克思主义精神品质,为中华民族解放运动的彻底胜利和命运共同体的现代建构,奠定了共同文化基础。

三是毛泽东思想始终坚持社会主义的社会理想,确立了中华民族命运共同体现代建构的共同价值追求。中国共产党领导的新民主主义革命是世界无产阶级革命的组成部分,新民主主义革命的前途只能是社会主义。随着新民主主义革命的胜利和毛泽东思想写进党章,中国建立和发展社会主义的问题也成为高度的社会共识,在社会主义制度下建构中华民族命运共同体也成为中国各族人民的共同价值追求。

三、明确中华民族命运共同体现代建构的主体内涵

在推动全民族抗战统一战线建立的运动中,毛泽东不仅创造了"人民"的概念,而且在深入了解中国国内各民族的基础上重释中华民族的族群构成,并在马克思主义社会运动理论的视域下定位各族群的地位和作用,使中华民族命运共同体的现代建构主体真正涵盖全体中国人民和全中国境内的各民族。

一是运用马克思主义的阶级分析方法,在推动抗日民族统一战线的建立中,确立中华民族命运共同体现代建构的人民主体内涵。毛泽东以人们对于中国革命的政治立场、政治态度及其对中国革命起的作用为依据,从"敌、我、友"的角度创造性地提出一个与"敌人"相对应的政治性概念——"人民",为建构中华民族命运共同体确立了人民主体内涵。

二是重释中华民族构成,确立中华民族命运共同体建构的族群主体内涵。毛泽东创造性地运用马克思主义的方法论原理,在深入了解中国境内各民族的基础上,重新界定了中华民族的族群构成,明确了"汉、满、蒙、回、藏"之外的其他民族的民族地位,在中华民族整体利益的框架下肯定各民族对中华民族共同体建构的责任。

四、创建中华民族命运共同体现代建构的制度保证

毛泽东及其领导的中国共产党围绕革命的中心任务,把中华民族命运共同体的现代建构与民族解放运动结合起来,不仅在根据地的建设中重视民族平等,而且在法律政策的制定中规定各抗战民族的平等权利,并诉诸人民民主专政的国家建构以维护中华民族命运共同体共同利益。

一是制定法律政策以保障各抗战民族的平等权利。中国共产党成立后,始终把坚持民族平等作为解决民族问题的基本原则。毛泽东在中央苏区时期就非常重视结合革命任务在根据地建设中推进民族平等,并给予法律政策保障各民族的平等权利,对于唤醒少数民族革命的意识和动员他们共同承担反帝反封建的革命任务起到了积极的先导作用。

二是创建民族区域自治制度以奠定中华民族命运共同体现代建构的制度基础。1938年党的六届六中全会上,毛泽东正式提出各民族平等,在国家统一条件下,允许各少数民族自主管理本民族内部事务的自治制度形式,这标志着毛泽东在国家统一的框架下建构中华民族命运共同体的战略构想正式形成。此后,民族区域自治制度在陕甘宁边区及其他根据地范围内的实践,不仅满足了各少数民族当家作主的愿望,也极大地调动了各少数民族的共同抗日积极性和中华民族的认同感,为中华民族命运共同体现代建构奠定了制度基础。

三是建构统一的人民民主专政的国家以维护中华民族命运共同体的共同利益。毛泽东对人民民主专政的构想,团结和凝聚了中华各民族、各阶级把新民主主义革命进行到底,最终完成中国现代国家建构,使得中华民族命运共同体的现代建构有了合法的国际地位。

总之,抗日战争时期,毛泽东始终强调,中华民族作为共同体的整体利益是中华民族的独立、自由和统一,中国境内各民族的团结是中国走上独立、自由和统一的政治基础,推动抗日民族统一战线的形成与实践发展。他从阶级和民族两个视角来重释建构中华民族命运共同体现代建构的主体,把发动、团结和组织全中国全民族一切革命力量去反对共同的敌人——日本帝国主义——作为中国共产党的策略路线的同时,也积极致力于在统一的多民族国家的框架体系下建构中华民族命运共同体,并且从理论上阐明中华民族命运共同体现代建构的领导核心、思想基础、主体内涵、制度保证,为中华民族命运共同体的现代建构作出了重大贡献,也对新时代铸牢中华民族命运共同体意识产生了深刻的启示。

(社会反响:论文发表于《理论月刊》。截至2022年5月1日,论文被引用5次。)

第四章　学术著作

马克思主义基本原理

《社会主义市场经济概论》

（常荆莎 易又群 王晓南，社会科学文献出版社，2022 年版）

一、主要观点

无产阶级以马克思主义为指导取得革命胜利，在社会化大生产的基础上建立联合起来自己当家作主的社会主义社会，迄今不足百年。世界上建立和实行社会主义社会制度（共产党执政）的国家曾经多达十数个，这些国家对经济运行中运用市场手段等问题进行了理论和实践上的艰辛探索。社会主义市场经济理论是中国共产党人百年奋斗中原创性的经济理论，是中国智慧和中国方案的最显著的组成部分之一。"提出建立社会主义市场经济体制的改革目标，这是我们党在建设中国特色社会主义进程中的一个重大理论和实践创新，解决了世界上其他社会主义国家长期没有解决的一个重大问题。"

在社会主义市场经济诞生 30 周年之际，本书力图以完整准确的文献研究，逻辑还原"社会主义市场经济"的初衷、使命，以科学性和阶级性辩证统一的马克思主义政治经济学为理论基础，以有益于社会主义市场经济性质与目标为原则，吸收西方经济学可借鉴之处，摆脱了现有相当多读物将市场运行本身作为焦点而不同程度地陷入被西方主流经济学笼罩的阴影，最终落脚于社会主义市场经济在新时代中国特色社会主义中不断发展和完善。在学界已进行广泛和深入研究并取得了一系列积极和富有价值的成果基础上，本书对学界鲜有交代的社会主义市场经济理论研究对象、研究任务、重要范畴、主体内容、理论基础、历史使命等基本学理问题进行了系统分析；提出并回答了社会主义市场经济理论研究市场经济与我国社会主义基本制度能否结合、应否结合、如何结合、应达到的目标、实际效果、历史发展趋势等问题。换言之，社会主义市场经济理论，要回答市场经济与我国社会主义基本制度结合的合理性、必要性、可行性、结合方式、系统性要求等一系列基本问题。依据中国共产党关于确立社会主义市场经济体制的一系列决定决议所彰显的初衷,社会主义市场经济理论的研究对象是市场经济与我国社会主义基本制度的结合及与之相应的经济关系,任务是寻找市场经济服务于社会主义的基本途径、社会主义市场经济健康运行的基本条件、影响社会主义驾驭市场经济能力的基本因素,从而揭示社会主义市场经济发生发展的规律。作为中国化马克思主义的重要组成部分,它在辩证唯物主义和历史唯物主义为根本方法的方法论指导下,坚持逻辑与历史相统一、理论联系实际的原则,充分运用历史分析法、比较分析法、矛盾分析法、系统分析法、实证分析与规范分析、定性分析与定量分析等诸多具体方法。作为一门年轻的交叉学科,社会主义市场经济理论可以涉猎很广的内容。为推进社会主义市场经济理论学理化,本书力图对社会主义市场经济是什么、从哪里来、如何运行、效果怎么样、往哪里去等生命历程中的基本问题进行最基本交待。本书据此厘定的基本内容是:社会主义市场经济理论的学科属性,社会主义市场经济理论的重要范畴,马克思主义经典作家对社会主义利用市场的探索,新中国经济体制变迁过程,我国经济体制改革的目标与性质,社会主义市场经济的基本特征,社会主义市场经济的理论资源,社会主义市场经济的基本框架,社会主义驾驭(运用、运行、把控)运用市场经济的机制应把握的重要关系及经济规律体系,社会主义市场经济的历史地位和使命。这些内容是社会主义市场经济理论必须回答的最基本问题,其中最为核心的或理论基石是我国经济体制改革的目标与性质理论,在此基础上社会主义市场经济理论可以展开多方面的相关探索。

二、学术价值和学术创新

本书对社会主义市场经济理论学科属性研究的"补白"价值,有助于推进社会主义市场经济理论学术化进程。本书解析了中国共产党遵循唯物史观,处理好生产力与经济制度、经济制度与经济体制关系的内在机理,呈现了新中国抉择两种经济体制的内在逻辑一致性,证明新中国在改革开放前后两个时期不可否定也无法否定,有利于澄清国内外对中国社会主义市场经济的诸多诘难和曲解;本书论证了社会主义市场经济理论的核心理论或理论基石是我国经济体制改革的性质与目标理论,有利于我们在理论上深刻理解和在实践中坚定把握社会主义市场经济"为什么出发""要到哪里去""以人民为中心"等基本问题。本书总结的中国社会主义市场经济成效与面临的理论及实践挑战,有助于分析、构建高水平社会主义市场经济体制,为解决相关问题提些参考、借鉴。

社会主义市场经济理论是关于我国经济体制改革的理论,播种于新中国初期经济体制选择探索,孕育于1978年之后经济体制的改革摸索,诞生于1992年确立社会主义市场经济体制为经济体制改革目标模式之时,发展于中国特色社会主义新时代。社会主义市场经济理论与实践辩证统一,理论指导改革开放实践,理论又在实践中得到校验和发展。社会主义市场经济理论与实践取得了伟大成就并将继续在社会主义初级阶段攻坚克难。本书可作为教材供高校相关课程使用,也可供机关干部等学习参考,还可为各类读者思考相关问题时阅读。探讨社会主义市场经济,涉及诸多理论与实践重要问题,作为学术界第一本试图系统地厘清社会主义市场经济理论基本学理问题的专著,要从波澜壮阔的改革开放实践中对社会主义市场经济进行整体概括,的确挑战作者们的理论功底与眼界,敬请读者指正。

《走向唯物辩证法的地质科学——赵鹏大科学思想探析》

(刘郦 高翔莲 侯志军,中国地质大学(武汉)出版社,2019年版)

 一、主要观点

赵鹏大作为中国地质大学的校长,执教60年,任校长23年,被誉为中国教育家和校长的楷模。他不仅通过矿产普查与勘探等方面的重要研究与实践成果,为我国地质科学跨入世界领先行列作出了重要贡献,而且在我国地质教育方面也有独特见解,形成了他独特的人才培养、学科建设、教学发展、师资建设和校风创建等方面的教育理念。赵鹏大认为,一所学校教育质量的高低,要从教育发展的德智体美劳等方面全面衡量,一所学校人才培养质量的高低,也要从德智体美劳等方面全面进行综合考评。

(1)以"德育为首"的大育人观。德育是教育者按一定的社会要求,有目的、有计划地对受教育者施加教育影响,以培养受教育者思想品德的教育过程。对于社会主义高等地质教育,赵鹏大强调要通过全方位、立体化、综合性的德育,帮助学生确立坚定正确的政治立场,树立共产主义世界观,培养高尚的道德品质,把培养具有坚定正确政治方向的社会主义建设者和接班人作为己任是党和国家对社会主义大学最根本的要求。

(2)以创新为主的"五强人才"智育观。在确定人才培养目标上,赵鹏大指出,高等地质教育的迫切任务是提高人才的素质和质量,培养一代有开拓精神、基础理论牢固、知识面宽广、具有解决实际问题的能力,特别是具有迎接未来科学技术进步和变革挑战能力的人才。关于培养创新人才问题,在赵鹏大的教育生涯中,他始终将重点放在创新人才的培养上。①培养"五强"地学创新人才。1995年,针对新形势、新情况和新问题,赵鹏大在地学人才培养方面提出了"五强"地学创新人才培养目标,一是爱国心和责任感强,二是基础理论强,三是创新意识和创新能力强,四是计算机和外语能力强,五是管理能力强。②培养"十个力"创新人才。即广泛知识的积累力、相关事件的综合力、新鲜事物的洞察力、不同学科的交叉力、瞬间现象的捕捉力、灵感思维的爆发力、关键问题的提取力、不屈不挠的坚持力、复杂系统的分解力和高新技术的应用力。此外,赵鹏大还提出了人才发展通往成功之路的"十要素"。即爱国情怀、凝聚目标、求实精神、科学方法、刻苦学习、勤奋工作、摆正自己、强壮身体、细心耐心和决心恒心。

(3)以文武兼备为主导的地质大体育观。赵鹏大认为,体育课对于培养地质院校学生有一个强健的体魄,以适应野外考察和科研具有特殊的重要意义。1980

年,赵鹏大主持制订了《体育工作管理规范》《体育课堂教学常规》《体育课教学计划》等,要求体育教师必须按教学计划安排教学内容,为人师表,以身作则。体育教学的改革必须突破课堂教学、体育场馆的约束,贯穿到整个地质教育的教学环节中去。教学内容要突破传统体育项目的约束,开展体现地质工作特色体育项目的教学,发展具有空间大、时间长、内容广、形式多和多层次性等鲜明特点的地质大体育观。

(4)以校园文明建设为导向的美育观。包括"整顿校园秩序,优化育人环境""腾房归位,综合治理,绿化美化校园"等有关规定和管理办法,并制定了文明校园建设规划。2002年为迎接50周年校庆,中国地质大学在实施建设花园式校园工程的过程中,建成了绿树成荫、鸟语花香的花园式学校,不仅使老校园焕发美丽的育人环境新活力,而且更增添了现代人文精神的氛围。同时,学校严格各项规章制度,加强校园精神文明建设,通过开展"文明处室""文明班级""文明宿舍"评比,以及"树精神文明之风,创文明校园"等活动,树立良好的校风。

(5)以艰苦奋斗为主旨的新校风劳育观。1986年,赵鹏大在全校大会的讲话中回顾了学校的历史,强调"刻苦钻研,实事求是,艰苦朴素,严肃活泼"的十六字校风。首先,狠抓教学管理制度建设,恢复和修订了一系列教学工作规程。其次,培养学生学习主动性、创造性,从严治学、严格管理,提出"培养新型地质人才,从大学一年级抓起"的工作思路。最后,加强野外实习期间的思想工作和教育管理工作,精心组织社会实践活动和国情教育,激发学生为振兴中华而献身地质事业的"三光荣"热情。从"北京地质学院"的"刻苦钻研,实事求是,艰苦朴素,严肃活泼"的校风,到中国地质大学"艰苦奋斗,团结活泼,严格谦逊,求实进取"的新校风,既有继承又有发展。在体现中华民族传统美德的基础上,适应时代的要求,注入了新的内涵,同时反映了学校自身的特色。

二、学术价值和学术创新

(1)学术价值。通过对赵鹏大在担任校长23年的长期教育实践、全面培养地质人才的探索经验的研究,在理论上挖掘、把握德智体美劳全面培养的教育模式,丰富、发展了德智体美劳全面培养人才的教育体系。解决了如下三个方面的学术问题:一是德智体美劳全面发展是一个完整体系,不可分割;二是高校培养德智体美劳人才的五个方面都有其自身的特点和在教育中的功能;三是要把德智体美劳全面发展的教育体系和地质学校的特色、专业特点紧密结合起来,这样才能充分地推动高校人才的培养和个体的德智体美劳全方位发展。

(2)应用价值。结合本校专业特点,培养德智体美劳全面人才的培养教育模式,为其他高等学校尤其是理工科专业学校的改革发展提供了实践上的可行性。

(3)学术创新。①突破学术藩篱。研究以地学教育为基础,涉及地质科学、教育学、管理学、美学、体育和思想教育等多种学科的交叉与融合。②不同于单纯的教育学和管理学研究,而是探寻在赵鹏大23年的校长生涯中积累起来的地学教育规律,挖掘其德智体美劳的地学教育合理构建,从而把具体生动的地学教学实践和德智体美劳教育体系的构建上升为哲学抽象理性的高度,以期为德智体美劳教育体系的构建研究提供一条实践与理论相互融合的新思路。

三、社会反响

(1)该著作获 2020 年湖北省社会公益出版专项基金资助项目(国家图书项目第 22 项)。

(2)中国地质大学(武汉)校报 5 月 20 日刊文:"近日,由刘郦、高翔莲、侯志军所著《走向唯物辩证法的地质科学——赵鹏大科学思想探析》,由中国地质大学出版社发行。校党委书记黄晓玫为其作序",并刊发书籍封面图片和内容摘要。

《马克思主义制度经济理论研究》

（汪宗田，人民出版社，2015年版）

一、主要观点

"苏东"剧变以来，有些人错误地认为马克思主义的末日已经到来，宣称"马克思主义已死亡""马克思主义已过时""人类历史已经终结"，各种反马克思主义思潮甚嚣尘上，总想否定马克思主义的指导，推翻共产党的领导和社会主义制度。面对时代的挑战和提出的问题，马克思主义者必须坚持和发展马克思主义理论，科学回答随时代的变化而提出的各种各样问题，应对各种挑战，创造符合时代所需要的马克思主义新原理和新观点，并在世界广泛传播。

改革开放以来，我国不少经济理论工作者不同程度照搬照抄当代西方经济理论和经济政策。他们错误地认为，马克思主义经济学已不再是指导我国社会主义经济建设的理论基础，甚至认为西方经济学是我国经济改革和经济发展的指导思想，中国经济改革和经济发展取得的成就是西方经济学理论在我国成功运用的典范。这种严重状况的存在，既主要说明一些教学、研究和宣传单位的领导权不在马克思主义者手中，也在一定程度上说明马克思主义经济学的发展和创新与现实世界的发展有差距，降低了马克思主义经济理论对现实经济问题的解释能力，这是必须要正视的事实。因此，有必要创新马克思主义经济学的理论、观点和方法，夯实马克思主义经济学指导地位的根基。这既是应对西方主流经济学挑战的要求，也是消除某些传统马克思主义经济学理论不足的需要。

本书遵循"马学为体、西学为用、国学为根，世情为鉴、国情为据，综合创新"的学术原则，借鉴西方经济学尤其是新制度经济学有价值的分析方法与成果，从新制度经济和经济发展这种双重视角切入，发掘马克思主义制度经济思想，创新马克思主义制度经济理论，确立马克思主义制度经济学的理论权威，回击那些对马克思主义经济理论的非难和攻击，力图真正确立起马克思主义制度经济理论在社会主义经济建设和全面深化改革中的重要地位。

本书将这个重要课题研究分为三大部分，分别探讨了三个主要问题。第一部分，马克思主义制度经济理论的基本理论构架。在历史唯物主义总体框架的基础上，运用唯物辩证法和历史唯物主义方法，整理和构建马克思主义制度分析的一般结构，为研究奠定方法论和理论基础。其一般结构包括七个方面：马克思主义制度分析的方法论；制度的内涵及其内在结构；制度分析的理论前提；制度分析的逻辑起点；制度分析的基本框架；马克思主义制度分析的基础；制度评价的标准。第二部分,创新马克思主义制度经济理论框架的主要内容。在马克思主义制度分析的一般结构的基础上,批判借鉴新制度经济学的理论成果,并将其整合到马克思主义制度经济理论中,综合创新构建新的马克思主义制度经济理论框架。其主要内容包括马克思主义所有制理论研究、马克思主义企业制度理论研究、马克思主义国家理论、马克思主义意识形态理论研究以及马克思主义制度变迁理论研究等。第三部分,通过以新中国建国后农地制度变迁为例,对上述理论进行经验实证分析,以使前面各章节的理论分析得到现实生活的印证,说明:不好的制度制约经济发展,好的制度对经济发展起巨大推动作用,制度的不断变迁就是不断地寻求最有利于经济发展的体制机制。我们应随生产力的发展变化,相应地进行制度变迁,寻求最佳制度,促进经济发展。

二、学术价值和学术创新

读者可以发现,本书是一个三层式的结构。最基层是马克思主义制度经济理论的基本理论构架,第二层是创新马克思主义制度经济理论框架的主要内容,第三层是马克思主义制度经济理论的实证分析。这个基本理论、综合创新和实证分析三结合的研究框架,熔理论、创新与实证研究于一炉,是一个新的尝试。

本书具有以下特色:第一,文本性。注重研读马克思主义经典著作文本。"文本"是马克思主义理论的原生形态,我们所熟悉的马克思主义的基本原理通常都来自于文本。通过研读原著,科学地理解马克思主义,把握马克思主义的实质和精髓,深刻认识马克思主义的内在逻辑,并以马克思主义为思想武器,解决我们时代所面临的重大课题。第二,批判性。对西方新制度经济学理论进行批判,去其糟粕,吸取、借鉴新制度经济学优秀的理论成果和分析工具,并将其整合到马克思主义制度经济理论中。第三,创新性。在研究马克思主义制度经济理论时,坚持与发展、继承与创新相统一,创新主要表现在研究视角、研究对象、理论框架等方面。视角新,从新制度经济学与经济发展双重视角切入,研究马克思主义制度经济理论;研究对象新,认为马克思主义制度经济理论研究对象,不仅包括作为社会生产方式即生产的社会形式的财产制度与劳动制度等基本经济制度,而且包括作为上层建筑的国家制度、政治法律制度和意识形态等;理论框架新,把西方新制度经济学关于国家、意识形态理论等整合进马克思主义制度经济理论框架中,形成新的理论框架。

三、社会反响

《马克思主义制度经济理论研究》为中国博士后基金项目"马克思主义制度经济理论创新研究"、教育部科技基金项目"马克思主义制度经济理论与西方新制度经济学比较研究"的最终成果。围绕马克思主义制度经济理论这一主题发表了系列论文之后,由人民出版社出版这本专著作为最终研究成果,在研究视角、研究对象、理论框架方面都有所创新。《马克思主义制度经济理论研究》出版后,受到学术界广泛关注好评,光明网、中国经济学学术资源网、《经济研究》、"武汉书评"公众号等媒体评介本书,中国社会科学院学部委员、马克思主义经济学家程恩富为本书作序,称赞本书是现代政治经济学的一个重要创新。

《海德格尔存在论科学技术哲学思想研究》

（李霞玲，中国社会科学出版社，2021年版）

 一、主要观点

马丁·海德格尔是20世纪德国著名哲学家，他以敏锐的眼光，从对西方传统形而上学遗忘存在进行批判出发，对存在之意义进行了追问。这种追问一直贯穿于其整个学术研究中，成为他一生学术唯一的主题。在追问存在之意义时，他从亚里士多德的存在问题入手，对胡塞尔的现象学加以改造，继承了狄尔泰关于前理论的语境解释及克尔凯郭尔对人的生存情绪之分析，把现象学方法与存在问题统一起来，对现代社会的重要现象科学技术进行了深入的分析，这种分析与反思构成了其对存在的追问的一个重要组成部分。

海德格尔在现象学、存在论和此在论的背景下展开对科学技术的本质的思考。他对于科学本质的考察主要从三个层次进行，即：科学认识活动并不是此在在世首要的、唯一的生存样式；科学是对自然的先行筹划；现代科学的本质是什么。早期海德格尔着力于从此在的生存结构来分析科学认识活动的产生。在他看来，此在在世界之中操劳活动，是科学理论产生的前提。在操劳活动中，其他的存在者首先并不是认识的对象而是此在生存在世的基础，只有当此在的操劳活动发生残断时，世内存在者才在其纯粹外观中照面，原来处于非课题状态的上手事物成为认识的对象，认识变成了对现成事物的纯粹观察，科学理论才得以产生，而这种对现成事物的纯粹观察中一定首先有着对某物的先行领会，因此，科学是对自然的先行筹划。后期海德格尔还是沿着早期这一基本思路，对现代科学本质进行深入的探讨。他认为，现代科学的基本特征是数学因素，数学因素不是物自身所具有的东西，而是人们事先赋予并筹划给物的东西，通过赋予和筹划，数学因素可以对事物本质进行先行掌握，因此，数学因素是事先提供的关于物的结构及其相互关系的基本框架。在数学因素的支配下，在某一特定的对象领域的筹划中现代科学得以确立，这种筹划在受到严格保证的方法中展开自身，"筹划与严格性，方法与企业活动，它们相互需要，构成现代科学本质，使现代科学成为研究。"正是通过数学筹划，通过对认识程式的确保，科学成为了研究。同时，现代科学也是关于现实之物的理论。现代科学始终将物看作对象，任何一个在科学领域内出现的物都被纳入到一个对象领域之中并受到加工与计算。这三种关于现代科学本质特征说明之间有着很深的内在联系，其中数学因素是最具有决定作用的特征说明。

海德格尔对技术本质的探讨是从分析用具开始的。用具的特点在于"为了……作","何所来",以及其存在方式具有指引结构。通过"指引网络",用具最后将自然与此在联系起来。在现代技术中,自然不再是现成在手之物而是被人拷问、促逼的对象,现代科学和技术所研究的不是真正的物,而是"被订造"的单纯物质材料。后期海德格尔为了深入说明现代技术这一特点,用"集置"一词来说明现代技术"促逼人、摆置人、订造人"的特点,并将现代技术放入整个存在史中去考察。现代技术统治着人类的各个方面,已成了现代人面临的最大危险,造成这种情况的根本原因就是现代技术根植于西方传统形而上学之中。

由此,海德格尔认为,现代科学技术的危机是不可消除的,是现代人的命运。为使人类走出危险的境地,海德格尔借助了思、诗、语言和艺术。思、诗、语言、艺术在海德格尔那里都与存在有着内在的关系。艺术和技术作为原初的被许可的去蔽,为我们洞察技术的本质提供了另一种参照,而思是指存在之思,在现代社会中,计算性思维一点点抽空人、思、物的本真性,抽取掉人的"沉思之思"能力,因此要消除科学技术的危险,只能通过思来唤醒人对遗忘存在的关注。同时,现代社会中的人不再是存在之言的占用者,在一个遗忘了"存在"的世界中,只有伟大的诗还顽强地守护和保存着道说存在之能力。现代人只有回到当代伟大诗人的诗歌中去倾听,才能"诗意地栖居"于大地之上。

本书还论述了存在论科学技术哲学的特征及影响。存在论科学技术哲学从反思视角、方法、立足点、路线以及所使用的概念来看,呈现出不同于传统知识论和认识论的独特特征。它影响了现代生态学和存在论科学技术哲学之后不少哲学流派,如西方马克思主义、现代解释学、技术哲学、后现代主义等,从而开启了一个后哲学时代。

本书"结语"部分从三个方面对存在论科学技术哲学的合理性进行了分析。正因为传统知识论和认识论在自身发展过程中遇到了不可克服的困难,海德格尔选择了在"存在论"中反思科学技术,将科学、技术、艺术、诗、思、真理、语言等问题统一起来,建立起一种对科学技术的存在论宏观叙事。从本质上来说,海德格尔的科学技术哲学是一种存在论形而上学。同时,海德格尔运用现象学方法,得出科学的本质是对自然的先行筹划的结论,而这种筹划与人对世界的理解分不开。海德格尔通过现象学的方法还认定,技术的本质在于去蔽,是一种对存在者显现出来的方式,而现代技术的解蔽方法是在西方形而上学支配下形成的。

二、学术价值和学术创新

本书的创新之处在于:以海德格尔哲学自身发展思路为线索,将海德格尔前后两期的科学技术哲学思想统一起来进行分析研究,并通过整体解读海德格尔对科学技术反思,概括出存在论科学技术哲学思想的基本观点;提炼出存在论科学技术哲学的本质特征,即海德格尔对科学技术的反思是一种基于存在论的宏观叙事,是使艺术、诗、思、语言、真理等问题与存在问题统一的宏观叙事,从本质上来说就是一种哲学、一种存在论的形而上学。这种反思,将科学技术问题与海德格尔哲学中的基本范畴联系起来,并最终与存在联系起来,超越了现象层次、工具层次而到达了本质层次。

 三、社会反响(略)

《心身同一论》

（麦克唐纳著 张卫国 蒙锡岗译，商务印书馆，2015年版）

一、主要观点

在心智哲学中，一个最重要而又最常见的问题是，解释心智与身体之间关系的问题。通常认为，与单纯的动物相比，人既有生理特征，又有心理特征。像许多其他自然界的有机体一样，人能睡、能吃、能运动四肢，但与许多有机体又不同，人还能拥有信念、愿望和思想。心身问题，像我们称呼它的那样，根源于这样的观点：这两类不同的特征可以统一于同一个概念（即人的概念）之下。这一问题之所以变得更加复杂，是由于有这样的信念，即相信具有这两类典型特征的现象之间存在因果上的相互作用。在日常经验中，因果相互作用的现象已被无数方式所证明。例如，外科医生实施脑手术可以改变心理状态，极度痛苦的体验往往使人泪流满面。不论心智是什么，它似乎与人的身体有着不可分割的关联。心物之间的关系到底是什么呢？《心身同一论》这本书梳理了关于心身同一论的诸问题，认为心身同一论的关键在于，解释两个不同种类的特征如何统一于人的概念下，心理现象如何同一于物理现象。

关于这一问题的许多当代讨论都集中在心身同一的论题上，这本书的目标之一就是分别对三种不同类型的心身同一论进行考察。这三种类型是：J.J.C.斯马特和U.T.普赖斯提出的强类型-类型同一论，D.M.阿姆斯特朗和大卫·刘易斯提出的功能-作用同一论，以及耶格旺·金在权和唐纳德·戴维森提出的个例事件同一论。心身同一论属于物理主义范畴。所有的心身同一论在一定意义上都是物理主义的，因为它们至少承诺了如下观点，即每一种现象既可以有心理描述（即用日常民间心理学的语词所做的描述，如用疼痛、痒、希望、愿望、信念等所做的描述），又可以有物理描述（即用物理学词语所做的描述），也就是说，它是物理现象。（在当今的研究中，人们不会考虑承诺了更强的物理主义论点的理论，这种理论认为心理语词和概念可以还原为物理语词和概念。）对这种论点的承诺，会给所有的心身同一论者带来许多问题。尤其是以下这两个问题，对这两个问题，即便不是全部这样的理论家不可克服，至少是某些这样的理论家不可克服。

第一个问题源于人们通常所说的可多样实现性的可能性，即同一种心理状态类型，如疼痛，应该可以由不同的生物（或同一生物在不同的时间）的各种各样的物理状态类型内在地实现。直觉告诉我们，许多生物虽然内在构造不同于我们，但不会因此被阻止拥有我们所拥有的心理属性（假若它们满足了充当将心理状态归属于人的根据的常识性的内省与行为标准)。但是这种直觉与下述观点不相容,即每一种心理现象类型有一个单一的物理类型的本质。因此,可多样实现的可能性与斯马特提出的强类型-类型事件同一论不相容,强类型-类型事件同一论断言,心理属性与物理属性是同一的(尽管可多样实现的可能性并未向功能-作用同一论和个例事件同一论提出相同的质疑)。

第二个也是更为严重的问题源于人们这样的信念,即心理现象和/或心理现象类型有物理现象或物理现象类型所没有的属性。这一问题表明,没有心理现象或类型能够同一于物理现象或类型,如果基于显而易见的真理,即莱布尼茨的诸同一事物的不可辨别性原则(据此,对于任意两个对象 x 和 y,如果 x 同一于 y,那么 x 和 y 分享所有的属性)。在经常表述这一问题的形式中,它就是众所周知的现象属性反对意见,这一反对意见尤其适用于各种感觉。据称,感觉在本质上只能被一种独特的方式感觉到,这种独特的方式就是感觉的感受性或被感觉到的本质,它不仅可以充当主体确定感觉的方式,还给出了感觉自身的本质。在感受性质没有人们的感觉就不会发生的意义上说,感受性——疼痛的悸动感、痒的烧灼感、后像的颜色等——就是感觉的本质特征。既然没有哪一种物理现象或类型在本质上是被感觉到的,因此,没有任何感觉都不可能是物理现象或类型。

这本书分为两个部分。第一部分考察了三种不同类型的观点,它们一直存在于最近的心身同一论的文献史中,被通称为心物事件同一论。第一章考察了由中心状态唯物主义者 J.J.C. 斯马特和 U.T. 普赖斯所提出的直白的类型(强类型)-类型同一论。第二章、第三章分别考察了由 D.M. 阿姆斯特朗和大卫·刘易斯提出的功能-作用同一论、由唐纳德·戴维森和耶格旺·金在权提出的个例事件同一论。根据所提到的两个问题,尤其是第二个问题,根据现象属性反对意见,对这三种类型的同一论作出评价。第二部分形成一个延伸的讨论,根据第二个问题和其他问题,为第三章中考察的个例事件同一论即非还原的一元论做辩护。

许多人认为,心、物事件同一论是最合理的同一论,因为它们避免了现象属性反对意见最初的形式。但是,这种反对意见可以很容易地被人们以新的形式加以阐述,从而适用于事件(类型和个例)。在这种新的形式下,现象属性反对意见坚决地反对直白的类型-类型同一论和功能-作用同一论,不过,它是否同样地坚决反对个例同一论,关键取决于潜存其下的那种关于事件的形而上学观点。正如第三章所表明的那样,人们关于事件概念以一种非常重要的方式,既决定了他们持有的个例同一论的类型,又决定了它据以避免各种现象学属性反对意见的方式——如果这种方式存在的话。

因此,第二部分的第一章专门致力于考察某些著名的事件概念。这一章非常重要,理由有二。第一,个例事件同一论在本体论上承诺的事件被看作是不可重复的标有时间的个别事物:在没有其他心理对象的情况下,事件必定充当同一关系的关系项。在所有的关于事件概念中,哪一个概念(如果有的话)最适当这一问题比证明如下论断是正当的问题更应该予以探讨,即事件构成了一个不可还原的殊相。

第二，在人们探讨了这个问题之后，还有另外一个问题需要考虑，即任何这样适当的事件概念是否能够与心、物个例同一论相容并且能够避免现象属性反对意见。因此，第二部分关注的不是一个问题，而是两个问题：第一，尚未确定是否会有一个适当的关于心理或物理的事件概念；第二，如果它是一个适当的事件概念，它是否能够与心、物个例同一论相容并且能够避免现象属性反对意见。第四章中的论证所要证明的是，某种版本的关于事件的属性例现（property－exemplification）说明（由劳伦斯·隆巴德提出的）从根本上说比其他版本的说明更充分，且更能够与心、物个例同一论相容，还能够避免现象属性反对意见。第五章和第六章着手处理非还原的一元论所面临的最著名的各种反对意见。

二、学术价值和学术创新

这本书有重要的学术价值。第一，在心智哲学上，该书基于新的科学和哲学证据，坚持和维护了彻底的唯物主义。自笛卡尔以来，心身二元论成为理解心智的主要范式。但这一范式与自然科学难以相容，使人的心智成为科学无法把握的神秘存在。该书坚持个例同一论，从本体体论上将心理事件同一于物理事件，实现了为心智祛魅的自然化目的。第二，推动了西方心智哲学与马克思主义意识论的融通和对话。用该书中的相关心智哲学概念、思维模式和研究方法来观照马克思主义意识论，不仅有助于我们澄清过去阐释中的误读，还原其本来面目，还能在此基础上，吸收转化相关理论中的合理因素，推动马克思主义意识论的前沿化和当代化。第三，为人工智能中的机器意识实现提供了哲学基础。机器意识是人工智能的终极工程之梦。机器意识能否实现的关键在于意识的存在地位和本质。该书澄清了现象意识的相关问题，将意识纳入到自然科学的图景之中，使机器意识成为可能的科学目标。

这本书的创新之处在于，在心智问题上，扬弃了二元论和还原论。一方面，将心理事件同一于物理事件，承认了世界的物质统一性，承认一切事物都是物质事物；另一方面，又承认心理事件和物理事件有语言学和认识论上的不同。该书独树一帜地提出了"共例示"范畴，以心理属性和物理属性共例示于同一个事件之上这一观念，解决了二元论与还原论之间的冲突。它倡导的理论，从实质上讲，是本体论上的一元论和概念、认识上的二元论，是一个介于二元论和还原论的中间理论。

《社会主义与市场经济结合史研究》

(王晓南,社会科学文献出版社,2021年版)

一、主要观点

社会主义与市场经济的关系问题,是社会主义国家发展进程中必须面对的一个重大课题,也是一个世纪性难题。百年来,社会主义经济理论的发展和创新,基本上是围绕这一世界级难题而展开的。这也一直是一个充满争议的话题。理论论争和实践探索的持续发展,共同推进了社会主义与市场经济的结合程度。追溯社会主义与市场经济的结合历史,在历史和逻辑的双重意蕴中重新思考两者的关系问题,无论是对于推动中国特色社会主义政治经济学的理论创新,还是推进社会主义市场经济的可持续发展,均有重要的思想价值和启示意义。

作为社会主义创始人的马克思、恩格斯,在其卷帙浩繁的著作中是如何探讨社会主义与市场经济关系的?理论界对此重要问题存在分歧和争议。国际理论界的争论焦点,主要围绕"马克思是否是一个市场社会主义者"这一问题;而国内学术界的争论焦点,则主要围绕"马克思预设的未来社会是否存在商品经济"这一问题。为此,必须深入挖掘马克思、恩格斯相关思想的本质内核。根据马克思、恩格斯的早年预设,未来社会建立在生产力高度发达、市场经济高度发展的资本主义社会基础之上,因此将不存在商品货币关系,而实行全社会统一的计划经济体制。但马克思、恩格斯也没有完全否定未来社会与商品、市场之间的关联,甚至在一些论述中还为社会主义与市场经济的结合保留了空间。马克思晚年通过对东方国家经济社会发展的深入研究,提出了经济文化比较落后国家越过"资本主义制度的卡夫丁峡谷"的可能性,蕴藏了社会主义可以而且应该与市场经济相结合的思想。马克思、恩格斯关于社会主义与市场经济关系的思想具有科学性、概略性、发展性。

俄国十月革命突破了马克思、恩格斯的理论设想,社会主义革命的胜利首先发生在资本主义发展不充分的俄国。第一个社会主义国家的初期实践证明:落后国家通过取消商品货币市场,实行计划经济体制而直接过渡到共产主义的策略是行不通的。因此,苏维埃俄国转而实行新经济政策。这是在"走向"社会主义过程中,保留商品交换、利用市场机制的突破性尝试,但其中也包含着计划和市场的二元对立。随着新经济政策的废止,苏联逐步建立了高度集中的中央计划经济体制。这一体制以完全的社会主义公有制为基础,实行高度集中的指令性计划,否认市场经济在国民经济中的调节作用。斯大林晚年在《苏联社会主义经济问题》中,对社会主义和商品、市场的关系问题也作出了一些有益探讨。总之,苏联在社会主义经济建设的实践过程中,尽管围绕社会主义与市场经济的关系问题作出了具有启发性的探索,但本质上并没有实现突破性的进展。

与此同时,社会主义与市场经济的关系问题,也吸引了西方学者的广泛关注和研究。围绕两者能否结合、为何结合以及何以结合的问题,西方理论界展开过多次理论论战。彼此对立的各种观点在相互论争的过程中,市场社会主义理论逐步形成、丰富、发展起来。市场社会主义理论的发展历史上,至少发生过三次主要的大论战,相互争论、彼此竞争的观点引发了关于社会主义和市场关系问题的深入思考和探讨。经过近百年的理论发展,市场社会主义理论从最初探索两者结合的可能性,继而论证两者结合的必要性和重要性,再发展至阐明两者结合的具体操作性。尽管仍然存在诸多歧见,但当前已经形成的共识是:作为资源配置方式的计划和市场,能够脱离或者结合某种具体的社会制度;社会主义经济的发展离不开市场与计划的双重调节作用,其中市场机制在经济中发挥着主导性作用。这就为社会主义与市场经济结合的具体实践奠定了必要的理论基石。

新中国成立之初,中国依据对马克思主义经典作家有关未来社会设想的片面化理解,以及对第一个社会主义国家苏联经济模式的不理性借鉴,选择了高度集中的计划经济体制。随着旧的经济体制的弊端渐露,中国开始在社会主义基本制度的基础上探寻新的经济体制,并最终确立了社会主义市场经济体制。这不仅突破了社会主义与市场经济难以相容的传统观念,而且在实践中切实把两者结合了起来。中国特色社会主义市场经济体制的建立与完善,一方面源自对经济体制改革的实践经验和教训加以提炼、总结;另一方面则是以社会主义市场经济理论的形成、发展、完善为思想基础的。中国共产党人对社会主义市场经济理论的形成与发展,作出了重要的历史性贡献。中国的社会主义市场经济在理论上超越了传统社会主义的有关解释、西方主流经济学的理论框架,以及市场社会主义理论的相关规定;也从实践上超越了"苏东"各国的社会主义市场改革。

当前,中国社会主义市场经济的理论和实践发展进入了新时代。既面临着世界经济复苏乏力、贸易保护主义势头强劲的国际环境,又要适应经济发展步入新常态所引发的社会经济领域的一系列深刻变化。与此同时,国内理论界围绕产业政策的争论重新掀起关于政府与市场关系问题的讨论,而大数据技术也重燃经济思想史上关于"计划经济可行性"的争论。理论争论所观照的重大问题,正是在新时代社会主义与市场经济如何深入结合的关键问题。为此,习近平总书记强调要坚持社会主义市场经济的改革方向,在社会主义基本制度与市场经济的结合以及政府与市场的结合上,坚持辩证法、两点论。中国特色社会主义市场经济的发展,是巨大成就与重大难题并存的。围绕社会主义与市场经济结合所遭遇的理论和实践难题,至今尚未出现突破性的、共识性的科学解释和回答。因此,亟待对中国市场经济发展的实践经验加以分析、总结、提炼,最终形成兼具高度现实解释力以及中国特色和中国智慧的社会主义市场经济经济理论体系。

二、学术价值和学术创新

本书所研究的内容和结论具有重要的理论价值和实践价值。其一,有助于丰富关于马克思主义经济思想史和马克思主义政治经济学的理论研究。本书对社会主义与市场经济从思想到实践实现"结合"的历程,加以系统性梳理、考察和研究,从而为马克思主义经济思想史和马克思主义政治经济学的研究添砖加瓦。其二,有利于推进关于中国特色社会主义市场经济理论体系的研究。本书有利于澄清、破除国内外针对中国特色社会主义市场经济的种种诘难,并对社会主义市场经济理论体系的创新发展研究有所裨益。其三,有益于中国特色社会主义市场经济体制改革实践的推进和完善。总结、提炼中国特色社会主义市场经济所蕴含的实践性经验,以及其中重要的理论性、现实性问题,能够为社会主义市场经济体制改革实践的深入发展提供参考借鉴。其四,有助于坚定中国特色社会主义的理论自信、制度自信、道路自信和文化自信。深入了解社会主义与市场经济结合所经历的历程,有助于坚信选择社会主义市场经济体制的正确性,从而更加坚定对中国特色社会主义的理论自信、制度自信、道路自信和文化自信。

思想政治教育

《德国政治教育》

(傅安洲 阮一帆 彭涛,人民出版社,2010年版)

一、主要观点

(1)德国政治教育有着悠久的历史和深厚的传统。历代统治者都十分重视对民众的政治教育。然而,德国政治教育也长期处在不断的分裂与重构之中。伴随每一次社会政治变革与政治秩序更迭,政治教育都有不同的概念表达,被赋予不同的内涵及功能,曾经历了君主专制的第二帝国时期的"国民教育"、魏玛共和国时期的"基于国家和民族的政治教育"、纳粹统治时期的"政治教化",以及联邦德国时期的"民主政治教育"等历史形态。

(2)当代德国政治教育发端于占领国的"非纳粹化"和"再教育"运动,是在对纳粹政治教化深刻反思清算,对魏玛共和国政治教育扬弃与继承基础上的资产阶级民主教育工作。当代德国政治教育体系的构建经历了由初创到发展再到完善若干阶段。当代德国政治教育体系在改变、创造、维持德国民主政治文化,培养资产阶级民主社会公民中发挥了重大作用。

(3)当代德国政治教育有深厚的思想文化渊源,形成了较完整的理论体系和教学法体系。其基本理论主要包括政治修养理论、政治认知—政治认同—政治参与理论和政治社会化理论。主要理论流派有文化教育学派的"国家国民教育理论"、实用主义教育学的"政治教育合作理论"、"政治教育冲突分析理论"、"政治教育批判理论"、"政治教育解放理论"、"理性政治教育理论"等理论形态,产生了反映这些理论的教育主张和主观诉求,以及丰富多彩的政治教育教学法。

(4)在西方发达国家中,德国政治教育有其特定的"称谓"和表现形态,但在本质上,归根结底是要解决民众对德国资产阶级现行政治体系和政治权力的"认同"和"参与"问题。以德国为代表的西方资本主义国家的"政治教育"、"公民教育"抑或"政治社会化",尽管始终宣扬其"超党性""超阶级性"立场,但无法超越"为资产阶级统治进行合法性辩护"的根本属性。

(5)在大力推进我国经济、政治、文化和社会建设中,思想政治教育应该大力加强政治认同教育,即以中华人民共和国宪法为依据和核心价值的政治认同教育。其一,在思想认识层面,上升到促进我国社会主义民主政治建设和社会和谐,巩固和增强中国共产党的执政地位和执政能力,维护中国特色社会主义政治体系稳定发展的高度,认识政治认同教育的重要性和紧迫性。其二,在目的取向层面,将政治认同教育作为思想政治教育的核心价值取向,努力构建当代中国特色"政治认同教育的基本范式"。其三,在研究视野层面,既继承和发扬我国思想政治工作的优势和经验,又大胆借鉴西方发达国家政治学理论,形成符合中国国情,中国特色和中国风格的政治认同教育理论和实践模式。其四,在规律探讨层面,理论研究、形态构建、实证调查与教育实验相结合,努力探索我国不同阶层,特别是青少年政治认同产生和发展的基本规律和政治认同教育的基本规律。其五,在学科建设层面,学界应当以马克思主义理论为指导,借鉴政治学、教育学、社会学和心理学关于认同问题的理论研究成果,在思想政治教育学科体系中,建立一门以政治认同教育为核心取向和基本内容的政治教育学,厘清其研究对象、基本范畴、基本规律,认清其教育内容、教育方法和教育管理的基本问题。

(6)中外思想政治教育国别与比较研究,应当遵循以揭示规律、获取新知为首要目的的原则,坚持知识增长与教育借鉴相统一的目的观。教育借鉴必须以探索教育规律为前提,揭示规律才能为借鉴提供客观的依据,而不至于盲目地照搬照抄、"食洋不化"、生吞活剥。当然,我们也提倡在各种价值取向的引导下开展思想政治教育比较研究,以丰富研究内容,促进研究工作的深化。

二、学术价值和学术创新

(一)学术价值

系统地梳理了二战结束前德国政治教育的历史演变,包括第二帝国(1871—1918)的"国民教育"、魏玛共和国(1919—1933)"基于国家和民族的政治教育"、第三帝国(1933—1945)的"政治教化",阐述了当代德国政治教育体系重启与构建的历史背景和思想文化境遇,有助于研究当代德国政治教育体系的构建与发展,揭示联邦德国政治教育体系构建和发展的历程。

重点研究并较为系统地梳理了当代德国政治教育的基本理论问题,探讨当代德国所谓民主政治教育体系背后的那些有形的各种力量和无形的、潜在的精神和文化的影响因素。对德国政治教育理论的思想渊源进行了追溯,对德国政治教育的概念进行了深入辨析,对政治修养理论、政治认知-参与理论和政治社会化理论三个当代德国政治教育基本理论做了较为详尽的阐述,有助于从整体上呈现德国政治教育理论特色和思想风格。

在"政治教育是政治文化学习和传播的基本途径和方式,也是政治体系能强力主导的、有效的政治文化学习和传播的途径和方式"的理论预设下,以德国民众的"二战史观"和"对资产阶级民主政体及其价值观念的集体认同"为主要观测点,研究并阐明了二战之后德国政治文化的变迁与转型,从而论证了德国政治教育体系在改变、创造、维持政治文化,培养资产阶级民主社会公民中发挥的作用,展示德国政治教育体系的构建过程,揭示其本质属性和功能。

努力遵循"以原版文献为依据""以精确描述为方法"的原则,开展研究工作,从思想认识、理论创新、实践操作三个层面概述了德国政治教育给我们的启示,努力克服比较思想政治教育研究中的"宏大叙事""主观联想"的弊端,基于相关研究成果,提出了加强和改进当代中国思想政治工作的建议。

(二)学术创新

坚持以唯物史观为指导,对德意志民族国家每一次社会变革及政治秩序更迭导致的政治教育的概念、内涵、功能和形态的历史演变,都深入考证,客观叙述,揭示了其本质。在对概念给予科学界定和辨析,对当代德国政治教育理论的思想渊源深入考察的基础上,对当代德国政治教育的基本理论问题,从政治修养理论、政治认知-参与理论和政治社会化理论三方面作了较为详尽的分析、阐述,从而能整体上呈现其理论特色和思想风格。通过对德国民众"二战史观"和"对资产阶级民主政体及其价值观念的集体认同"如何形成的观测分析,论证了德国政治教育体系在改变、创造、维系其政治文化、培养资产阶级民主社会公民中的功能和作用。

系统地对当代德国政治教育体系构建的历史背景和思想文化境遇展开历史研究,对当代德国政治教育体系及其构建和发展历程进行考证研究,对当代德国政治教育基本理论问题进行系统研究,并从战后政治文化变迁的高度,关注和系统研究德国如何通过构建国家政治教育体系来促进政治文化转型,从而必然地实现内部的深刻变化。揭示了当代德国政治教育的功能和作用,最后提出对我国思想政治工作切实可行的借鉴启示,有效地达到比较研究的目的。

三、社会反响

(1)本书得到张耀灿、吴潜涛、郑永廷等多位思想政治教育领域专家的高度肯定。张耀灿教授评价本书"在对异中之同深入分析、揭示客观规律的基础上提出了一些中肯的切实可行的借鉴建议,从而也在比较研究中给同行树立了一个典范。""填补了思想政治教育研究的一个空白,其特色和优点十分显著。"

(2)本书被纳入华中师范大学等国内知名高校的"指定阅读书目",作为高校培养思想政治教育专业研究生的重要参考资料。

(3)本书作者曾受教育部思政司邀请,以本书核心观点和内容为基础,为国内高校从事思想政治工作的青年骨干做培训报告;多次在"全国思想政治教育高端论坛"介绍研究成果。

(4)本书作者曾多次受邀赴东北师范大学、华中师范大学等国内双一流高校做本书内容相关主旨报告,深受好评。

(5)本书自公开出版以来获得了较多赞誉,特别受广大科研工作者、思想政治工作从业者、高校教师和大学生的欢迎,获"湖北省教育科研优秀成果奖一等奖"。

《大学生理论宣讲与实践创新案例精编》

（高翔莲 黄少成，人民出版社，2020年版）

 一、主要观点

青年学生是一个独特的知识分子群体。他们接受过较为系统的现代化的教育，具有强烈的责任意识和民族情怀，同时他们也正处于世界观、人生观、价值观形成的"发展期"，表现出鲜明的个性、细腻的情感、丰富的想象力和活跃的思维能力。价值体系和价值标准"发展期"的不完备特性，以及未来社会发展对创新型、活力型人才的需求，决定了在青年学生思想理论教育过程中，感知叙说比理性分析更具有吸引力，朋辈教育比师长教育更具有亲和力，同时也决定了思想理论教育不能仅仅是生硬的、强制的、灌输式的说教，更应是灵活的、多样的、渗透式的陶冶。师长教育和朋辈教育在学生成长成才过程中发挥着各自不同的作用，在个性特质契合、心灵交互碰撞、思想启迪等方面有着不同的地位和功能，两者相互弥补、不可或缺。《大学生理论宣讲与实践创新案例精编》是以中国地质大学（武汉）"红色之声"宣讲活动的宣讲内容为基础，通过精选修改完善之后汇编成册的经典案例库集。中国地质大学（武汉）"红色之声"宣讲，以马克思主义理论为学科依托，以马克思主义理论专业博士生、硕士生、本科生党员和入党积极分子为宣讲主体，以党史国情、校史校情、理论前沿、时事热点，以及习近平总书记系列重要讲话精神等为宣讲主题和内容，以"播放一个短片、讲述一个故事、阐明一个道理"的叙说式宣讲方式，用现代传播方式吸引青年，用青年话语讲述"青春好故事"，用青年声音传递青春正能量，着力使青年对宣讲内容"爱听、乐学、善行"。

中国地质大学（武汉）"红色之声"宣讲，从2010年筹备、2011年第一期正式启动开讲到2018年，已历经8年，并累计举办了8期。8年来，"红色之声"宣讲团积极在校内开辟理论学习的第二课堂，满足广大青年学生对理论澄清、时事关切和朋辈启迪的急迫需求。"红色之声"宣讲团从最初的8支队伍发展到2018年的19支队伍，参与的人数从最初的40余人，到现今120余人，宣讲的场次从每年50余场增长到每年130余场，累计聆听人数逾4万人。"红色之声"宣讲历经了由小到大、由弱变强、由被动到主动、由自发到自觉再到制度化的过程。8年来，"红色之声"宣讲先后获得中国地质大学（武汉）校园优秀文化成果奖一等奖，入选共青团湖北省委思想政治教育工作分层案例和教育部社会科学中心组编的《高校红色文化资源育人发展报告》（2017年）。《光明日报》先后以《打造高校"思政熔炉"》（2017年

10月13日)、《领导干部与学生同上思政课》(2018年1月6日)为题,报道中国地质大学(武汉)"红色之声"宣讲活动。教育部网站刊载《多举措提升思想政治理论课教育教学效果》(2015年8月10日)、《"四化联动"培育和践行社会主义核心价值观》(2015年9月18日)简报,分别阐述"红色之声"宣讲在提升思想政治理论课教育教学效果、培育和践行社会主义核心价值观等方面的作用。2017年,"红色之声"宣讲活动作为思政课"一线二红三实"立体教学模式研究重要内容之一,入选教育部择优推广项目。

"红色之声"宣讲通过项目化的运作方式,按照"传帮带"的原则,紧扣时代主题、紧绕党和国家大政方针政策和习近平总书记系列重要讲话精神,适时赋予朋辈教育新的时代内涵,变单向度的思想灌输和政治传导为双向度的思想对话和价值观培育,变一元化的意识形态话语为多元化的青年话语、时尚话语、心灵话语、群体话语,极大地提高了思想政治教育的针对性和实效性,促进了朋辈教育在思想政治教育过程中的科学化与规范化,形成了朋辈思想政治教育的良性长效机制。"红色之声"宣讲以马克思主义理论专业学生为主体,迄今有600余人参与到该项活动中。在宣讲教育实践活动中,宣讲团成员需要完成收集资料、整理资料、撰写文本、制作视频、模拟宣讲等一系列的宣讲环节,同时还要掌握朋辈间的"教育""引领""管理""组织"等难度要求颇高的内涵式的动作要领。历经多个完整周期的多个场次的宣讲,"红色之声"宣讲团成员的理论水平、表达能力、学习能力、组织能力得到了显著提升。

2018年,是全党全国上下深入学习贯彻习近平新时代中国特色社会主义思想和党的十九大精神的重要一年。第八期"红色之声"宣讲团以此为契机,于2017年11月遴选了19支宣讲团队,以"深入学习党的十九大精神,争做有担当的新时代青年"为主题,在校内外广泛开展宣讲。《大学生理论宣讲与实践创新案例精编》就是以19支宣讲团队的宣讲内容为主体,并在前七期每期挑选一个主题内容,合计精编了26个宣讲案例。同时著者还精选了62幅宣讲中的精彩照片分别插入相关主题内容编著成册。

二、学术价值和学术创新

《大学生理论宣讲与实践创新案例精编》通过26个精编案例,总体反映出"红色之声"宣讲团自成立以来的宣讲主题、宣讲对象、宣讲方式和宣讲效果,生动勾勒出8年来党和国家政治生活及学校建设发展的线索脉络。这不仅仅是对"红色之声"宣讲的经验总结与成效巩固,更是对青年学生在新时代开展的一次生动、系统、有效的马克思主义教育实践。中国地质大学"红色之声"宣讲在创新青年学生朋辈教育的内容形式、深化青年学生思想政治教育的实践范式、打造青年学生思想理论教育的长效机制等方面,是一次有益的尝试,并具有良好的参考性、示范性和推广价值。

三、社会反响

《大学生理论宣讲与实践创新案例精编》2018年入选教育部思想政治教育文库。

《德国联邦政治教育中心发展历史研究》

(阮一帆,人民出版社,2016年版)

一、主要观点

本书以"联邦政治教育中心"这一当代德国政治教育体系的核心机构为研究对象,以战后联邦德国由传统臣服型、权威型政治文化向现代西方民主参与型政治文化的变迁转型为研究背景,运用历史与逻辑相统一、历史研究与思想政治教育比较研究相结合的研究方法,通过考察"联邦政治教育中心"的发展嬗变,从政治教育视角提供了一个西方社会中成功的政治文化转型的历史案例,更从一个机构发展的独特维度向读者展示了一幅战后德国政治教育与政治文化变迁演化的历史画卷。

本书运用了丰富的一手资料,并结合最新研究成果,兼及不同语种文献,在充分了解和分析中外学界相关领域已有研究成果的基础上,系统考察德国"联邦政治教育中心"的演变和基本活动,在历史叙事中反映了德国政治教育制度层面和思想层面的演进线索及其互动效应。一些论断能对我国思想政治教育提供启迪和借鉴。本书的主要观点有:

(1)"联邦政治教育中心"对联邦德国由臣服型政治文化到参与型政治文化的转型作出了重要贡献。政治教育的根本目的是为解决联邦国家和政府的"政治合法性"问题。政治制度和政治文化之间的良性互动是政治体系"合法性"来源的重要基石,而这种良性互动关系最重要的环节之一,在战后联邦德国便是由"联邦政治教育中心"主导实施的国家政治教育。

(2)"联邦政治教育中心"始终将所谓"引导民众认同民主制度的价值,赞同'基本法'中规定的社会法治国家的自由民主秩序"作为其政治教育的根本目标,较为成功地解决了以宪法精神为核心价值的"政治认同"问题。

(3)"联邦政治教育中心"重视对政治教育社会资源的开发,通过社会合作的方式构建了政治教育的国家资源体系。自20世纪60年代起,"联邦政治教育中心"除了向联邦德国民众提供丰富的政治教育"公共产品"外,还通过"指导行政"和较成熟的社会化运作手段积极引导、鼓励和支持各种社会力量参与政治教育工作,丰富政治教育资源网络,在联邦德国逐步建立起政治教育的国家体系。

(4)"联邦政治教育中心"早期更重视政治教育的社会价值而忽视个体价值,这成为20世纪60年代末联邦德国爆发大规模学生运动的诱因之一。并且其政治教育的发展始终受政党政治的影响,而缺乏连续性和稳定性。

(5)通过对"联邦政治教育中心"的研究,可以给我们以如下启示:第一,政治教育与政治文化的相互作用是二者协同演化的原动力;第二,政治教育应着力解决政治认同或政治合法性问题;第三,要从政治资源的高度重视思想政治教育资源体系建设。

二、学术价值和学术创新

本书从一个新的视角研究德国反思纳粹、塑造资产阶级民主政治文化的历史进程,进而探究政治教育在战后联邦德国政治民主化过程中所发挥的作用,帮助我们深刻理解"联邦政治教育中心"所代表的国家政治教育的合法性来源。通过研究"联邦政治教育中心"这一德国国家政治教育的代表性机构的发展演变、功能作用及其经验教训,揭示其工作本质和特点,对于我们加深对思想政治教育功能和规律的认识,取其精华,舍其糟粕,借鉴其有益思想和经验,有助于开阔视野,促进我国思想政治工作向科学化、现代化发展,具有一定的学术和应用参考价值。

在学术创新方面主要体现在:①在研究内容方面的创新。突破了现有成果零散、片面、缺乏系统性的研究状况,对德国"联邦政治教育中心"进行了较深入、系统、全面的考察,研究成果基本涵盖了"联邦政治教育中心"的历史、理论、实践诸方面,揭示了其符合历史实际的发展进程,全面总结了"联邦政治教育中心"工作得失成败的经验教训以及给我们的启示借鉴。创新性地提出了"政治教育与政治文化的相互作用是二者协同演化的原动力""政治教育应解决政治认同或政治合法性问题""要从政治资源的高度重视政治教育资源体系建设"等思想观点。②在研究方法上的创新。第一,在课题研究中,始终坚持以丰富翔实的第一手外文文献为资料来源,以求使课题研究符合"联邦政治教育中心"的发展实际,所得研究结论科学,有较强信服力。第二,将国别研究、比较研究与对策研究紧密结合,注重立足于在比较研究的基础上,为解决中国思想政治工作的实际问题寻求有益借鉴,为思想政治教育比较研究提供了新的范型。

三、社会反响

本书是国家社会科学基金项目"战后德国政治文化变迁背景下'联邦政治教育中心'研究及启示"(11CKS025)的最终成果。其阶段性成果"政治教育与二战后德国政治文化的转型及启示(系列论文)"获第十四次武汉市社会科学优秀成果奖三等奖(2015)。基金项目研究最终成果经全国哲学社会科学规划办公室鉴定,结论为"良好"。鉴于本书所达到的学术水平,张耀灿先生在"序言"中给予高度评价,他认为:"本书既是一本史学著作,又是一本比较思想政治教育学领域的专业书籍。两个学科的交叉互融,使得本书较好地克服了以往思想政治教育比较研究中的一些弊端。""作者使用了丰富的一手资料,并结合最新研究成果,兼及不同语种文献,在充分了解和分析中外学界相关领域已有研究成果的基础上,系统考察德国联邦政治教育中心的演变和基本活动,在历史叙事中反映了德国政治教育制度层面和思想层面的演进线索及其互动效应,这对国内相关领域研究而言,有创新补阙之效。"国家社科基金项目结题评审专家认为,本研究"不仅填补了国内在这个选题上的空白,在国外学术界也是一个创新,对我国的文化现代化有积极意义和借鉴作用"。本书作者曾在德国汉堡大学教育学院访学期间(2016—2017),以学术报告形式向德国政治教育专家学者介绍本书,受到德国知名政治教育专家 Tilman Grammes 和 Sybylle Reinhardt 等人的充分肯定,并推荐汉堡大学图书馆馆藏。

本书为我国第一部全面研究德国"联邦政治教育中心"及其对我国思想政治工作启示的专著,是中国地质大学(武汉)中外思想政治教育比较研究的又一部力作。国家社科基金项目匿名评审专家给予高度评价,称:"这一成果填补了思想政治教育研究的一个空白,其特色和优点十分显著。""本成果属优秀之作,对于加强和改进我国思想政治工作,深化学科建设具有重要意义。"本书及其系列阶段成果已在全国比较思想政治教育研讨会、湖北省学生工作研究会、湖北省辅导员培训基地政工干部研修班以及首都师范大学、华中师范大学、武汉理工大学等高校进行了学术交流和宣讲,受到一致好评,在学术界产生了较广泛的影响。

《政治教育学范畴研究》

(黄少成,知识产权出版社,2015年版)

黄少成老师撰写的《政治教育学范畴研究》一书,是以其博士学位论文《政治教育学范畴研究》为基础,经过修改完善后的最终成果。该书由教育部思政司、全国高校思想政治教育研究会资助,由知识产权出版社于2015年5月出版。全书一共22万字,分为10章,其主要观点、学术价值和社会影响如下。

一、主要观点

思想政治教育学已逐步构建起比较完整的学科体系。如何遵循学科建设与发展的内在逻辑,探索思想政治教育理论创新深化发展的新路径,成为当前思想政治教育学科建设的瓶颈和重要议题。深入到思想政治教育的内部,分别对政治教育和道德教育开展研究,更好地把握政治教育和道德教育各自特点和规律,不乏为推进思想政治教育研究的重要维度。基于此,《政治教育学范畴研究》一书集中对两个层面的问题进行了深入研究和阐述。

一是关于政治教育学范畴基本理论问题的研究。这一层面主要以范畴的哲学内涵为依据,通过探索范畴的古汉语词义、具体科学范畴的内涵,深刻分析作为政治教育学"上位学科"的思想政治教育学范畴含义、特征、结构、功能、研究缘起及发展的趋势,比较借鉴、辨析厘定政治教育学范畴的含义,确立政治教育学的研究对象,澄清政治教育学范畴与政治教育的要素、政治学的范畴、教育学的范畴及思想政治教育学的范畴的关系,明确政治教育学范畴的学科领域。只有熟练把握了政治教育学范畴的理论特点,才能准确地在政治教育学的领域中筛选、概括、提炼出政治教育学的范畴。

二是关于政治教育学范畴及其逻辑结构的研究。一门学科的范畴,按照不同的分类方法有着不同的层次和类别。对政治教育学范畴的研究,更多的是探索该门学科中体现和反映政治教育学研究领域最基本、最重要特性的概念。这些概念不是各自独立的,而是按照一定的规律和原则相互关联的范畴体系。其中的规律即人的政治素养形成发展的规律,其中的原则即范畴逻辑结构必须遵循"逻辑起点—逻辑中项—逻辑终点"的原则。

按照人的政治素养形成和发展的一般规律,本书确立了政治教育学范畴一般的、共同的逻辑结构,这个结构就是由基项范畴、中心范畴、起点范畴、中项范畴、终点范畴以及介体范畴等逻辑标识(或逻辑指代)构建起来逻辑体系。只要找到与这个标识(或指代)相对应的类属概念,就确立了本书中的研究所探索的政治教育学的范畴。我们认为,政治教育学范畴的逻辑结构体系,是以政治文化为基项范畴,教育主体与教育客体作为中心范畴,政治认知为起点范畴,政治情感、政治价值观和政治认同为中项范畴,政治参与为终点范畴的逻辑结构体系。同时,研究中还明确提出了认知构建、情感培养、认同培育、技能训练、参与引导等介体范畴。具体见下图:

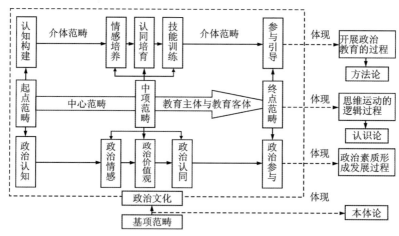

二、学术价值和学术创新

(一)学术价值

研究政治教育学范畴的主要目的是在思想政治教育学之下构建政治教育学。政治教育学学科构建的意义是在研究政治教育学范畴的基础上自然衍生而来。因为:范畴作为理论知识抽象后的概念和理论单元,具有很多方法上的功能,包括理论认知功能、逻辑推演以及摹写现实等方面的功能。研究政治教育学的范畴,把握范畴之间的逻辑关系,构建政治教育学范畴体系,实质就构建起了政治教育学学科体系的基本骨架,这对于政治教育学学科建设具有重要作用。具体表现为:①有利于进一步总结国内外政治教育的实践经验和理论成果;②有利于政治教育学"上位学科"——思想政治教育学的深入发展;③有利于政治教育学自身学科以及政治教育理论系统的发展。

当然,政治教育学的建立,实际上也是政治教育实践活动的理论系统化、科学化、学科化的过程。重视政治教育实践活动是适应社会政治经济形势深刻变化、提升国家软实力、培育和践行社会主义核心价值观、加强社会主义政治文明建设的必然要求。

(二)学术创新

对政治教育学范畴开展研究,实际上是依次回答这三个问题,即:为什么要建立政治教育学?如何建立政治教育学(为什么要研究政治教育学范畴)?如何研究并确立政治教育学范畴?对这三个问题的回复勾勒出清晰的逻辑线索——政治教育学是思想政治教育学之下一门相对独立的学科。

一是系统地梳理并辨析了与政治教育学及其范畴相关的几组关系。本书中的研究在首先梳理并界定政治教育内涵的前提下，分别逐一论证了政治教育与道德教育、思想教育、思想政治教育之间的关系，重点阐述了对政治教育开展专门研究并在思想政治教育学之下建立政治教育学的重要性和必要性。同时，按照"具体—抽象—具体"的原则，分别界定"范畴—具体科学范畴—政治教育学范畴"内涵的前提下，辨析了政治教育学范畴与政治教育的要素，政治教育学范畴与政治学范畴、教育学范畴、思想政治教育学范畴之间的关系，力图为确立政治教育学范畴提供清晰的概念标准，确定学科研究的场域。

二是综合运用了逻辑与历史统一的基本原则和历史与逻辑相一致的研究方法。政治教育学范畴研究不仅遵循了逻辑与历史统一的基本原则，而且巧妙地运用了历史与逻辑相一致的研究方法。在政治教育学范畴研究中，遵循逻辑与历史统一，就是要求对政治教育学学科及其范畴的研究，必须遵循人的政治素养形成发展的自然历史规律和对人进行政治教育的自然历史规律。历史与逻辑相一致，就是对实践及历史的研究与探索，必须在已有的或已被证明的理论逻辑的指导下获得规范和发展。政治教育学范畴研究与探索的过程，就是运用范畴逻辑论探索并确立政治教育学范畴及其结构的过程。政治教育学范畴研究运用逻辑与历史统一的基本原则和历史与逻辑统一的研究方法的过程实质是马克思主义唯物史观和唯物辩证法的深刻体现。这为政治教育学范畴研究提供了科学的方法论指导。

三是抽象并确立了政治教育学的范畴及其体系。本书按照逻辑范畴体系结构的一般原则，结合政治教育学研究领域的特殊矛盾和规律，确立了政治教育学范畴的逻辑结构。这个结构就是以政治教育学基项范畴为基础，以中心范畴为轴心，从逻辑起点经过逻辑中项到逻辑终点的逻辑范畴体系的结构（见前图）。另一方面，随着国内政治实践，特别是政治教育实践活动的发展，在政治教育社会实践和理论领域中的某些概念已经成为政治教育学问中的重要专业术语。一定意义上，探索确立政治教育学范畴的过程，就是将现有重要的专业理论术语按照一定的规则进行思辨、推导、组合的过程，这个过程实质也是抽象过程的高级阶段。政治教育学范畴研究的关键，不仅在于探索、推导、或最终确定了多少个新的重要概念（或者范畴），更重要的是如何将这些抽象的、政治教育领域已有的专业术语，恰如其分地嵌入到政治教育学范畴的逻辑结构对应的位置中去。因此，本书中的研究最大突破之一，不仅是明确提出了这些范畴，更重要的是将政治文化、教育主体与教育客体、政治认知、政治情感、政治价值观、政治认同、政治参与等范畴，确立在政治教育学逻辑范畴体系结构应有的位置中。

四是本书中所做的基础理论研究一定意义上体现了本体论、认识论、方法论的学术研究思想。基于范畴的哲学属性，对政治教育学范畴的研究，一定意义上也属于哲学的基础理论研究的范畴。传统哲学往往是以本体论、认识论和方法论为支柱建立起来的学问。其中，本体论研究何物存在以及以何种方式存在，认识论研究的是以主体为中心的事物之间的相互关系，方法论则是研究物质变化的规律和基本方式。本书作者在研究过程中,一直试图贯穿本体论、认识论和方法论三位一体的哲学学术理路和学术思想,并运用这一思想指导政治教育学范畴研究的深入及推进,进而构建政治教育学范畴研究的较为完整的理论架构。

三、社会反响

总体上,《政治教育学范畴研究》一书以范畴的形式确立起了政治教育学的基本构架,为政治教育学理论及学科研究提供了思路,为思想政治教育学创新研究开辟了新的路径。

围绕政治教育学范畴研究,除由教育部思政司、全国高校思想政治教育研究会资助,由知识产权出版社出版的这部《政治教育学范畴研究》专著外,还形成并公开发表论文10余篇。其中,3篇论文被《学校党建与思想教育》连载,4篇论文被人大报刊复印资料《思想政治教育》全文转载。《政治教育学范畴研究》一书先后获得湖北省马克思主义理论研究优秀成果奖一等奖(2016年5月)、第五届全国教育科学研究优秀成果奖三等奖(2016年11月)。

马克思主义中国化

《中国特色社会主义建设若干热点问题调查研究(第一辑)》
(高翔莲 吴东华 黄娟,中国地质大学出版社,2017 版)

一、主要观点

马克思主义是工人阶级及其政党科学的世界观和方法论。恩格斯指出:"马克思的整个世界观不是教义,而是方法。它提供的不是现成的教条,而是进一步研究的出发点和提供这种研究使用的方法。"中国特色社会主义是前无古人的伟大事业,需要解决的问题也是前所未有的。运用马克思主义的立场、观点和方法,观察、分析和解决中国的实际问题,既是马克思主义的生命力之所在,又是中国特色社会主义建设的客观需要。习近平总书记2016年5月在哲学社会科学工作座谈会上的讲话中指出:"坚持以马克思主义为指导,必须落到研究我国发展和我们党执政面临的重大理论和实践问题上来,落到提出解决问题的正确思路和有效办法上来。"作为 21 世纪研究马克思主义的学者,研究马克思主义、研究中国特色社会主义,一定要抓住我国改革开放和现代化建设的实际问题,着眼于马克思主义理论的运用,着眼于实践中热点、难点问题的解决。

毛泽东曾经把理论与实际相联系,比喻成"有的放矢"。"矢"就是箭,"的"就是靶。放箭对准靶,即用马克思主义之箭,射准中国革命之靶。当代中国之靶是什么呢?是中国特色社会主义建设的实际需要,是中国特色社会主义建设实践中遇到的矛盾和问题。中国特色社会主义进入新时代,我国社会主要矛盾已经转化为人民日益增长的美好生活需要和不平衡不充分的发展之间的矛盾。经过 40 多年的改革开放,我国经济文化建设取得了长足的发展和进步,社会生产力、人民的生活水平和国家的综合国力都得到了巨大的提高,这是有目共睹的。但是,另一方面也应该看到,我国正处在社会矛盾的凸显期、全面改革的攻坚期,政治建设、经济建设、文化建设、社会建设、生态文明建设和党的建设中有很多热点难点问题急需解决。带着这些问题,从 2013 年至 2015 年,中国地质大学(武汉)马克思主义学院高翔莲、吴东华和黄娟3位教授,分别组织调研团队走出学校、走出书斋、走向社会、走向实际,以中国特色社会主义建设中的热点问题为导向,深入到学校、农村和企业,走访了大学生、农民、工人、党员、干部乃至企业家,在掌握大量第一手资料和数据的基础上,最后形成了6份研究报告。这些研究报告集理论性、实践性、针对、应用性于一体,跟踪和研究了中国社会五大热点问题。

第一个热点问题是农村基层党组织党纪与党风建设。党纪连着党风,党风影响民风,党风正则民风淳。建设良好的党纪和党风是巩固党执政基础的需要,也是全面建成小康社会的需要。中国地质大学(武汉)马克思主义学院调研课题组,于2015年夏天,分别在湖北省仙桃市毛嘴镇、英山县红山镇、大悟县大新镇进行实地调研,在摸清农村基层党组织纪律建设的状况、特点、存在的问题与原因的基础上,提出了加强农村基层党组织党纪建设的应对策略,包括:进行党员干部的宗旨意识、责任意识、底线意识教育,筑起思想防线;加强农村党员干部的党规党纪教育,把纪律和规矩挺在前面;实行纪律教育的人性化与通俗化,提高教育的实效性;提高各种制度的执行力,把权力关进制度笼子;抓好组织建设,增强农村基层党组织的凝聚力和战斗力;加强对农村干部的党纪监督,防止"四风"问题反弹;发展农村经济,夯实纪律建设的物质保障;等等,这些对策、建议具有针对性和可操作性,为加强党纪党风建设提供了参考。

第二个热点问题是"中国梦"与"农民梦"。"中国梦"是国家富强、民族振兴、人民幸福之梦。习近平总书记指出"国要强,农业必须强;中国要美,农村必须美;中国要富,农民必须富。"十四亿中国人有一半是农民。农民的梦想是什么?制约农民实现梦想的障碍何在?如何帮助农民实现自己的梦想?带着这些问题,中国地质大学(武汉)马克思主义学院课题组,调研了湖北省英山县红山镇乌云山村,形成了《乌云山村农民生产生活状况及致富路径调研报告》。该报告针对这个环境优美、以茶叶和旅游为主业的小山村的实际,建议:做大茶叶经济,提高机械化水平,形成规模经营;做强"农家乐"产业,提高知名度;提高党支部和村委会班子的领导和业务能力,提高农民的民主参与意识;加大文化建设力度,提高农民文化水平;节约土地资源,推广新能源,保护环境;提高生产效率,改善生活质量,实现共同富裕。

第三个热点问题是生态文明与"美丽乡村"建设。建设美丽中国,离不开"美丽乡村"。"美丽乡村"是什么样子?"美丽乡村"与农民有什么关系?怎么建设"美丽乡村"?中国地质大学(武汉)马克思主义学院课题组,多次走访湖北省英山县红山镇乌云山村,与村民同吃同住同劳动,访谈红山镇领导、乌云山村干部、茶叶合作社董事长、"农家乐"经营业主、护林员、保洁员以及普通村民,收集了大量第一手资料。根据原农业部(现农业生产农村部)《关于开展"美丽乡村"创建活动的意见》和《"美丽乡村"创建目标体系》的要求,从生态、生产、生活三个方面,调查研究了乌云山村"美丽乡村"建设实践与经验、问题与原因,提出了对策与措施。这些研究对乌云山村创建"美丽乡村"典范具有现实指导意义,对湖北省以及其他地区建设"美丽乡村"也有一定参考价值。

第四个热点问题是国有企业和民营企业职工的思想状况。工人阶级是我国的领导阶级,是中国共产党的阶级基础。改革开放40多年来,特别是社会主义市场经济体制建立以来,随着中国社会阶级结构的日益复杂化、利益结构的日益多样化,工人阶级内部也出现了阶层分化。这种分化既表现在国有企业与民营企业职工之间,也表现在国有企业职工内部。国有企业职工的思想现状如何?他们对马克思主义和社会主义的认同度如何?他们的工人阶级主人翁意识如何?民营企业职工的收入状况如何?思想现状如何?他们的经济地位与政治态度有什么关系?他们对中国共产党认同度如何?带着这些问题,中国地质大学(武汉)马克思主义学院课题组,调研了全国19家国有企业和2家民营企业,分析了工人思想的多元化及其成因,提出了提高工人思想觉悟、维护工人的经济利益、增强企业的凝聚力、发挥党政工团作用、实行民主管理、提高主人翁意识的对策建议。

第五个热点问题是大学生社会主义核心价值体系认同教育。大学生是国家的未来,社会主义核心价值体系是兴国之魂,大学生社会主义核心价值体系教育直接关系到中华民族的伟大复兴。中国地质大学(武汉)马克思主义学院课题组,对武汉地区11所高校共2066名大学生进行了社会主义核心价值体系认同现状和教育现状调研,提出以社会主义核心价值体系引领大学生思想政治教育教学的对策。特别可贵的是,课题组提出运用启发式、参与式、研究式等教学方法分析社会热点问题,以通俗的语言、鲜活的事例、新颖的教学形式进行思想政治理论课教学,以增强思想政治工作的针对性、亲和力、感染力和实效性。这些建议与2016年12月全国高校思想政治工作会议的精神相一致。

二、学术价值和学术创新

中国特色社会主义的伟大实践,给当代理论工作者提出了一系列重大理论问题和实践课题。理论源于实践,是对实践所做的思想响应,彰显时代特征。以问题为导向,紧扣时代课题,对时代课题作出科学、系统的回答,既是理论创新的根本,又是理论创新的条件,也为理论提供了价值实现的路径。然而,当前在部分理论工作者中还存在着理论研究与社会实践相脱节的现象,专注于书斋、执着于理论思辨,其思想认识的发生逻辑基本上是"从原理到原理""从书本到书本",忽视中国社会的现实问题,轻视社会思潮和思想矛盾,不关注社会各阶层思想变化的新特点。特别是一些青年学者,缺乏实践经历和对国情社情的深刻认识,即便是有实践参与的诉求,但因为缺少健全的参与和体验机制,导致理论研究与实践相互隔离,理论语境与现实相互分离。

本书努力克服理论研究与社会实践相脱节的现象,大力倡导理论联系实际的学风,解决科学认识国情社情问题,厚植于对中国社会发展现实问题的科学判断、对社会思潮和思想矛盾的深刻把握、对各阶层思想变化新特点的深刻分析、对思想政治教育具体实践的运动形式及其规律的全面揭示。

习近平总书记指出:"我们要以更加宽阔的眼界审视马克思主义在当代发展的现实基础和实践需要,坚持问题导向,坚持以我们正在做的事情为中心,聆听时代声音,更加深入地推动马克思主义同当代中国发展的具体实际相结合,不断开辟21世纪马克思主义发展新境界,让当代中国马克思主义放射出更加灿烂的真理光芒。"把马克思主义理论与中国特色社会主义实践相结合,深入实际,调查研究,了解国情,运用马克思主义的立场、观点和方法分析错综复杂的社会矛盾,解决热点难点问题,是时代赋予马克思主义学者的光荣任务。

《中国特色社会主义建设若干热点问题调查研究（第二辑）》

（高翔莲 陈军 马洪杰，中国地质大学出版社，2019年版）

一、主要观点

坚持一切从实际出发，理论联系实际，实事求是，在实践中检验真理和发展真理，是马克思主义最重要的理论品质。这种与时俱进的理论品质，是170年来马克思主义始终保持蓬勃生命力的关键所在。运用马克思主义的立场、观点和方法，观察、分析和解决中国的实际问题，既是马克思主义的生命之源，也是中国特色社会主义建设的客观需要。习近平总书记2016年5月在哲学社会科学工作座谈会上的讲话中指出："坚持以马克思主义为指导，必须落到研究我国发展和我们党执政面临的重大理论和实践问题上来，落到提出解决问题的正确思路和有效办法上来。"作为21世纪研究马克思主义的学者，研究马克思主义，研究中国特色社会主义，一定要抓住我国改革开放和现代化建设的实际问题，着眼于马克思主义理论的运用，着眼于实践中热点、难点问题的解决。

经过40多年的改革开放，我国经济、文化取得了长足的发展和进步，社会生产力、人民的生活水平和国家的综合国力都得到了巨大的提高，这是有目共睹的。但是，也应该看到，中国仍然处在社会主义初级阶段，社会转型加速，社会矛盾凸显，经济社会发展还面临很多急需解决的热点、难点问题。建设社会主义现代化强国，首先要认识和了解我们的国家，而客观调查、认真分析我国面临的矛盾和问题，则是认识问题的有效途径。

在此背景下，2016—2018年，中国地质大学（武汉）马克思主义学院高翔莲、陈军和马洪杰等教师，组织调研团队，走出学校、走出书斋、走向社会、走向实践，以中国特色社会主义建设中的热点问题为导向，深入学校、农村和企业，走访了农民、工人、党员、干部等不同群众群体，在掌握大量第一手资料和数据的基础上，最后形成了系列研究报告。这些研究报告跟踪和研究了中国社会农村发展和改革面临的热点问题，为我们更加深化理论思考，致力现实观照产生了"一斑窥豹"的意义。

本书第一个专题是习近平新时代中国特色社会主义思想农村大众化研究。习近平新时代中国特色社会主义思想是马克思主义中国化的最新成果，是实现中华民族伟大复兴的行动指南。湖北省是一个农业大省，农民人口占全省人口的60%。加强对习近平新时代中国特色社会主义思想的学习、研究、阐释和宣传，使其在湖北农村落地生根，对推进湖北乡村振兴具有十分重要的意义。调研团队立足习近平新时代中国特色社会主义思想农村大众化这一主题，按照"提出问题、设计方案、实地调查、统计分析、把握现状、探究成因、提出对策"的系统设计,运用马克思主义理论、政治学、社会学等多学科研究方法开展理论和实证研究。在系统阐释习近平新时代中国特色社会主义思想农村大众化的基本内涵与时代意义的基础上,运用马克思主义的立场、观点和方法,分析大众化过程中存在的突出问题与制约因素,提出习近平新时代中国特色社会主义思想农村大众化的促进策略。这些对策建议为推进习近平新时代中国特色社会主义思想在湖北农村"落地生根、深入人心"提供了参考。

第二个专题是乡村振兴问题现状解析。党的十九大报告明确提出了农业现代化目标和乡村振兴战略。地处鄂东北的湖北省英山县红山镇,探索了一条独具特色的乡村振兴之路。为了全面反映当地农民的生产生活状况,发掘这一地区乡村振兴的成功经验,探寻制约农民农村发展的障碍,调研团队在系统阐释乡村振兴核心要义的基础上,着眼英山县的地理环境、乡村政策、资源禀赋诸要素,从产业兴旺、生态宜居、乡风文明、治理有效和生活富裕等维度,考察了该地区乡村振兴实施现状,针对发现的问题从推动产业科学发展促进农民增收、完善社会保障体系助力脱贫攻坚、加强基础设施改善乡村环境、汲取优秀传统文化重塑乡风文明、加强基层党组织建设促进基层治理等视角提出了对策建议,为鄂东山区寻求农村更美、农民更富、农业更强的乡村发展道路提供了参考借鉴。

第三个专题是乡村文化的振兴现状与促进对策。建设社会主义文化强国、实现乡村振兴,必须坚定不移地推进乡村文化振兴,认同、尊重和传承、创新乡村文化,也是建设社会主义新农村的需要。为了解、把握典型农村乡村文化振兴现状和发展规律,课题组以湖北省麻城市为调查对象,在收集大量基础资料数据的基础上,分析了该地区推进乡村文化振兴的做法和经验,揭示了该地区乡村文化建设中的问题与原因,从加强组织建设形成党领导乡村文化振兴的"硬阵地"、合理配套资金逐步完善激励机制和监督管理制度、注重培养人才激发本土文化精英和农民群众创造力等方面提出了深入推进麻城乡村文化振兴的建议与对策,以期为当地进一步推进乡村文化振兴工作提供有益借鉴。

第四个专题是湖北省精准扶贫对象识别机制与帮扶对策。减少和消除贫困是我国全面建成小康社会的重要环节,体现了社会主义的本质要求。近年来,中共中央关于精准扶贫的一系列工作部署,已经形成了包括理论、战略、政策和举措在内的系统架构,中共湖北省委也为扶贫攻坚工作作出了战略、政策和机制安排,精准扶贫取得了很好的成效。但从工作实践来看,一些地区在政策实施和方法运用中,特别是在精准扶贫对象识别、精准扶贫政策"落地"等环节还存在精度不高、动力不足、成效不佳等突出问题。因此,课题组以湖北省英山县典型村落为调查样本,对其精准扶贫中的对象识别与帮扶、政策实施展开成效评估和问题诊断,并通过贫困居民对政府精准扶贫政策满意度的分析,寻求这些地区进一步改善扶贫对象精准识别和区域性精准扶贫政策实施的对策建议,为湖北及全国类似的地区摆脱贫困、全面建成小康社会提供借鉴和启示。

第五个专题是农村孝文化的传承与反思。孝文化是一切有关孝的物质、精神、制度和行为的总和，是中华民族传统文化的重要组成部分。传承优秀孝文化，形成"养老、尊老、敬老、爱老"的价值认同与社会风尚，构建和谐家庭，从而构建和谐社会，是社会主义新农村建设的当务之急。为了解农村孝文化传承现状，课题组深入湖北省英山县农村及农户家庭展开抽样调查和深度访谈，对当前农村孝文化传承与发展的现状、突出问题及改进策略展开了总结和反思，特别是从赋予孝文化时代内涵、增强孝文化生命力、发展农村经济增强孝文化传承的物质基础、开展孝文化宣传、增强孝文化传承的精神动力、建立家庭学校社会相结合的孝文化传承机制、拓展基层党组织和政府职能发挥孝文化传承主导作用等方面提出了对策思考，为湖北省农村进一步推进孝文化建设具有一定的借鉴价值。

习近平总书记强调："我们要以更加宽阔的眼界审视马克思主义在当代发展的现实基础和实践需要，坚持问题导向，坚持以我们正在做的事情为中心，聆听时代声音，更加深入地推动马克思主义同当代中国发展的具体实际相结合，不断开辟21世纪马克思主义发展新境界，让当代中国马克思主义放射出更加灿烂的真理光芒。"

"甘瓜抱苦带，美枣生荆棘。"调查实践需要付出艰辛的努力，但调查研究的丰富成果却饱含着人们探寻真理收获真知的喜悦。"遇事无难易，而勇于敢为；秋毫之末，视之可察。"只要把马克思主义理论与中国特色社会主义实践相结合，立足国情，深入实际，调查研究，我们就能够学会运用马克思主义的立场、观点和方法分析错综复杂的社会矛盾，解决热点、难点问题。这是中国特色社会主义新时代马克思主义学者的光荣任务和重要使命。

《中国特色社会主义建设若干热点问题调查研究(第三辑)》

(高翔莲 阮一帆 朱桂莲 李海金,中国地质大学出版社,2020年版)

一、主要观点

马克思指出,"问题是公开的、无畏的、左右一切个人的时代声音。问题就是时代的口号,是它表现自己精神状态的最实际的呼声。"坚持问题导向是马克思主义的鲜明特征。马克思主义能在中国生根壮大,最根本、最深厚的根基在于实践,最强大、最直接的动力在于直面和应对各种问题。问题既是理论创新的起点,又是理论发展的动力源。只有聆听时代的声音,回应时代的呼唤,认真研究解决重大而紧迫的问题,才能真正把握住历史脉络,找到发展规律,推动理论创新。理论创新的过程就是观察问题、发现问题、分析问题、解决问题的过程。习近平总书记指出:"要学习掌握事物矛盾运动的基本原理,不断强化问题意识,积极面对和化解前进中遇到的矛盾。问题是事物矛盾的表现形式,我们强调增强问题意识、坚持问题导向,就是承认矛盾的普遍性、客观性,就是要善于把认识和化解矛盾作为打开工作局面的突破口。"

聚焦时代问题,特别是中国特色社会主义实践中的热点难点问题,并为这些问题提出解决之道,是中国地质大学(武汉)马克思主义学院在科学研究、人才培养、社会服务中所秉持的重要基本原则。继《中国特色社会主义建设若干热点问题调查研究(第一辑)》、《中国特色社会主义建设若干热点问题调查研究(第二辑)》出版之后,学院又组织团队继续跟踪和研究中国特色社会主义实践中的热点难点问题,深入基层、深入实际,进行调查研究,形成了第三辑研究成果。

第一个热点问题是"新时代乡村基层党组织的振兴"。党的十九大明确指出,要加强基层党组织建设,解决基层党组织"三化"问题。十九届四中全会又提出坚持和完善中国特色社会主义制度、推进国家治理体系和治理能力现代化的战略任务。乡村基层党组织是党在农村的战斗堡垒,是党领导和治理农村、决战决胜脱贫攻坚、实施乡村振兴战略的政治与组织保证。由于生产方式变革、社会结构转型、城镇化快速推进和人口流动加速,农村基层党组织建设面临严峻挑战。课题组通过对中共湖北省委宣传部"理论热点面对面示范点"英山县红山镇所辖10个行政村进行深入的实地调研,结合基层党建和社会治理的相关理论,并观照乡村振兴和基层治理的政策框架,有针对性地提出了乡村基层党组织振兴的6项策略:选派结合,选优配强党支部;优化党员队伍;加强党员干部的思想淬炼;强化党员作风建设;加强制度的执行力;加快发展集体经济,推动产业振兴,增强基层党组织的凝聚力、战斗力和乡村治理能力。这些策略对于推进农村基层党组织振兴,强化村级党组织建设,增强农民群众对党组织的认同、信任,巩固党在农村的执政根基,具有重要参考意义。

第二个热点问题是"乡村振兴进程中的人才引领"。2018年"中央一号"文件指出,实施乡村振兴战略,必须破解人才"瓶颈"制约。要把人力资本开发放在首要位置,畅通智力、技术、管理下乡通道,造就更多乡土人才,聚天下人才而用之。当前,我国乡村振兴进程中人才引领机制存在的主要问题包括:乡村人才外流严重,人才吸纳能力低,人力资本匮乏等。乡村振兴战略中如何体现人才引领机制,即乡村如何实现人才引领、如何进行人才建设,成为决定战略成败的关键问题。课题组通过对湖北省黄石市、河北省邯郸市、湖南省邵阳市、安徽省黄山市等全国多省份地(县)市下辖乡村进行随机抽样调研,把握乡村振兴进程中人才引领机制的实践现状,分析乡村振兴进程中人才引领机制在落实中存在的问题,并结合当前乡村振兴战略面临的新形势和新要求,整合分析政策与实践结果,从"加大政府支持力度,强化政策落实""完善人才培育机制,推动乡村人才建设""增加基础设施建设投入,改善乡村发展环境"等三大方面,提出人才引领机制的建议和策略,对我国乡村振兴进程中人才引领机制的完善具有重要参考价值。

第三个热点问题是"乡村振兴视野下红色文化资源教育功能的发挥"。党的十九大报告指出,文化是一个国家、一个民族的灵魂。红色文化作为中国共产党领导人民在夺取新民主主义革命伟大胜利斗争中形成的历史性文化资源,具有强大的资政育人功能。习近平总书记多次强调"要把红色资源利用好、把红色传统发扬好、把红色基因传承好"。在乡村振兴进程中,利用好红色文化资源,能够为提升乡风文明提供重要内容、优秀载体以及有效方式,对繁荣农村文化、提升农村优秀传统文化教育功能;加强农村思想道德文化阵地建设等具有重要意义。课题组通过在湖北省红安县黄麻起义和鄂豫皖革命烈士陵园等红色景点进行实地考察和问卷调查,发现红色文化教育资源在乡村振兴特别是乡风文明建设方面发挥了重要作用。同时,红色文化资源教育功能的发挥也存在一些短板与不足,如在乡风文明建设中仍存在着育人功能弱化、宣传工作存在地域性和局限性等问题。针对这些问题,课题组建议当地要做好红色文化资源的开发与保护工作、完善宣传内容、改进宣传方式、加强红色历史文化知识的纵向传承、建立一系列乡风文明衡量评选机制等,以更好地发挥其红色文化资源在乡村振兴中的功能。

第四个热点问题是"大学生的总体国家安全观现状与教育"。党的十九大报告强调,要加强国家安全教育,增强全党全国人民的国家安全意识,推动全社会形成维护国家安全的强大合力。国家安全是一个国家的根本利益。随着国内外形势的深刻变化,我国国家安全涉及的领域日益增多,面临的威胁与挑战错综复杂,特别是开放的互联网和社会环境给国家安全带来新的隐患。在这样的大背景下,坚持总体国家安全观,增强国民安全意识与安全素养的重要性和紧迫性进一步凸显。加强大学生总体国家安全观教育,帮助大学生牢固树立总体国家安全观,提高大学生的国家安全素养,对于维护新时代国家安全稳定大局和成就中国特色社会主义长远大业具有重要的战略意义。课题组对武汉11所高校的约2000余名大学生进行了问卷调查和随机访谈。通过对样本数据的整理分析,从整体上把握大学生总体国家安全观认知认同现状,并对高校国家安全教育开展情况进行宏观分析。综合受教育者、教育者、教育影响三个维度,概括分析当前大学生总体国家安全观教育存在的问题,同时从聚合资源、借助载体、改革创新、完善机制、壮大队伍等方面,提出了有针对性、合理性、科学性的建议与对策。

二、学术价值和学术创新

实践与理论始终是一对双向互动的关系范畴,理论创新来源于实践探索,并对实践有"指挥棒""风向标"式的指导意义。理论创新的根本目标是为增强我们的实践自觉;而实践探索又能为理论的发展创新提供重要依据,使理论更加深刻、全面,提升我们的理论自觉。在马克思主义理论发展创新中,要特别重视理论与实践的密切结合,要始终保持思辨理性与实践理性高度统一。一方面,研究的问题要来源于实践,要"接地气",不能囿于"书斋"和"象牙塔",不能过分专注于理论思辨;另一方面,通过研究提供新的思想、理论,而这些思想、理论的创新成果还要能经受实践的检验。我们所要关注、研究的问题的来源,根植于当代中国特色社会主义建设的伟大实践。中国特色社会主义进入了新时代,中国正经历着历史上最为广泛而深刻的社会变革,中国特色社会主义伟大实践蕴涵着丰富的思想源泉。从这个意义上讲,中国地质大学(武汉)马克思主义学院开展中国特色社会主义建设若干热点问题系列调查研究,为当前学界提供了一定的参考与借鉴。

《生态文明与中国特色社会主义现代化》

(黄娟,中国地质大学出版社,2014年版)

 一、主要观点

建设生态文明、构筑美丽中国、推进现代化、实现中国梦,是中国共产党和中国政府作出的重大战略决策,也是当前我国社会各界关注和讨论的热点和焦点。党的十八大报告提出"五位一体"社会主义现代化建设总布局、中华民族伟大复兴总任务,要求生态文明建设和经济建设、政治建设、文化建设、社会建设融合发展,形成自然、人、社会相和谐的现代化建设新格局,走向社会主义生态文明新时代。这就需要我们科学认识、正确处理生态文明与中国梦、美丽中国梦、现代化建设、经济建设、政治建设、文化建设、社会建设、外交建设、党的建设等之间关系。这些关系是作者在长期从事马克思主义、中国特色社会主义、社会主义生态文明等研究与教学中一直思考的问题。系统研究生态文明与现代化、生态文明与中国梦的关系,可以为相关的理论研究、实际工作和思想政治理论教学提供有益参考。

本书第一部分包括第一章和第二章,主要分析生态文明与中国梦、生态国情与现代化转型的关系,旨在揭示生态文明视域下中国梦是生态文明的中国梦,我们必须走生态文明的现代化道路。第一章探讨生态文明与中国梦的关系,提出生态文明是国家富强、民族振兴、人民幸福的重要基础,生态文明的中国梦包括生态小康、生态现代化、中华民族绿色复兴三个目标,实现生态文明中国梦必须坚持中国道路、弘扬中国精神、凝聚中国力量。第二章探讨基于生态国情的我国现代化战略,论述生态文明是社会主义的本质属性、生态国情是基本国情的突出方面、生态矛盾是主要矛盾的重要体现、解放和发展生态生产力是根本任务、实现生态现代化和美丽中国梦是总任务。

第二部分包括第三章到第五章,研究生态文明基本内涵、认识历程和战略布局。作者提出,中国特色社会主义生态文明是生态文明道路、生态文明理论与生态文明制度的三者统一,重点分析美丽中国梦的实现途径是坚持和开拓生态文明道路,行动指南是坚持和丰富生态文明理论,根本保障是坚持和完善生态文明制度;回顾总结改革开放以来,以邓小平、江泽民、胡锦涛、习近平为核心的历代中国共产党中央领导集体对生态文明的认识历程,所经历的四个阶段,体现了我们党对生态文明的认识是继承与创新的统一;在解读党的十八大报告和十八届三中全会关于生态文明建设的精神基础上,对中国特色社会主义生态文明建设的战略地位、战略依据、战略任务和战略措施进行了分析和研究。

第三部分包括第六章到第十一章。建设生态文明、实现美丽中国梦,必须协调经济建设、政治建设、文化建设、社会建设、外交建设、党的建设与生态文明建设的关系,必须将生态文明建设融入经济等各大建设领域,并推动现代化建设各领域实现生态化发展。这六章分别研究经济建设、政治建设、文化建设、社会建设、和平外交、党的建设与生态文明建设的关系,分析生态经济和经济生态、生态文化和文化生态、生态民生与民生生态、生态外交与外交生态、生态党建与党建生态等问题,重点探讨生态文明建设与经济建设等其他各大建设领域的融合发展,目的是推动经济社会各领域与生态文明建设全面协调发展。

二、学术价值和学术创新

一是时代性。中国是工业文明的落伍者,目前正处在工业文明向生态文明转型创新发展进程中。努力走向社会主义生态文明新时代,是实现中华民族伟大复兴的必由之路。从工业文明旧时代走向生态文明新时代,需要对中国梦的方方面面进行"绿色"思考。本书就是按照生态文明时代新要求对中国特色社会主义现代化的一个新探索。

二是系统性。建设生态现代化、实现美丽中国梦是一项涉及经济、政治、文化、社会、外交、党建等诸多领域的系统工程,需要全面、系统、深入的战略思考和战略布局。本书较为系统地研究了生态文明与中国梦之间,生态文明与现代化之间,生态文明与经济建设、政治建设、文化建设、社会建设、外交建设、党的建设等领域之间的各种关系。

三是现实性。本书遵循理论联系实际的研究方法,通过揭示经济建设与生态文明建设、政治建设与生态文明建设、文化建设与生态文明建设、社会建设与生态文明建设、和平外交与生态文明建设等之间的现实问题与现实冲突,提出促进这些现代化建设不同领域与生态文明建设的协调发展的现实对策。

四是辩证性。本书对生态文明与中国梦、生态文明与经济建设、生态文明与政治建设、生态文明与文化建设、生态文明与社会建设、生态文明与外交建设等相互关系进行辩证思考,既分析了经济建设等其他领域对生态文明建设的各种影响,又分析了生态文明建设对经济建设等其他领域提出的新要求。

五是创新性。本书明确提出社会主义生态文明已经成为中国特色社会主义现代化建设的主线与灵魂的马克思主义论断,并探讨生态文明的中国梦、生态文明的现代化、我国生态基本国情、生态经济化与经济生态化、生态政治化与政治生态化、生态文化化与文化生态化、生态民生化与民生生态化、生态外交化与外交生态化,以及生态文明是生态文明道路、生态文明理论与生态文明制度的有机统一,探索生态良好、生产发展、生活幸福的生态文明新路等理论与观念,具有一定创新性。

三、社会反响

本书由中国地质大学(武汉)马克思主义文库项目资助,属于湖北省教育厅高等学校省级教学研究项目(2011133)、湖北省人文与社会科学重点研究基地项目(CXS20140008),特别是国家社会科学研究基金一般项目"幸福观视角下我国生态文明建设道路的反思与前瞻研究"(13BKS048)的阶段性成果。

本书由我国研究生态文明理论与实践的著名专家刘思华教授作序,出版后产生了一定的社会反响,被国内部分高校的图书馆收录馆藏,有些高校将本书作为研究生"中国特色社会主义理论与实践研究"公共课的教材或主要教学参考资料。本书出版有力地促进了中国特色社会主义生态文明的理论研究与实践探索,以及中国特色社会主义的理论研究与实践探索。

本书研究内容、不少观点被从事中国特色社会主义生态文明理论与实践研究的学者多次引用。与本书内容相关的一些公开发表的论文被学术界多次引用,如中国特色社会主义生态文明基本内涵相关的《美丽中国梦及其实现》一文(《理论月刊》2014年第2期)被下载2482次,引用34次;社会建设与生态文明建设协调发展相关的《生态文明视角下的社会建设思考》(《毛泽东思想研究》2012年第7期)被下载1064次,引用17次。

《新时代中国特色社会主义生态文明理论与实践研究》

(黄娟 石秀秀 程文琴 等,中国地质大学出版社,2021年版)

一、主要观点

建设生态文明是中国特色社会主义的重大战略任务,推进新时代生态文明建设是社会主义现代化建设的重要内容,走向社会主义生态文明新时代是中国特色社会主义发展方向。党的十九大报告提出,我们要建设人与自然和谐共生的现代化,既要创造更多物质财富和精神财富以满足人民日益增长的美好生活需要,也要提供更多优质生态产品以满足人民日益增长的优美生态环境需要。这就需要我们科学把握中国特色社会主义生态文明建设理念与战略,辩证理解生态文明建设与生态建设、生态文明建设与经济建设、生态文明建设与文化建设、生态文明建设与社会建设、生态文明建设与科技创新等相互关系,客观认识新时代中国特色社会主义生态文明建设实践与探索。本书既是对新时代中国特色社会主义生态文明理论与实践的研究,也是对新时代生态文明建设和中国特色社会主义相互关系的研究。因此,对于深化新时代中国特色社会主义生态文明建设理论研究、推进新时代中国特色社会主义生态文明建设实践探索、统筹推进生态文明建设与中国特色社会主义、加快推进新时代经济社会发展全面绿色转型,以及高校深入开展研究生课程"中国特色社会主义理论与实践研究"教学等具有十分重要的意义。

本书第一部分,新时代中国特色社会主义生态文明建设战略研究。党的十八大以来,以习近平同志为核心的党中央对生态文明建设进行了战略部署,构成了新时代中国特色社会主义生态文明建设的顶层设计。建设中国特色社会主义生态文明,建成人与自然和谐共生的现代化中国,必须贯彻落实五大发展新理念,探索生态优先的绿色发展新道路。第一章"新时代中国特色绿色发展道路的战略构想",是对习近平总书记关于绿色发展道路重要论述的解读。第二章"五大发展新理念下生态文明建设总体思路",是对新时代生态文明建设坚持贯彻落实发展新理念的探讨。

第二部分,新时代生态文明与经济社会充分平衡发展研究,主要探讨生态文明建设与生态建设、经济建设、文化建设、社会建设、科技创新等诸多关系,力图说明生态文明建设为什么融入以及怎么样融入我国经济社会发展各个领域。第三章"新时代社会主要矛盾下绿色发展目的与任务"是对新时代社会主要矛盾下我国绿色发展目的与任务的总体研究。第四章"新时代中国特色生态文明建设充分平衡发展",是基于新时代我国生态文明建设主要矛盾,提出并探讨生态文明建设充分发展平衡发展。第五章"新时代生态文明建设与经济建设的平衡发展",主要从构建绿色生产方式、建设新型生态城镇化、推进美丽乡村绿色振兴方面分析新时代生态文明建设与经济建设平衡发展问题。第六章"新时代生态文明建设与文化建设的平衡发展",主要从生态维度研究社会主义核心价值观,分析新时代我国文化产业的绿色发展,探讨生态地学文化及其产业绿色发展。第七章"新时代美丽中国与健康中国建设的平衡发展",主要探讨美丽中国建设与健康中国建设的辩证关系,以及两大建设实现平衡发展的主要任务。第八章"新时代生态文明建设与科技创新的平衡发展",主要分析生态文明建设与科技创新关系,以及中国特色绿色科技自主创新的重要任务和关键措施,具体探讨了互联网与生态文明建设融合发展问题。

第三部分,新时代中国特色社会主义生态文明建设实践与案例研究。第九章"长江经济带生态优先绿色发展道路的新探索",分析了长江经济带推进生态优先绿色发展的基本动因,探讨了长江经济带建成生态文明建设先行示范带的基本任务,以及长江经济带探索生态优先绿色发展的主要举措。第十章"湖北省乌云山村美丽乡村绿色振兴的新实践",以荣获国家最美休闲乡村、国家森林乡村等荣誉称号的湖北省乌云山村为典型案例,主要分析乌云山村美丽乡村绿色振兴的概况与动因、做法与经验、问题与原因以及对策与措施。

二、学术价值和学术创新

总体来说,全书科学解读中国特色社会主义生态文明建设理念与战略,辩证分析生态文明建设与生态建设、经济建设、文化建设、社会建设、科技创新等关系,以及新时代中国特色社会主义生态文明建设实践与探索,这些研究既是对新时代中国特色社会主义生态文明理论与实践的深入研究,也是对新时代生态文明建设和中国特色社会主义相互关系的研究,因而,对于全面深入系统研究习近平生态文明思想、习近平中国特色社会主义思想等具有重要的理论价值和学术价值。具体来说主要表现在以下一些方面。

第一,新时代生态文明建设必须走生态优先绿色发展新道路。目前研究习近平生态文明思想的成果很多,但研究习近平总书记关于绿色发展道路重要论述的成果很少。本书从内涵与实质、目的与目标、内容与任务、保障与条件诸方面进行初步分析与解读:内涵与实质是坚持生态优先,实现生产生活与生态环境协调发展,建设生态美丽、生产美化与生活美好的生态文明新社会;目的与目标是提高人民幸福,圆美丽中国梦;内容与任务是建设绿色生态、发展绿色生产与培育绿色生活;保障与条件是完善绿色制度、加强绿色合作。相关论文发表在《治理现代化研究》2018年第4期,被下载534次,引用5次。

第二,本书明确提出新时代生态文明建设必须贯彻落实发展新理念,同时认为生态文明建设需要贯彻落实的是绿色创新发展、绿色协调发展、绿色低碳发展、绿色开放发展与绿色共享发展。其中,绿色创新发展(绿色科技创新、绿色产业创新和绿色制度创新)是根本动力、绿色协调发展(城乡绿色协调、区域绿色协调和物质与精神绿色协调)是根本要求,绿色低碳发展(建设绿色资源环境和生态,发展绿色、低碳与循环生产以及构建绿色生活绿色消费方式)是根本途径,绿色开放发展(丰富对外开放的绿色内涵,推动"一带一路"绿色合作,主动承担国际绿色生态责任)是根本条件,绿色共享发展(增加生态环境基本公共服务,探索生态扶贫绿色脱贫模式和建设生态文明的健康中国)是根本目的。相关论文发表在《中国特色社会主义研究》2016年第5期,被下载2292次,引用41次。

第三,基于新时代社会主要矛盾探讨生态文明建设或绿色发展目的与任务,提出要用绿色发展理念统筹推进生态、经济、文化、社会、政治发展,形成绿色发展"五位一体"总体布局。具体探讨:一是满足优美生态环境需要必须建设绿色生态,包括建设资源节约型社会、环境友好型社会和生态良好型社会;二是满足更高物质生活需要必须建设绿色经济,包括构建生产方式绿色转型、形成绿色产业体系和推进绿色科技创新;三是满足更高文化生活需要必须包括弘扬生态文明价值观、发展绿色文化事业与文化产业绿色转型;四是满足生态文明相关社会生活需要必须增加绿色公共服务供给、探索生态扶贫脱贫路径和建设绿色美丽健康中国;五是满足生态文明相关政治生活需要必须发展建设生态文明的民主政治、构建建设生态文明的法治体系和健全建设生态文明的制度体系。相关论文发表在《湖湘论坛》2018年第2期,被下载2119次,引用34次。

第四,提出并研究新时代中国特色生态文明建设充分平衡发展问题,立足于新时代我国生态文明建设的主要矛盾,提出实现新时代资源安全、环境安全和生态安全,必须加快推进资源、环境与生态充分发展,协调推进资源、环境与生态平衡发展,系统推进生态文明建设城乡区域平衡发展以及统筹推进生态文明建设与其他四大建设平衡发展等问题。

第五,在"新时代生态文明建设与经济建设的平衡发展"一章中,作者主要从构建绿色生产方式、建设新型生态城镇化、推进美丽乡村绿色振兴三个方面分析新时代生态文明建设与经济建设平衡发展问题。关于新型城镇化与生态文明建设平衡发展部分,作者提出并探讨了以下基本观点:建成生态城市是方向,提升人民幸福是目的,建设"三型"城市是重点,发展绿色经济是途径,培育绿色文化是引擎,优化空间格局是载体,创新绿色科技是支撑。相关论文发表在《管理学刊》2015年第1期,被下载642次,引用20次。关于乡村振兴与生态文明建设平衡发展部分,提出并探讨了美丽乡村绿色振兴观点,具体包括创新发展是根本动力,协调发展是根本要求,绿色发展是根本途径,开放发展是根本条件,共享发展是根本目的。相关论文发表在《求实》2016年第12期,引用41次。

第六,"新时代生态文明建设与文化建设的平衡发展"一章,主要从生态维度研究社会主义核心价值观,提出并探讨了生态维度下的国家价值观,包括生态富强、生态民主、生态文明与生态和谐,社会价值观包括生态自由、生态平等、生态公正与生态法治,个人价值观包括生态爱国、生态敬业、生态诚信和生态友善。相关论文发表在《思想教育研究》2015年第2期,被引用27次,人大报刊复印资料《中国特色社会主义》2016年第4期全文转载。

第七,"新时代美丽中国与健康中国建设的平衡发展"一章,在简要介绍美丽中国建设与健康中国建设任务与目的基础上,辩证分析了美丽中国建设与健康中国建设两者之间的关系,即建设美丽中国是健康中国的基础,建设健康中国是美丽中国的保障。作者认为,实施健康中国战略必须探索绿色发展道路,这是贯彻落实绿色发展理念的必然要求、全面实施健康中国战略的内在要求、实现健康中国可持续发展的紧迫需要、顺应国际健康绿色发展趋势的必然选择。此外,作者重点探讨了两大建设平衡发展的两大任务,它们包括建设绿色健康环境(营造绿色健康生态环境、创建绿色健康生产环境和打造绿色健康生活环境)与培育绿色健康生活(引导绿色健康饮食、倡导绿色健身运动和促进绿色健康心理)。相关论文发表在《创新》2019年第6期,被下载451次,引用5次。

第八,在"新时代生态文明建设与科技创新的平衡发展"这一章里,一是从科技创新对生态文明建设具有双重效应出发,分析探讨了绿色科技创新是新时代科技创新方向,二是分析探讨了新时代中国特色绿色科技创新主要任务,主要包括创新绿色资源、环境与生态科技、绿色生产与绿色产业科技、绿色生活与绿色消费科技;三是分析探讨了新时代中国特色的绿色科技创新主要措施,包括树立绿色科技创新理念、坚守绿色科技创新目的、明确绿色科技创新任务、推动绿色科技协同创新、加大绿色科技创新投资和建设绿色科技创新队伍等。相关论文发表在《新疆师范大学学报》(哲学社会科学版)2017年第2期,被下载3747次,引用69次。

第九,"新时代中国特色社会主义生态文明建设实践研究"。这一章是研究长江经济带生态优先绿色发展道路的新探索。分析了长江经济带推进生态优先绿色发展的动因(实现中华民族长远发展利益、确保长江经济带可持续发展、满足长江人民追求美好生活和引领我国生态优先绿色发展的需要)、任务(建成资源节约型、环境友好型和生态良好型先行示范带)、举措(提高思想认识加强宣传教育、推动绿色经济高质量发展、促进流域平衡发展协调发展、建立健全相关制度体制机制和加大人力物力以及财力投入),以及关键(促进绿色要素有序自由流动、增强绿色主体功能约束能力、实现绿色基本公共服务均等化和提高绿色资源环境生态承载力)。

二、社会反响

本书是国家社会科学基金一般项目"幸福观视角下我国生态文明建设道路的反思与前瞻研究"(13BKS048)、湖北省重点马克思主义学院建设项目"我国生态文明建设道路的理论体系和实践经验研究"(19ZDMY04)、中国地质大学研究生精品教材建设项目"中国特色社会主义理论与实践"(YJC2017411)以及中国地质大学马克思主义理论研究与学科建设项目"健康中国战略下生态文明建设研究"(MY2003)的代表性成果。本书对于从事中国特色社会主义生态文明以及新时代中国特色社会主义的研究者、建设者、管理者等都具有一定的理论与实践参考价值。

《湖北省生态文明建设公众参与现状调查》

(陈军 严世雄 韩露,湖北人民出版社,2017年版)

 一、主要观点

生态文明建设领域的公众参与,是社会公众和相关组织自愿参与生态文明建设制度供给、行动实施和舆论监督等各个方面及其全过程,并通过教育与自我教育、约束与自我约束而形成的促进人与自然和谐的资源开发利用、生态环境保护、生态文化营造与生态道德建设的行为总和。本书面向我国全面建成小康社会的宏伟蓝图,以提高湖北生态文明发展水平为导向,以促进生态文明建设公众参与的内在现实性为基点,在充分认识公众参与的科学内涵及其对生态文明建设的现实功能的基础上,基于知识素养、道德意识、行为实施三个维度,对湖北省生态文明建设公众参与状况展开问卷调查和深度访谈,并基于调研数据和系统评价方法,对湖北生态文明建设公众参与现状进行测度分析,揭示参与水平与关键问题,并从目标导向、内容设计、路径选择及制度安排等层面发掘和完善湖北生态文明建设公众参与的促进机制,从实证与规范分析角度,拓展公众参与并支持湖北生态文明建设的理论与方法,提出加强引导和激励公众参与的政策保障体系。

湖北省充分利用丰富的政策、资源、人才和文化优势,运用多种形式和手段深入开展了生态文明宣传教育和知识普及活动,公众的生态文明知识素养得到了增长和提高。然而,公众对生态文明建设的制度路径的认识和关注还有待增强。要从"五位一体"的总体布局上推进湖北生态文明建设,迫切需要加强公众生态文明制度和法律知识的推广与普及,这是公众参与湖北生态文明建设急需加强的重要环节。

在生态文明时代,按照尊重自然、顺应自然、保护自然的理念,把人们道德情感和意识活动的对象拓展到处理人与自然的关系之中,通过建立和深化生态道德,约束和规范人们改造自然的行动,以实现人与自然之间的和谐,这既是人类道德进化的必然要求,也是人类社会走向更高文明的重要标志。

人是社会实践的主体,要更加有效地推进湖北生态文明建设,必须更进一步发挥公众参与的积极性、主动性和创造性。按照我国生态文明建设的政策导向、法律规范和实践需求,生态文明建设的公众参与应遵循全体参与、全过程参与、全方位参与的原则。生态文明建设公众全方位参与的实现,将塑造公众全身心参与的社会环境,激发公众兴趣,培育公众情感,让公众产生稳固的价值观念,进而调动公众生态文明建设在意识、思维、情感的全方位参与。

二、学术价值和学术创新

从理论视角看,生态文明建设公众参与的调查研究有助于拓展生态文明建设的广度和深度,丰富我国生态文明建设的理论成果。本书的学术价值在于:

一方面,充实生态文明建设过程研究的内容。生态文明建设具有系统性、复杂性,其发生和发展的过程本根上是生态文明的组织者(政府)、参与者(社会公众)相互支持共同努力的过程。显然,生态文明建设的重要根基就在于社会公众发挥的主动性、积极性和创造性。生态文明建设公众参与的调查研究以肯定和尊崇社会公众的主体性为基础,立足于公众视角以考察生态文明建设的参与愿望、参与方式、参与过程及参与效果,并对其运行发展中的内部机制和外部条件展开理论和经验分析,展现了生态文明建设的动态过程,充实了生态文明建设过程的研究内容。

另一方面,拓展了生态文明建设路径研究的视角。生态文明建设方法的运用及操作要求付诸一定的对象,公众参与是生态文明建设的关键环节。本书将公众参与纳入生态文明发展的视野之内,通过公众参与生态文明建设的过程和机制来展开分解和剖析,在此基础上把握社会公众接受、理解、认同和参与国家和地方生态文明建设的障碍与困境,丰富和拓展了生态文明建设方法研究的视角。

本书的学术创新包括以下几个方面:

一是生态文明建设公众参与的运行机理分析。本书在探寻公众参与的科学内涵及其形成原理的基础上,基于系统论视角分析生态文明建设公众参与的主体构成、客体要素及实现形式,从现实根源、内在依据等维度深入把握公众参与和生态文明建设的逻辑关联,在此基础上,从内在动力和外部控制两个层面阐释生态文明建设公众参与的驱动机制,夯实、丰富和发展生态文明建设理论基础。

二是湖北省生态文明建设公众参与的知识素养调查。本书立足于生态文明建设公众参与知识素养的内涵界定、内涵构成与实践价值,基于调研数据,从公众对生态文明建设意义、任务、建设路径等方面的认识情况展开评价分析,在系统阐释知识获取、知识扩散、知识转化等因素对生态文明建设公众参与的知识素养影响机理的基础上,通过定量分析方法证实上述因素对湖北省生态文明建设公众参与的知识素养影响情况,为挖掘湖北省生态文明建设公众参与的知识潜能提供现实依据。

三是湖北省生态文明建设公众参与的道德水平调查。按照"尊重自然、顺应自然、保护自然"的理念,在解析公众生态道德建设的概念意涵与目标任务的基础上,本书将公众生态道德划分为生态道德意识、生态道德规范和生态道德实践三种形态,并以此为考察维度对湖北省公众参与生态文明建设的道德水平展开评价和分析。通过对公众生态道德意识发展现状、公众生态道德规范认识现状、公众生态道德实践推进现状的分析,提炼湖北省生态文明建设中公众生态道德发展存在的主要问题,并从经济、制度、组织、文化等角度展开对湖北省生态文明建设中公众生态道德发展影响因素的分析,为加强生湖北省生态文明建设中公众参与的境界升华进而激发公众参与生态文明建设的积极性、主动性和创造性寻求情感支点和精神动力。

四是湖北省生态文明建设公众参与的实施行动调查。本书依据生态文明建设公众参与行为的现实条件与原则趋向,从公众参与行为的过程有效性、结果有效性层面对湖北省生态文明建设公众参与现状进行调查分析,并由此挖掘湖北省生态文明建设公众参与行为存在的主要问题。在此基础上,从认识、教育、组织与制度层面对公众参与行动影响因素进行理论阐释,并基于调研数据对上述因素的影响展开实证分析,提出促进生态文明建设公众参与行为实施的对策思考,为明确湖北省生态文明建设中公众参与行动的基本方向、可能举措等提供现实依据。

三、社会反响

本书将湖北省作为主要研究对象,对湖北省生态文明建设公众参与情况展开调查研究,这对于提升湖北及类似湖北的我国其他区域生态文明建设的实效性和针对性具有较强的实践参考价值,受到了同行好评。本书出版前的评审意见认为,本书以湖北省生态文明建设公众参与现状调查为依托,并展开专门研究,进一步探索湖北在全面建成小康社会的决胜阶段如何创新生态文明建设公众参与模式和对策建议,有助于分析新情况、解决新问题,以应对、回答和破解湖北生态文明建设中公众参与范围较小、程度较低、主动性不足等方面的现实困境,促进湖北生态文明的实践发展。以此同时,本书成果有助于提升社会公众在湖北生态文明建设中的主体性地位。生态文明建设公众参与是以公众为主体的对象性活动,立足于社会公众的群体特征,通过展开系统的调查研究,分析公众参与生态文明建设所需要的知识素养、情感意志及行动实施的表现形式与存在状况,并基于生态文明建设公众参与的典型案例和具体路径展开探讨,为湖北省及我国生态文明整体实践中切实关注公众主体地位、保障公众参与权益等提供借鉴和保障策略。

《我国生态文明区域协同发展的动力机制研究》

(陈军 王小林,人民出版社,2020年版)

一、主要观点

如何通过有效的机制设计和政策选择实现生态文明跨区域协同发展,已经成为新时代我国生态文明建设实现新进步的迫切需要。以习近平新时代中国特色社会主义思想和习近平生态文明思想为指导,本书结合当前我国社会主要矛盾的变化,阐发了生态文明区域协同发展的目标指向与时代意义,并在系统评价我国省域生态文明发展水平的基础上,对我国生态文明区域协同发展的影响因素及作用机理进行了理论解释和经验分析,揭示了我国生态文明区域协同发展的空间格局演变、空间效应与区域差异特征。基于生态文明区域协同发展的实践要求,本书从系统共生的市场运行、空间组织、合作互助、援助扶持与复合治理等角度,解析了我国生态文明区域协同发展的动力机制,构建了我国生态文明与区域发展支持条件之间协同作用的综合体系。着眼于未来美丽中国建设,本书提出了促进我国生态文明区域协同发展的政策取向、总体思路和政策建议,为我国实现人与自然和谐共生的现代化提供了有益启示。本书的主要观点如下:

(1)我国生态文明建设的区域差异影响区域生产方式的选择,决定区域发展的质量和效率,导致不同区域生态文明建设的决策科学性、行为自觉性和组织有效性产生差距。如果不能得到有效调节,势必影响生态文明建设整体水平的提高。

(2)推进生态文明区域协同发展,需要引导不同地区充分发挥比较优势,在自然资源节约集约利用、生态环境保护、国土空间优化和制度建设等环节加强分工协作,形成互惠互利、协调共生的区域绿色联动发展格局。

(3)从系统共生的市场运行、空间组织、合作互助、援助扶持与协同治理角度,寻求推动生态文明区域协同发展所必需的动力机制,构建我国生态文明与区域发展支持条件之间协同作用的组织调控体系,这是推进我国生态文明区域协同发展的重要任务。

二、学术价值和学术创新

本书的学术价值主要体现在理论与实践两个方面。从理论价值来看,主要表现为:第一,将生态文明区域协同发展的内涵与价值、测度与分析、影响因素与作用机理、系统构成与驱动机制、政策取向与建议等纳入分析视角,构建了理论分析与实证研究相结合的服务生态文明区域协同发展的分析框架,有利于促进我国生态文明研究相关学科交叉融合;第二,基于生态文明区域协同发展影响因素的空间计量模型,揭示我国生态文明区域协同发展的影响因素和形成机理,考察生态文明发展水平的空间变化及其对生态文明区域协同发展过程的影响,为完善我国生态文明区域协同发展的实现机制、优化生态文明区域协同发展的政策支持提供了理论依据;第三,从市场运行、空间组织、利益协调、互助合作、复合治理等层面探索了驱动生态文明区域协同发展以化解资源环境约束的动力机制和相关的政策支持体系,从经济科学、系统科学和马克思主义理论学科角度为我国生态文明区域协同发展提供了逻辑思路和学理认识,为区域协调发展视角展开生态文明理论具体研究提供政策参考。

从应用价值来看,本书的贡献表现为:其一,基于我国生态文明区域协同发展水平测度与影响因素分析模型,揭示了我国区域生态文明区域协同发展水平的动态演化特征与影响因素,将为"完善促进生态文明区域协同发展"的政策选择与实施方案提供理论支撑和经验证据;其二,探索促进我国生态文明区域协同发展的驱动机制,提出了保障我国生态文明区域协同发展机制运行的政策建议,这对进一步探索我国各地区如何创新生态文明建设协作互助模式,以应对、回答和破解当前生态文明建设中面临的发展不平衡、不协调和不可持续等现实困境,为提升改善生态文明建设过程的实效性和针对性等提供参考、启示。

本书的学术创新在于:

一是解析我国生态文明区域分化机理,明晰生态文明区域协同发展目标。从自然资源输入输出、价值转移和权力让渡三个角度,揭示了自然资源流动与转移过程带来的生态、权力和制度在空间上不平衡的形成机理,建立了区域生态文明协同发展的分析视阈,提出了生态文明区域协同发展的目标导向。

二是把握我国生态文明空间演化特征,发掘生态文明区域协同发展动力。采用社会网络分析方法和空间计量模型提取出了我国生态文明区域发展的"六极三带"空间特征,揭示出我国生态文明空间集聚与扩散的演变动力,发掘了我国生态文明区域和整体系统发展的动力来源,将已有研究中的空间关联分析向前加以推进,拓展区域发展和生态文明研究的视野。

三是阐发我国生态文明协同发展机制,探索生态文明建设联动协调政策。阐发了我国生态文明区域协同发展的市场机制、空间组织机制、合作互助机制、援助扶持机制和复合治理机制及其运行条件,为如何系统化寻求实现生态文明区域同调发展途径与方法提供了依据,拓展了我国生态文明体制建设的内涵视角。

三、社会反响

本书自出版以来,已经受到国内外同行的较多关注。《广州财经大学学报》于2022年第4期以《坚持协调理念 推动民族地区绿色发展——评〈我国生态文明区域协同发展的动力机制研究〉》为题,对全书思想观点进行了评析。本书第二章《我国生态文明发展水平测度分析:基于生态创新的视角》相关内容在国际 SSCI 期刊

Journal of Cleaner Production 发表,受到国内外学术界广泛关注,截止 2022 年 2 月,该论文已被 *Journal of Urban Planning and Development*、*Journal of Cleaner Production*、*Sustainability*、*Environmental Science and Pollution Research* 等国际重要的 SCI、SSCI、EI 源刊论文引用 98 次,并于 2019 年 4 月获武汉市第十六次优秀社会科学成果奖三等奖。

《我国社会保障城乡一体化制度创新研究》

(汪宗田,人民出版社,2021年版)

 一、主要观点

人类文明的发展和进步表明,在物质文明发展的同时必须解决社会进步问题。由于社会问题的存在可能成为生产力本身发展的制约,限制经济效率的进一步提高。因此,社会问题的有效解决不仅是人类文明发展的需要,而且也是经济发展本身的需要。在与经济效率相关的社会问题中,社会保障是极其重要的关键问题之一。社会保障已经同人权保障、人性尊严等联系起来,是衡量一个社会文明进步的标志之一。社会保障作为一项基本社会制度,不仅是经济社会发展的"推进器",社会公平的"调节器",而且是社会安定的"稳定器",也是民生"安全网",对于化解社会矛盾,保障国家长治久安,促进经济持续、健康发展,具有极为重要的作用。党的十九大报告提出:"全面建成覆盖全民、城乡统筹、权责清晰、保障适度、可持续的多层次社会保障体系。"为了响应党的号召,服务国家战略决策,本书课题组承担了湖北省社会科学基金重大课题"我国社会保障城乡一体化制度创新研究"。

本书围绕"创新我国社会保障城乡一体化制度体系"这一主题,坚持实事求是了解、唯物辩证评价、超越批判借鉴的原则,采取历史分析、比较分析、规范研究与实证分析相结合的方法,遵循"理论梳理、比较借鉴、实证调查、综合分析、对策研究"的基本思路和框架展开工作。本书对这个重大课题的研究主要从三个核心内容来展开。

第一部分,我国社会保障城乡一体化制度创新基础性研究。本书梳理了研究背景、研究意义及相关文献,界定了基本概念和研究边界,提出"理论梳理、比较借鉴、历史分析、调查研究、综合分析、对策研究"的分析框架,梳理了马克思主义和西方社会保障理论。在奠定理论的基础上,比较借鉴德国、韩国和俄罗斯社会保障制度建设经验教训,总结了我国城乡社会保障建设的历史经验和教训,构建了"现状—问题—对策"的研究内容体系。第二部分,我国社会保障城乡一体化制度创新的总体研究。本书以马克思主义社会保障城乡一体化思想为指导,本书以我国城乡社会保障制度建设和改革的经验教训为基础,借鉴国外社会保障城乡一体化制度建设的理论和经验,进行综合研究,提出我国社会保障城乡一体化制度创新"理念、原则、目标和路径"的总体构想。第三部分,我国社会保障城乡一体化制度创新的对策措施研究。针对我国城乡社会保障制度中存在的重点、难点和突出问题,提出建立城乡一体化社会保险制度体系、社会救助制度体系和社会福利制度体系的对策措施。同时重点调研了湖北省农村社会保障发展状况，并提出相应的政策措施。

二、学术价值和学术创新

在学术思想上，一是提出我国社会保障城乡一体化制度创新应遵循"以人为本、公平正义、共建共享"三大价值理念。二是提出我国社会保障城乡一体化制度创新应遵循"政府主导原则、普遍性原则、统一性原则、兼顾公平与效率原则、可持续发展原则"等五大基本原则。三是提出我国社会保障城乡一体化制度创新的三阶段战略目标。近期目标，逐步提高、覆盖城乡；中期目标，缩小差距、制度并轨；远期目标，城乡一体，全国统一。四是提出我国社会保障城乡一体化制度创新应遵循以下路径：夯实物质基础，实现资金筹集渠道多元化；改革农村社会保障制度，缩小城乡差距；深化户籍改革，完善农民工和失地农民社会保障；全面建成城乡一体化的三维社会保障体系；建立全国统一的社会保障监管服务体制。

在理论观点上，一是深入挖掘了马克思主义社会保障城乡一体化思想基础，提出"四论说"，即动因论、目标论、条件论、路径论。动因论：消除城乡对立、乡村愚昧落后、"城市病态"和城乡差距等社会问题，是建立城乡一体化社会保障体系的动因。目标论：实现社会公平正义、人民共富共享和人的自由而全面发展，是建立城乡一体化社会保障体系的目标。条件论：高度发展生产力、建立社会主义公有制，是建立城乡一体化社会保障体系的物质条件和社会条件。路径论：大力发展生产力、消灭资本主义私有制、建立生产资料公有制，是实现社会保障城乡一体化的路径。二是批判吸收了西方社会保障城乡一体化的理论基础。实现社会公正、保障人权、平等对待，是建立社会保障的政治理论基础。政府主动干预市场、弥补市场缺陷、建立社会保障制度、提高整个社会的经济效率，是建立社会保障的经济理论基础。加强风险管理、防范控制风险和减少风险损失，是建立社会保障的风险理论依据。人口的数量、质量、结构和规模都影响国民经济的发展，是建立社会保障的人口理论依据。三是借鉴国外社会保障制度城乡一体化经验教训。借鉴典型发达国家德国的经验教训。对老年人养老进行立法，实施养老模式多样化；社会保障水平必须与社会经济发展水平相适应；农村社会保障应注重兼顾社会功能和经济功能，既要增进社会公平和农民社会福利，同时又能促进农业产业结构调整和农业农村发展。四是借鉴新兴市场国家韩国的经验教训。立法先行，为以后社会保障制度建设奠定法律基础；借鉴韩国覆盖城乡居民的国民年金制度；借鉴韩国强制性覆盖全民医疗保障制度。五是借鉴转型国家俄罗斯的经验教训。借鉴俄罗斯实行全国全民统一的养老保险体系；加强政府在医疗领域的主导地位，提高对公立医院的主导力，保证医疗公平与均等；借鉴俄罗斯儿童福利政策，让儿童在出生前和后、成长过程中都得到福利照顾，应对老龄化危机以及低出生率的困境。

在对策建议方面，一是提出社会保险城乡一体化制度创新的对策建议。实现基础养老保险金全国统筹，促进公平性；整合多元养老保险制度，建立全国统一的国民养老保险制度；推进城乡养老保险经办管理体制的统一。在医疗保险方面：整合多元医疗保险制度，建立城乡统一的国民医疗保险制度；整合医疗保障管理机构，实现统一管理；促进基本医疗服务城乡均等化。在失业保险方面：扩大失业保险覆盖面，提高失业保险的统筹层次，确立公平合理的待遇标准。在工伤保险方面：提高工伤保险参保率，结合农民工特点采取更加灵活的工伤保险处理方式。在生育保险方面：扩大生育保险范围，实现全民生育保障。二是提出社会救助城乡一体化制度创新的对策建议。在城乡低保方面：实现"一套制度，一个标准"的城乡低保制度，建立健全城乡低保的准入机制和退出机制。在城乡医疗救助方面：拓宽筹资渠道，实现基金筹集多元化；完善医疗救助制度设计，实现制度优化；加大农村医疗救助力度，推进医疗救助城乡统筹。在灾害救助方面：构建多层次的自然灾害保障体系；创新多种灾害救助形式，重视灾民心理援助。三是社会福利城乡一体化制度创新的对策建议。在老年人社会福利方面：构建多层次、多形式、多功能的城乡一体化的社会养老服务体系；以社区服务为依托，以社会养老机构为补充；缩小城乡差距，推进老年福利城乡统筹。在残疾人社会福利方面：以社区为依托，建立健全残疾福利社区保障机制；动员、吸引社会各方力量积极参与残疾人福利服务建设；加大残疾福利社会供给，提高受益率。在儿童福利方面：加快立法进程，制定儿童福利专门法；健全儿童福利管理体制，提高政策执行力度；加大政府财政投入，广泛吸收社会各方力量。

三、社会反响

《我国社会保障城乡一体化制度创新研究》由湖北省社会科学基金重大项目立项。在项目研究中，围绕我国社会保障城乡一体化制度创新这一主题发表了系列论文。项目最终成果《我国社会保障城乡一体化制度创新研究》由人民出版社出版。在《光明日报》发表论文《公平、效率与社会保障》，受到中华人民共和国国家发展和改革委员会官网、人民网、光明网、各省域门户网站的广泛关注与转载，引发热烈讨论，产生良好的社会影响。

《黔江：内生型脱贫模式》

(李海金 吴晓燕 焦方杨，中国出版集团研究出版社，2020年版)

 一、主要观点

党的十八大以来，重庆市黔江区以脱贫攻坚统揽经济社会发展全局，继续发扬"宁愿苦干，不愿苦熬"的新时代黔江精神，加大人力、物力投入，集中攻坚脱贫。2017年，黔江区顺利通过国家贫困县退出第三方评估检查，历史性地摘掉了30年的国家贫困县"帽子"，成为重庆市及武陵山连片特困地区中首批通过国家评估验收的脱贫摘帽区县之一。本书从脱贫攻坚战略、政策与保障体系、产业扶贫、旅游扶贫、东西扶贫协作、内生动力、稳定脱贫、脱贫攻坚与乡村振兴衔接等层面，细致而深入地总结呈现黔江区的成功经验与创新要点。主要内容观点如下：

1. 脱贫攻坚的做法与经验

一是以"黔江精神"为基点激发脱贫攻坚的内生动力。围绕艰苦奋斗与努力创业形成的"黔江精神"，将扶贫扶志行动与优秀历史文化资源传承相结合，为黔江最终脱贫提供了精神支撑；通过教育宣传、技能培训、产业就业"组合拳"将扶志教育、能力提升与发展产业就业相结合；用"扶贫故事""脱贫故事""创业故事"和对干部群众的技能培训相结合，激发群众内生动力与激发干部内生动力。

二是以比较优势为导向形成农业与旅游并举的产业布局。以农为本的"3＋X"优势特色产业布局与"半工半耕"的生计模式相结合，保持了与当地劳动力结构的一致性和契合性；将黔江生态优势、巴楚文化和土家族、苗族、汉族交融的文化优势相结合，打造生态保护与旅游发展协同推进的旅游产业格局；创新"公司＋农民合作社＋基地＋农户"产业发展模式和贫困户直接、间接、综合受益机制，形成产业发展与脱贫攻坚有效融合为导向的益贫机制。

三是以内生外助为基础构建大扶贫格局。日照市与黔江区以工作方式系统性、综合性和工作举措的精准性、实效性相结合形成了合力推进与重点突破并重的东西扶贫协作；中信集团与黔江区基于帮扶与需求，建立全方位、多层次帮扶与协作机制，以产业和务工培训激发贫困人口的内生动力和自我发展能力，形成了央地共振与深度合作导向下的定点帮扶。

2. 脱贫攻坚与乡村振兴衔接的探索

脱贫攻坚与乡村振兴是建设小康社会乡村篇的两块基石，黔江区在脱贫摘帽过程中通过科学系统的政策设计、高效团结的组织队伍、全面统筹的工作手段尝试性探索脱贫攻坚与乡村振兴衔接的实现路径。

一是产业兴村。通过发挥本地绿水青山的资源禀赋优势,围绕脱贫攻坚展开基础设施完善,破解发展瓶颈,为产业振兴发展奠定基础,逐步实现绿水青山向金山银山的转变。二是组织振村。依托精英下乡、定向帮扶为脱贫攻坚奠定组织基础,干群关系实现有效融合,同时创新推行联合党组机制,有效提高了农村基层治理体系和治理能力。三是文化富村。通过智、志双扶调动农村发展的内生动力摆脱贫困,提升村庄和农民的自我发展能力,并挖掘文化潜力,实现乡村文化振兴的战略目标。

3. 脱贫攻坚的展望与思考

一是进一步提升、推广"黔江精神"并对接国家扶贫扶志行动的资政培训需求,聚焦案例开发,服务于培训交流、国情教育,开展扶贫扶志行动的经验总结,提炼扶贫扶志的理论框架与实践路径。二是拓宽贫困人口可持续生计途径构建稳定脱贫长效机制,针对山区型、农业型资源匮乏地区以产业和就业为抓手实现贫困人口的可持续生计;着重从长效性和可持续性两个维度探寻脱贫和发展的实现路径与机制;针对连片特困地区的特殊困难、特殊需求,加大基础设施建设和公共服务供给支持力度,推动可持续发展。三是以均衡帮扶和协同发展为导向实现县域整体和均衡发展,及时将非贫困村、非贫困户纳入帮扶范围,注意厘清不同部门、各类力量之间的纵横上下关系,实现区域扶贫与群体脱贫两种方式的统筹兼顾与同步推进。四是聚焦深度贫困群体实现开发式与保护性扶贫有机衔接和良性互动,进一步开发公益性岗位,加强并完善社会保障政策,提升特殊困难群体的兜底保障水平,增强其获得感。

二、学术价值和学术创新

(一)学术价值

(1)理论价值。黔江区脱贫摘帽经验是新时期中国扶贫开发理论创新和实践创新成果的集中展现,在脱贫攻坚战略、政策与保障体系、产业扶贫、旅游扶贫、东西扶贫协作、内生动力、稳定脱贫、脱贫攻坚与乡村振兴衔接等层面的丰富实践,能够为丰富中国扶贫开发理论提供经验基础。同时,黔江区脱贫摘帽案例研究,是中国县域脱贫攻坚总结研究的重要组成部分,能够为脱贫攻坚县域研究整体性提炼与发展中国扶贫理论提供素材支撑。本书作者从经验提炼与学理解释层面分析重庆市黔江区扶贫脱贫历史性成就、过程、动因、动力与发展逻辑,总结与提炼重庆市黔江区扶贫脱贫的基本经验和有益启示,这是对扶贫开发和精准扶贫的规律总结,拓宽了脱贫攻坚研究的理论与实践交融。

(2)应用价值。重庆市黔江区地处渝东南中心、武陵山区腹地,集革命老区、少数民族聚居区、边远山区、国家扶贫开发重点区于一体。黔江区实现脱贫摘帽,得益于习近平总书记关于扶贫工作重要论述的指引,构建了县域精准扶贫治理体系,提升了贫困治理能力,对于展现党的十八大以来脱贫攻坚的县域实践历程与成就也具有巨大的实践与展示价值。本书中的相关成果将有助于打开广大干部群众的理论视野,既是对当前脱贫攻坚的政策思考,也是对未来农村减贫与发展走向的前瞻分析。

(二)学术创新

(1)研究方法的创新。本书作者综合运用多学科的理论与方法进行总结研究,即综合运用政治学方法开展理论解释与制度分析,运用历史学方法增强研究纵深度与厚重感,运用社会学方法收集实证材料进行证实。

(2)研究视角的创新。本书作者采用过程性、整体性研究视角,即从县域脱贫攻坚体制机制为何产生、如何架构、怎样运行等层面,试图从县域视角对中国特色脱贫攻坚制度政策体系开展多维度、多层面、立体化的解剖与分析。

(3)研究观点的创新。本书作者基于重庆市黔江区扶贫脱贫的发展脉络,将历史、现实与未来以及政策、实践与理论贯通起来,总结了重庆市黔江区扶贫脱贫的基本经验,阐释了其形成动因与运行逻辑,指出了其面临挑战与未来走向,推进了减贫与发展研究。

三、社会反响

本书系国家乡村振兴局(原国务院扶贫办)组织编写的"新时代中国县域脱贫攻坚研究书系"之一。2020年2月,入选2020年度国家出版基金资助项目。

本书所提出的"内生型脱贫模式"对重庆市乃至全国脱贫摘帽较晚地区打赢脱贫攻坚战具有较大启发意义,对巩固拓展脱贫攻坚成果同乡村振兴有效衔接也具有重要参考价值。

《脱贫攻坚与乡村振兴衔接：人才》

(李海金 等，人民出版社，2020年版)

一、主要观点

打赢脱贫攻坚战、实施乡村振兴战略，人才是关键。本书将人才置于脱贫攻坚与乡村振兴衔接的框架下，通过对人才的类别结构、作用条件、引领方式等进行归纳比较与类型分析，挖掘人才引领脱贫攻坚与乡村振兴衔接的实现机制与运行机理，展望人才引领机制的未来构建。本书的主要内容和观点如下：

（1）在脱贫攻坚与乡村振兴衔接的基本框架与内容体系中，最主要的构成要素是产业、人才、生态、文化、组织。在这五大要素中，人才处于一种非常独特的地位，担负着不可或缺且不可替代的功能和使命。其一，人的要素及其衍生的人才资源既是脱贫攻坚与乡村振兴衔接的起始点和基础性条件，亦是脱贫攻坚与乡村振兴衔接的落脚点和评判性标尺。其二，人才是制约农民脱贫致富、农村脱贫攻坚以及乡村振兴和发展的核心瓶颈与关键障碍。其三，人才是关乎脱贫攻坚与乡村振兴衔接的现实样态与发展走向的控制性因素。

（2）立足于重新审视人的要素在乡村发展和振兴中的价值和功能，将乡村人才振兴所蕴含的政策议题、实践课题和理论命题贯通起来，提出"人力资本-城乡融合-农民主体性"三维分析框架和"能力-权利-动力"三重机制要素。一是以农民生存发展能力提升为指向，充分考量中国农业农村发展的现实处境与未来趋向，尤其是"半工半耕"的小农家庭和处于大市场中的小农户等，对于乡村人力资本开发策略和路径的影响。二是既让来自于城市的要素有动力流向乡村，同时也让处于"弱势"的农民能够真正受益，农民国民待遇问题获得显著改观。三是高度重视农民的历史地位和现实角色，切实关注农民的自主性、主动性和能动性，着力提升内生动力和发展动能。

（3）人力资本、城乡融合、农民主体性三大要素对各类人才的历史面貌、现实困境、未来趋向有基础性、根本性的作用，很大程度上决定着各类人才当下与未来的发展。以乡村人才能力为导向的综合机制、以农民主体性为依托的内生机制和以城乡融合为依托的外引机制，推动着人才引领的形成机制，而个体化自主创业、合作化协同创业、组织化带动创业、党建＋集体创业、工作队扶助创业，则是已被实践证明能让乡村人才发挥作用的基本机制。因此，要从构建"人才引领"的政策体系、培育"人才引领"的社会基础、形成"人才引领"的资源支撑、强化"人才引领"的精神动员等方面，强化乡村人才的引领作用。

二、学术价值和学术创新

(一)学术价值

(1)强化了人才在乡村振兴中的引领地位。作为当前中国国家治理的重要环节以及发展战略的重要支撑,脱贫攻坚和乡村振兴毫无疑问首先有赖于政策的引领、物质的支持和资金的投入等显性要素,借助于产业发展和就业促进等手段为其提供充足而持久的推动力,但最终还是要回归到人这一本根和主体,依托于人的主动性和创新性的真正达成。人是脱贫攻坚和乡村振兴所有要素中最关键的,能动性和带动性最强的要素。人才作为人力资源中能力与素质较高的群体,是组织、使用各类资源并使之有效发挥作用的关键性要素。乡村振兴,其根本在政策支持,出路在制度创新,要害在人才支撑。

(2)形成了人才引领乡村振兴的系统框架。本书借助"一根主线、两个背景、三种视角、四类对象、五项内容"的研究框架,形成了对人才引领脱贫攻坚与乡村振兴的系统研究和深入探讨。本书以农民主体性、城乡融合、人力资本等理论为参照,基于中国脱贫攻坚与乡村振兴实践,总结与阐释更有问题意识和现实根基的学理与模式、机制;从历史、社会、政治、治理多个视角,探析人才引领脱贫攻坚与乡村振兴机制的逻辑与意涵;以政策文本、实地案例等质性资料以及相关数据资料为研究基础,铺展实践境况和理论认识并提出研究论点,揭示人才引领脱贫攻坚与乡村振兴机制的挑战与困境,重新思考人才引领脱贫攻坚与乡村振兴的构建策略与路径,探析贫困人口稳定持久脱贫的机制与策略,为人才振兴提供了理论指导,推进了乡村发展研究。

(3)探讨了人才引领乡村振兴的政策议题。为应对脱贫攻坚与乡村振兴的政策要求,我们亟须重新思考人才引领脱贫攻坚与乡村振兴的构建策略与路径。本书以政策文本、实地案例等质性资料以及相关数据资料为研究基础,梳理探析人才引领脱贫攻坚与乡村振兴的逻辑与意涵,从乡村人才多个维度、不同层次的意涵提出人才引领脱贫攻坚与乡村振兴的挑战与困境,从成因分析与根源分析的双重视角,探究人才引领脱贫攻坚与乡村振兴的构建策略与路径,为脱贫摘帽后,巩固拓展脱贫攻坚成果同乡村振兴衔接提供理论指导,为政策分析与决战建议提供现实依据。

(二)学术创新

(1)研究方法的创新。本书综合运用多学科的理论与方法进行跨学科研究,即综合运用政治学方法开展理论解释与综合分析,运用社会学案例研究方法和质性研究增强提炼研究主题的实证发现。

(2)研究视角的创新。本书将脱贫攻坚与乡村振兴中的人才要素置于农民主体性和城乡融合的研究视角下,探究人才引领脱贫攻坚与乡村振兴的可持续性与内生性的意涵、面临的挑战以及策略与路径,对人才引领脱贫攻坚与乡村振兴机制的构建策略与路径开展多维度、多层面、立体化的解剖与分析。

（3）研究观点的创新。本书基于政策文本、实地案例等质性资料以及相关数据资料，从学理层面，从历史、社会、政治、治理等维度探析人才引领脱贫攻坚与乡村振兴机制构建的机制与逻辑，探析人才引领脱贫攻坚与乡村振兴的实现策略与路径，为人才振兴提供了理论的指导，推进了乡村发展研究。

三、社会反响

本书系国家乡村振兴局（原国务院扶贫办）中国扶贫发展中心、全国扶贫宣传教育中心组织编写的"脱贫攻坚与乡村振兴衔接研究丛书"之一。

2022年2月，本书获中国扶贫发展中心、西安交通大学组织的"巩固拓展脱贫攻坚成果同乡村振兴有效衔接理论研究成果征集活动"优秀著作奖。

《"微自治"的多元实践形态及其优化路径——中国特色农村基层治理的实践创新》

（王惠林，中国地质大学出版社，2021年版）

一、主要观点

党的十九大提出了乡村振兴战略，然而，当前行政村层级的村民自治运转效果欠佳导致农村社会呈现治理缺位的状态，成为乡村振兴的重要制约因素。在连续五年（2014—2018年）的中央"一号文件"精神引领下，全国多地农村结合自身实际，开展"微自治"实践探索，即在行政村以下治理单元设立自治组织，引导农民自主兴办村庄公共事务和公益性事业。"微自治"实践亟待理论的诠释和研究。

本书在马克思主义群众观和马克思主义方法论的指导之下，采用了思辨与实证相结合，以实证为主的研究方法，按照"确定主题—提出理论假设—设计访谈提纲—选定调查点"的实证操作步骤，形成了本书的田野调查方案。遵循既定方案，笔者深入湖北省秭归县、广东省清远市，以及陕西关中农村开展了为期四个多月的驻村调查，以验证理论假设。主要研究发现如下：

第一，关于"微自治"的本质及其与现行村民自治的关系。"微自治"归根到底是人民群众的自治，它是人民当家作主的社会主义民主政治在农村基层的直接体现。"微自治"不是对现行村民自治的替代，而是对村民自治的完善和充实，即在更微观的层面将现行村民自治落到实处。

第二，"微自治"符合农村社会的客观实际和农民群众的内在需求。从国家与乡村社会、农民与村集体的内外双重视角，系统阐述了基层治理转型时期，农村社会由治理资源匮乏、内生性权威退场、村干部职业化、治理单元与村庄社会基础错位所导致的以治理缺位为主要特征的治理性危机。在此背景下，明确了"微自治"的生成逻辑和生成动力——中国特色农村基层治理在面临新形势、新问题下的创新实践，并进一步明晰了"微自治"实践的主要目的：将行政村以下治理单元纳入乡村治理体系，挖掘和转化利用乡村社会内生性资源，重振农村治理秩序。

第三，"微自治"结合不同的乡村社会特征，呈现出多元实践形态。如：湖北省秭归县，以"两长八员"为核心的村落自治；广东清远市，以"宗族理事会"为主导的自然村自治；陕西关中地区，以村民小组为单元的村民自治；等等。

第四，"微自治"多元实践形态在内在要素上具有一致性。"微自治"在治理主体、组织保障、社会基础、治理机制等内在要素上呈现出共性特征，即重塑中坚农民和负担不重的低龄老人等内生性治理主体；以农村基层党组织的坚强领导作为组织保障；将村民自治建立在熟人社会基础之上，以及实行"自治、德治、法治"相结合的治理机制。

第五,"微自治"结合不同农村区域资源禀赋、文化基础等条件,表现出差异化特征。"微自治"多元实践形态的差异性主要体现在由村庄社会结构差异形成村庄社会联结机制的差异;由治理资源获取途径差异形成自主性程度的差异以及由基层自治结构差异形成治理效果的差异。

第六,关于"微自治"的成效评估、适用性及优化路径问题。在当前农村基层治理资源匮乏、治理主体缺失及治理单元与村庄社会基础错位进而引发乡村治理性危机的背景下,"微自治"是重塑基层治理主体、重建国家与乡村社会制度性连接、重振乡村治理秩序的重要路径。无论是对农业型村庄,抑或是对发达型村庄,"微自治"皆能发挥相应的治理功能。因此,"微自治"具有较广泛的适用性和推广性。当然,处在试点和探索阶段的"微自治"实践也暴露出一些缺陷与不足。针对这些不足之处,我们应该:加强和改进党的领导,健全"微自治"的组织保障;充分发挥自治、德治的积极功能,以国家法律法规规范微观权力运行;积极推动小农与现代农业的有机衔接,维护治理主体产生的经济基础;建立长效性激励机制,保持"微自治"的自治性和群众性。

二、学术价值和学术创新

第一,本书的理论研究视角具有新意。本书将"微自治"多元实践形态研究纳入马克思主义的分析框架,以马克思主义群众观及中国化马克思主义群众观为理论指导,具有广阔的中国视野,符合"微自治"实践的中国语境,而学术界尚未以此视角对"微自治"展开研究。

第二,本书一定程度上丰富了"微自治"的基础理论研究。本书作者在查证大量文献资料、实证调查和独立思考中形成了对"微自治"内涵的明确界定,并厘清了其与现行村民自治的内在关联。本书提出应从比较的视角科学界定"微自治"的内涵和外延,"微自治"的"微"是一个相对概念,它所比较的对象是宏大的行政科层体系,"微自治"是在行政科层体系以下治理单元设立自治组织,引导群众自主办理公共事务和公益事业的行为。本书指出,"微自治"不是对现行村民自治的替代,而是对现行村民自治的完善和充实,在更微观的层面将现行村民自治落到实处。然而,学术界在"微自治"概念及外延的认识上还较为模糊,也未清晰准确定位"微自治"与现行村民自治的关系,由此造成了一些歧义和误解。

第三,本书从比较的视角系统分析"微自治"多元实践形态的共性和差异性、治理成效和治理不足,具有一定的开拓性。现有研究主要从宏观视角分析"微自治"的实践条件,而鲜有学者从中微观层面对其进行考察,本书作者在深入考察"微自治"的实践过程、实践背景、实践机制的基础之上,将"微自治"纳入多元化的比较视野之中,一定程度上弥补了学术界的缺憾,也进一步开拓了"微自治"的分析视角。

第四,本书关于"微自治"实践的适用性和优化路径分析具有原创性和新颖性。对"微自治"实践的适用范围分析建立在笔者近年来在全国不同农村地区驻村调查及总结提炼差异化区域农村类型基本特征之上。调查中发现,"微自治"在实际运作过程中暴露出一些缺陷和不足,本书在客观分析其不足之处的基础上,指出应当如何正确看待这些不足,并针对"微自治"实践所存在的问题提出了对策建议。目前学术界尚未有关于"微自治"实践优化路径的专门性分析或形成类似的观点。

中国近现代史基本问题研究
（党史党建）

《交流与展示之间：中共八大期间的政党外交研究》
（岳奎，上海三联书店，2019年版）

一、主要观点

中共八大是新中国成立后中国共产党召开的第一次全国代表大会。中国共产党以何种姿态展现在世人面前，为世界所瞩目。同时，中共八大也是党在新中国成立后第一次也是唯一一次专门邀请国外政党代表团参加的全国代表大会。中国共产党利用召开八大这个舞台，开展了轰轰烈烈的政党外交活动。一方面，中共中央安排兄弟政党代表团在北京和全国其他一些地方进行了大量的参观访问和考察活动，让他们了解中国悠久的历史、民族风俗，观览大好河山，同时也让他们了解中国社会主义现代化建设的重要成就，不仅达到了展示文化中国、美丽中国、成就中国的目的，也达到了塑造中国共产党形象，塑造新中国形象的目的。另一方面，与国外兄弟政党领导人进行了频繁的会面和会谈，集中就苏共二十大及"斯大林问题"、中国共产党的革命与建设经验、中国共产党将采取的内政外交方针及关于共产国际的问题等四大方面深入交换了意见，达到了相互交流、沟通、学习和借鉴的目的。通过这一系列外交活动，中国共产党向世界各兄弟代表团展现了新中国成立后所取得的巨大成就，加深了世界对中国的了解，大大提高了新中国和中国共产党的国际地位。

中共八大对政党外交工作进行的探索和实践，既是中国共产党顺应历史大势、开展国际交往的一项辉煌成果，也是十一届三中全会以后中国共产党开展全面政党外交的历史先声。中共八大开展政党外交的理论与实践、经验与教训，都构成了新时期中国共产党开展政党外交和扩大国际影响的重要基础，并对完善和发展中国特色社会主义道路，实现中华民族伟大复兴的中国梦，具有重要的借鉴意义。具体体现在：其一，政党实力是政党外交的基础条件。中共八大政党外交的有序开展得益于中国共产党领导中国革命和建设取得的巨大成就，作为总结过去、规划未来的一次重要会议，必然会引起强烈的国际反响。正是由于中国共产党展现出的卓越领导能力和非凡的实力,中共八大才可以吸引如此多的国外兄弟政党参加,才能够引起世界各国媒体的广泛关注。其二,要坚持独立自主。对世界上的任何国家的任何一个政党而言,独立自主都是其自由生存与发展的前提和基础。一旦失去独立自主的本能,它也就失去了自己独有的个性,其生命也会就此终止。一个政党若缺乏独立自主,其在政党外交中就不会受到其他政党的平等对待,而且极易沦为从属于某些大党的附属组织。其三,要坚持将维护国家利益作为政党外交活动的根本出发点和落脚点。政党外交首先体现的是该政党或该政党所代表阶级集团的利益。不过,从更广泛的层面分析,政党和政党所代表的阶级利益必须服从和服务于国家利益,否则该政党的合法性便不复存在。这就要求政党在外交活动中要坚持国家利益至上原则。其四,要坚持不以意识形态划界的原则。意识形态和政党是相生相伴的。意识形态为政党外交的开展提供了思想上的指导,但是如果刻意强调意识形态因素并以之作为衡量政党外交的唯一标准,进而将本国的社会制度和意识形态强加于人,必然会使政党外交误入歧途。

历史的事实告诉我们:在经济全球化和政治多极化的今天,要在坚持独立自主和平外交原则的前提下,避开意识形态对政党外交的影响,努力发展与世界各国间的友好与合作,这样才能不断推动政党外交的健康发展,使政党外交充分发挥其作用。

二、学术价值和学术创新

本书在系统梳理政党外交概念、内涵、意义等研究成果的基础上,结合中共八大期间的政党外交形势等,详细考察了中共八大邀请的国外政党代表团的阵容,国外政党代表团在中共八大会议上的发言、贺辞、贺电等重要内容,考察了八大期间和八大前后,应邀参会的国外政党代表团在华的行程和活动。在详细考察上述内容的同时,也深刻挖掘这些活动背后的"故事"。包括:八大期间国外政党代表团发言的顺序,国外政党代表团在八大上发言的主要内容;中共领导人会见国外代表团的顺序安排以及在华期间向国外政党代表团介绍的中国的政治、经济、文化、社会、地理环境"展示"等。通过这一系列的内容考察,本书还对中共八大期间的政党外交给予了评估,包括中共八大期间政党外交的特点、重要影响和意义,以及开展政党外交值得总结的经验教训等。总之,作为新中国成立之后召开的第一次党的全国代表大会所进行的政党外交活动,总结其经验教训和历史贡献等,具有重要的理论与现实意义。

《新时期我国中小学生爱国主义教育创新研究》

（朱桂莲，武汉大学出版社，2016 年版）

一、主要观点

爱国主义是一种把关心和维护祖国荣誉、利益，以及把推进祖国文明进步、献身祖国人民幸福，作为自己的政治选择和道德取向的无比高尚的思想理念。它是历史文明的沉淀，是推动全国人民团结奋斗、抗御外辱、战胜灾祸、克服困难、开拓进取、自强不息的精神支撑。因此，在我国这样一个人口众多的社会主义国家里，首先要抓好爱国主义教育，尤其是作为社会主义事业接班人和未来建设者的中小学生的爱国主义教育。作为国家社会科学基金青年项目（2007CKS009）结题成果的《新时期我国中小学生爱国主义教育创新研究》，是一部在中华民族伟大复兴的背景下，针对中小学生爱国主义教育进行系统研究的力作。本书侧重于对中小学生爱国主义教育的理论探索和建构，主要观点如下：

第一，较为系统、深入地梳理和总结了新中国成立以来我国中小学生爱国主义教育的历史经验。

本书以党的十一届三中全会的召开为分水岭，将新中国成立以来我国中小学生爱国主义教育分为两个阶段，即巩固国家政权和探索社会主义道路时期、社会主义现代化和改革开放的新时期，并在此基础上进行分阶段梳理和总结。作者认为，中小学生的爱国主义教育在新中国成立初期，主要围绕抗美援朝、过渡时期的总路线来开展社会教育，而学校教育主要是渗透于各学科教学；十年曲折发展时期，主要围绕爱国公约运动、学习时代楷模尤其是雷锋精神开展社会教育，学校教育更加注重历史观和革命传统等内容；改革开放和中国特色社会主义道路探索时期，主要结合"五爱"为主要内容的德育、"五讲四美三热爱"为主要内容的精神文明创建活动、日常的教学和重大节日庆祝活动，以及学习时代楷模英雄的活动来进行爱国主义教育；进入 20 世纪 90 年代后的学校爱国主义全面建设阶段，爱国主义教育重要性的认识进一步深化，爱国主义教育实施纲要颁布，爱国主义教育课程化、社会化及教育基地的建立；全面建设和谐的小康社会和民族伟大复兴时期，主要是在弘扬和培育民族精神，通过开展重大主题活动、重大事件等进行爱国主义教育。新中国成立以来的历史经验告诉我们：中小学生爱国主义教育要取得成效，离不开党和政府的重视与支持，必须重视学校的日常教育和营造良好的爱国主义教育社会氛围；无论时代如何变化，爱国主义教育始终是学校德育的首要目标和重要内容，爱国主义必须服从并服务于社会主义政治、经济、文化建设的阶段性任务。

第二,较为全面地、系统地总结了新时期我国中小学生爱国主义教育的现实境遇和指导思想及原则。

本书在实证调查的基础上,分析了我国中小学生爱国主义教育的有利条件和严峻挑战。作者认为,经济全球化带来世界范围的交流与互动,经济发展和科技进步为中小学生爱国主义教育创造有利条件的同时,也带来了如何处理民族自尊心和民族身份认同、如何培育理性爱国主义、正确认识爱国与爱党爱社会主义的关系等挑战;社会主义市场经济带来的巨大成就、与世界接轨带给中小学生爱国主义教育的有利条件,但同时也带来如何把爱国主义与集体主义相结合,艰苦奋斗和民族自强精神相结合,以及社会主义信念、对党和政府的信心和信任感等教育问题;互联网、新媒体拓展了爱国主义教育的空间和载体,但也带来了国家地域观念、民族文化和政治认同、手段创新等问题;另外,还存在应试升学与爱国主义教育、爱国主义教育过程的长期性和阶段性等问题。

本书以《爱国主义教育实施纲要》《公民道德建设实施纲要》《中共中央关于进一步加强和改进未成年人思想道德建设的若干建议》为依据,确立了新时期我国中小学生爱国主义教育的指导思想和基本原则。作者认为,新时期我国中小学生爱国主义教育的指导思想有:以马克思主义为指导,始终把握"四个有利于",切实遵循中小学生爱国主义教育发展规律,以人为本,德育为先,与"四有"新人目标相一致,应遵循现实适应性、层次性原则。

第三,较为全面、系统地建构了我国中小学生爱国主义教育的目标体系、课程体系和评价体系。

教育目标是教育本质的重要体现,不仅规定教育的方向和内容,也影响教育途径和方法。本书以《爱国主义教育实施纲要》和布卢姆等人的目标层次理论为参照,从教育目的、培养目标、课程目标和教学目标四个层次,对新时期我国中小学生爱国主义教育的目标体系进行了构建。作者认为:我国中小学生爱国主义教育的目的是振奋民族精神,增强民族凝聚力,梳理民族自尊心和自豪感,巩固和发展爱国统一战线,培养"四有"社会主义公民;培养总目标是培养具有政治理性、道德理性、行为理性的理性爱国者,但不同年级在爱国的认知、情感和行为方面有不同的具体目标;课程目标和教学目标包括:要做到社会价值与个人价值的统一、爱国主义美德与爱国理性人格的统一、爱国认知、情感和行为的统一。

课程是教育的中心环节,是教育运行的手段。没有了课程,教育信息就没有了用以表达信息、表达意义、说明价值的媒介。本书在系统梳理和客观评价我国中小学生爱国主义教育课程概况的基础上,结合本书建构的目标体系,对我国中小学生爱国主义教育课程体系进行了重新建构。作者认为:以往的中小学生爱国主义教育课程的结构和内容的整体性不够,缺乏相关背景来帮助学生理解爱国的意义,而课程评价和课程价值的异化,又导致课程效果的弱化;应试考核的需要,爱国主义教育课时被考试科目课程课时挤占,使得爱国主义教育课程形同虚设。中小学生爱国主义教育课程的重新建构要遵循整体性、综合性、目标性、意识形态性、学生中心原则,分层建构学科课程、实践课程、网络课程和隐性课程。

根据教育目标来对教育主体、对象、内容、载体、方法、效果进行评价,是改进和提升教育效果的重要环节。本书遵循自我评价与他人评价相结合、阶段性评价与终结性评价相结合、普遍性评价与特殊性评价相结合、动态评价与静态评价相结合、定性评价与定量评价相结合的原则,采用测量法、问卷调查法、访谈法、观察法,对我国中小学生爱国主义教育评价的标准体系进行了建构。作者认为,我国中小学生爱国主义教育评价标准应体现如下要求:应以社会对爱国主义的期望和中小学生的身心发展规律为依据,注重评价标准的稳定性和变动性,考虑标准的可比性、完备性和可行性,注重信度和效度的统一,从质和量两个方面进行建构。

第四,较为全面、深入地探讨了新时期我国中小学生爱国主义教育的途径与方法创新。

本书在全面分析我国中小学生爱国主义教育的传统路径与方法及其困境的基础上,从文化认同、情感满足、实践体验和外国经验借鉴等视角,深入探讨了新时期中小学生爱国主义教育的途径与方法创新。作者认为:课堂教学、社会活动、日常生活养成等传统教育方法,在路径上注重单向沟通,缺乏多元整合,难以适应信息化时代要求;在教育方法上,注重灌输,忽视学生的实践参与,无法激起学生的爱国情感。中小学生爱国主义教育应重视加强文化认同感培育,增强爱国主义情感满足的诱导,注重实践体验教育,并借鉴国外好的经验综合创新和建构教育路径,丰富教育方法。